Pro/ENGINEER 中文野火版 5.0 工程应用精解丛书

Pro/ENGINEER 中文野火版 5.0 工程图教程（增值版）

北京兆迪科技有限公司　编著

机 械 工 业 出 版 社

本书全面、系统地介绍了 Pro/ENGINEER 中文野火版 5.0 的工程图设计的一般过程、方法和技巧，包括工程图的概念及发展、Pro/ENGINEER 中文野火版 5.0 工程图的特点、Pro/ENGINEER 中文野火版 5.0 工程图基本设置及工作界面、创建工程图视图、工程图中的二维草绘（Draft）、工程图的标注、工程图的图框、表格制作、材料清单（BOM 表）的制作及应用、工程图的一些高级应用以及工程图用户定制等。

本书是根据北京兆迪科技有限公司给国内外几十家不同行业的知名公司（含国外独资和合资公司）编写的培训教案整理而成的，具有很强的实用性和广泛的适用性。本书附带 1 张多媒体 DVD 学习光盘，盘中包括教学视频和详细的语音讲解，光盘还包含本书所有的教案文件、范例文件、练习素材文件。

本书在内容安排上，紧密结合大量范例对 Pro/ENGINEER 工程图设计进行讲解和说明，这些范例都是实际生产一线设计中具有代表性的例子，这样的安排能使读者较快地进入产品工程图设计实战状态；在写作方式上，本书紧贴软件的实际界面进行讲解，使初学者能尽快地上手。本书内容全面，条理清晰，范例丰富，讲解详细，图文并茂，可作为工程技术人员学习 Pro/ENGINEER 工程图的自学教程和参考书，也可作为大中专院校学生和各类培训学校学员的 CAD/CAM 课程学习及上机练习教材。

图书在版编目（CIP）数据

Pro/ENGINEER 中文野火版 5.0 工程图教程：增值版/
北京兆迪科技有限公司编著. —4 版. —北京：机械工业
出版社，2017.3
(Pro/ENGINEER 中文野火版 5.0 工程应用精解丛书)
ISBN 978-7-111-56297-9

Ⅰ．①P… Ⅱ．①北… Ⅲ．①工程制图—计算机辅助
设计—应用软件—教材 Ⅳ．①TB237

中国版本图书馆 CIP 数据核字（2017）第 048443 号

机械工业出版社（北京市百万庄大街 22 号 邮政编码：100037）
策划编辑：丁 锋 责任编辑：丁 锋
责任校对：佟瑞鑫 封面设计：张 静
责任印制：李 飞
北京铭成印刷有限公司印刷
2017 年 5 月第 4 版第 1 次印刷
184mm×260 mm·21 印张·379 千字
0001—3000 册
标准书号：ISBN 978-7-111-56297-9
　　　　　ISBN 978-7-88709-957-0（光盘）
定价：59.90 元（含多媒体 DVD 光盘 1 张）

凡购本书，如有缺页、倒页、脱页，由本社发行部调换
电话服务　　　　　　　　　网络服务
服务咨询热线：010-88361066　机工官网：www.cmpbook.com
读者购书热线：010-68326294　机工官博：weibo.com/cmp1952
　　　　　　　010-88379203　金 书 网：www.golden-book.com
封面无防伪标均为盗版　教育服务网：www.cmpedu.com

前 言

Pro/ENGINEER（简称 Pro/E）是由美国 PTC 公司推出的一套博大精深的三维 CAD/CAM 参数化软件系统，其内容涵盖了产品从概念设计、工业造型设计、三维模型设计、分析计算、动态模拟与仿真、工程图输出，到生产加工成产品的全过程，其中还包含了大量的电缆及管道布线、模具设计与分析等实用模块，应用范围涉及航空航天、汽车、机械、数控（NC）加工和电子等诸多领域。

本次增值版优化了原来各章的结构，使读者更方便、更高效地学习本书。本书全面、系统地介绍了 Pro/ENGINEER 野火版 5.0 的工程图设计的一般过程、方法和技巧，其特色如下。

- 内容全面。与其他的同类书籍相比，包括更多的 Pro/ENGINEER 工程图设计内容。
- 范例丰富。对软件中的主要命令和功能，先结合简单的范例进行讲解，然后安排一些较复杂的综合范例帮助读者深入理解、灵活运用。
- 讲解详细，条理清晰。保证自学的读者能独立学习和灵活运用书中介绍的 Pro/ENGINEER 工程图功能。
- 写法独特。采用 Pro/ENGINEER 野火版 5.0 软件中真实的对话框、操控板和按钮等进行讲解，使初学者能够直观、准确地操作软件，从而大大提高学习效率。
- 附加值高，本书附带 1 张多媒体 DVD 学习光盘，盘中包括教学视频和详细的语音讲解，可以帮助读者轻松、高效地学习。

本书由北京兆迪科技有限公司编著，参加编写的人员有詹友刚、王焕田、刘静、雷保珍、刘海起、魏俊岭、任慧华、詹路、冯元超、刘江波、周涛、赵枫、邵为龙、侯俊飞、龙宇、施志杰、詹棋、高政、孙润、李倩倩、黄红霞、尹泉、李行、詹超、尹佩文、赵磊、王晓萍、陈淑童、周攀、吴伟、王海波、高策、冯华超、周思思、黄光辉、党辉、冯峰、詹聪、平迪、管璇、王平、李友荣。本书已经多次编校，如有疏漏之处，恳请广大读者予以指正。

电子邮箱：zhanygjames@163.com。　　咨询电话：010-82176248，010-82176249。

编　者

读者购书回馈活动：

活动一：本书"随书光盘"中含有该"读者意见反馈卡"的电子文档，请认真填写本反馈卡，并 E-mail 给我们。E-mail: 兆迪科技 zhanygjames@163.com，丁锋 fengfener@qq.com。

活动二：扫一扫右侧二维码，关注兆迪科技官方公众微信（或搜索公众号 zhaodikeji），参与互动，也可进行答疑。

凡参加以上活动，即可获得兆迪科技免费奉送的价值 48 元的在线课程一门，同时有机会获得价值 780 元的精品在线课程。在线课程网址见本书"随书光盘"中的"读者意见反馈卡"的电子文档。

本 书 导 读

为了能更好地学习本书的知识，请您先仔细阅读下面的内容。

写作环境

本书使用的操作系统为 Windows XP，对于 Windows 7、Windows 8、Windows 10 等操作系统，本书内容和范例也同样适用。

本书采用的写作蓝本是 Pro/ENGINEER 野火版 5.0。

学习方法

- 按书中要求设置 Pro/ENGINEER 软件的配置文件 config.pro 和 config.win，操作方法参见书中第 2 章相关内容。
- 循序渐进，按本书的章节顺序进行学习，如有暂时无法理解的知识，可将其跳过，继续后面章节的学习。
- 为能获得更好的学习效果，建议打开随书光盘中指定的文件进行练习。打开文件前，须按要求设置正确的 Pro/ENGINEER 工作目录。

光盘使用

为方便读者练习，特将本书所有素材文件、已完成的范例文件、配置文件和视频语音讲解文件等放入随书附带的光盘中，读者在学习过程中可以打开相应的素材文件进行操作和练习。

本书附赠多媒体 DVD 光盘，建议读者在学习本书前，先将 DVD 光盘中的所有文件复制到计算机硬盘的 D 盘中，在 D 盘上 proewf5.7 目录下共有三个子目录。

（1）proewf5_system_file 子目录：包含一些系统配置文件。

（2）work 子目录：包含本书讲解中所用到的文件。

（3）video 子目录：包含本书讲解中所有的视频文件（含语音讲解），学习时，直接双击某个视频文件即可播放。

光盘中带有"ok"扩展名的文件或文件夹表示已完成的实例。

本书约定

- 本书中有关鼠标操作的简略表述说明如下。
  - ☑ 单击：将鼠标指针移至某位置处，然后按一下鼠标的左键。
  - ☑ 双击：将鼠标指针移至某位置处，然后连续快速地按两次鼠标的左键。
  - ☑ 右击：将鼠标指针移至某位置处，然后按一下鼠标的右键。
  - ☑ 单击中键：将鼠标指针移至某位置处，然后按一下鼠标的中键。
  - ☑ 滚动中键：只是滚动鼠标的中键，而不能按中键。

☑　选择（选取）某对象：将鼠标指针移至某对象上，单击以选取该对象。

☑　拖动某对象：将鼠标指针移至某对象上，然后按下鼠标的左键不放，同时移动鼠标，将该对象移动到指定的位置后再松开鼠标的左键。

● 本书中的操作步骤分为 Task、Stage 和 Step 三个级别，说明如下。

☑　对于一般的软件操作，每个操作步骤以 Step 字符开始。

☑　每个 Step 操作步骤视其复杂程度，下面可含有多级子操作，例如 Step1 下可能包含（1）、（2）、（3）等子操作，（1）子操作下可能包含①、②、③等子操作，①子操作下可能包含 a）、b）、c）等子操作。

☑　如果操作较复杂，需要几个大的操作步骤才能完成，则每个大的操作步骤以 Stage1、Stage2、Stage3 等表示，Stage 级别的操作下再分 Step1、Step2、Step3 等操作。

☑　对于多个任务的操作，则每个任务以 Task1、Task2、Task3 等表示，每个 Task 操作下则可包含 Stage 和 Step 级别的操作。

● 由于已经建议读者将随书光盘中的所有文件复制到计算机硬盘的 D 盘中，所以书中在要求设置工作目录或打开光盘文件时，所述的路径均以 D: 开始。

技术支持

　　本书是根据北京兆迪科技有限公司给国内外一些知名公司（含国外独资和合资公司）编写的培训案例整理而成的，具有很强的实用性。该公司专门从事 CAD/CAM/CAE 技术的研究、开发、咨询及产品设计与制造服务，并提供 Pro/ENGINEER、Ansys、Adams 等软件的专业培训及技术咨询，读者在学习本书的过程中如果遇到问题，可通过访问该公司的网站 http://www.zalldy.com 来获得技术支持。咨询电话：010-82176248，010-82176249。

目　　录

第 1 章 Pro/ENGINEER 工程图概述

本章提要 本章简要地介绍了工程图的概念及其发展,概述了 Pro/ENGINEER 工程图的特点,并强调遵循国家制图标准的重要性。

1.1 工程图的概念及发展

工程图是指以投影原理为基础,用多个视图清晰详尽地表达出设计产品的几何形状、结构以及加工参数的图样。工程图严格遵守国标的要求,它实现了设计者与制造者之间的有效沟通,使设计者的设计意图能够简单明了地展现在图样上。从某种意义上说,工程图是一门设计者与制造者沟通交流的语言,它在现代制造业中占据着极其重要的位置。

在很早以前类似工程图的建筑图与施工图就已经出现,而工程图的快速发展是从第一次工业革命开始的。当时的机械设计师为了表达自己的设计思想,也像画家一样把设计内容画在图纸上。但是要在图纸上绘画出脑海里构建好的复杂零件并将其形状、大小等要素表达清楚,对于没有坚实绘画功底的机械工程师来说几乎是件不可能的事情。再者,用立体图形表达零件的结构、尺寸及加工误差等要素,费时且不合理。毕竟画零件图的目的只是为了将设计目的传达给制造者,使其加工出零件来,而不是为了追求实体美观,于是人们不断地寻求更好的表达方式。随着数学、几何学的发展,人们想出了利用零件的投影来表达零件的结构与形状的方法,并开始研究视图投影之间的关系,久而久之形成了一门工程图学。经过时间的验证,人们发现利用视图的投影关系就可以表达出任何复杂的零件,也就是说利用平面图样总可以表达出三维立体模型。于是学会识图与绘图成了机械工程师与制造工人必备的技能。

1.2 工程图的重要性

相信很多人都已经察觉到,如今的时代俨然是一个 3D 时代。游戏世界里早就出现了3D 游戏,动画也成了 3D 动画,就连电影里的特技都离不开 3D 制作与渲染。机械设计软件行列里更是出现了众多优秀的 3D 设计软件,比如 Pro/ENGINEER、CATIA、UG、SolidWorks、AutoCAD 以及 CAXA(国产软件)等。随着这些优秀软件相继进入我国市场并得以迅速推广,"三维设计"概念已逐渐深入人心,并成为一种潮流。许多高等院校也相继开设了三维设计的课程，并采用了相应的软件来辅助教学。

由于使用这些软件设计三维的实体零件，复杂的空间曲面造型已经成为比较容易的事情，甚至有些现代化制造企业已经实现了设计、加工、生产无纸化的目标，因而很多人开始认为 2D 设计与 2D 图样就要成为历史，不需要再学习这些烦人的绘图方法、难解的投影关系与枯燥无味的各种标准了。

不错，这是个与时俱进的观念，它改变着人们传统的机械设计观念，也指引着人们追求更好、更高的技术。但是，只要了解国情，了解我国机械设计、制造行业的现状，就会发现仍旧有大量的工厂使用着 2D 工程图，许多技术人员可以轻易地读懂工程图却不能从 3D 模型里面读出加工所需要的参数。国家标准对整个工程制图以及加工工艺等做了详细的规定，却未对 3D 图样做过多的标准制定。可以看出，几乎整个机械设计制造业都在遵循着国家标准，都在使用 2D 工程图来进行交流，3D 潮流显然还没有动摇传统的 2D 观念。虽然使用 3D 设计软件设计的零件模型的形状和结构很容易为人们所读懂，但是 3D 图样也具有本身的不足之处而无法替代 2D 工程图的地位。其原因有以下几个方面。

- 立体模型（3D 图样）无法像 2D 工程图那样可以标注完整的加工参数，如尺寸、公差、加工精度、基准、表面粗糙度符号和焊接符号等。
- 不是所有零件都需要采用 CNC 或 NC 等数控机床加工，因而需要出示工程图在普通机床上进行传统加工。
- 立体模型（3D 图样）仍然存在无法表达清楚的局部结构，如零件中的斜槽和凹孔等，这些可以在 2D 工程图中通过不同方位的视图来表达局部细节。
- 通常把零件交给第三方厂家加工生产时，需要出示工程图。

因此，应该保持对 2D 工程图的重视，纠正 3D 淘汰 2D 的错误观点。当然也不能过分强调 2D 工程图的重要性，毕竟使用 3D 软件进行机械设计可以大大提高工作的效率和节省生产成本。要成为一个优秀的机械工程师或机械设计师，不仅要具备坚实的机械制图基础，也需要具备先进的三维设计观念。

1.3　工程图的制图标准

作为指导生产的技术文件，工程图必须具备统一的标准。若没有统一的机械制图标准，则整个机械制造业都将陷入一片混乱。因此每一位设计师与制造者都必须严格遵守机械制图标准。我国于 1959 年首次颁布了机械制图国家标准，此后又经过多次修改。改革开放后，国际间的经济与技术交流日渐增多，新国标也吸取了国际标准中的优秀成果，丰富了标准的内容，使其更加科学合理。

读者在学习使用 Pro/ENGINEER 制作工程图时可以先不考虑国家标准，但是在日后的工作使用中，必须重视遵循国家制图标准，否则将会遇到许多不必要的问题与困难。

国家标准从制图的许多方面都做出了相关的规定。具体规定请读者参考《机械制图标准》《机械制图手册》等书籍，在此仅作一些简要的介绍。

1. 图纸幅面尺寸

GB/T 14689－2008 规定：绘制工程图样时应优先选择表 1.3.1 所示的基本幅面，如有必要可以选择表 1.3.2 所示的加长幅面。每张图幅内一般都要求绘制图框，并且在图框的右下角绘制标题栏。图框的大小和标题栏的尺寸都有统一的规定。图纸还可分为留有装订边和不留装订边两种格式。

表 1.3.1　图纸基本幅面　　（单位：mm）

幅面代号	尺寸 $B \times L$	a	c	e
A0	841×1 189	25	10	5
A1	594×841			
A2	420×594			
A3	297×420		5	10
A4	210×297			

注：a、c、e 为留边宽度。

表 1.3.2　图纸加长幅面　　（单位：mm）

幅面代号	A3×3	A3×4	A4×3	A4×4	A4×5
尺寸 $B \times L$	420×891	420×1 189	297×630	297×841	297×1 051

2. 比例

图形与其反映的实物相应要素的线性尺寸之比称为比例。通常工程图中最好采用 1:1 的比例，这样图样中零件的大小即实物的大小。但有的零件很细小有的又非常大，不宜因零件大小而采用不同大小的图纸，而要据情况选择合适的绘图比例。根据 GB/T 14690－1993 的规定，绘制工程图时一般优先选择表 1.3.3 所示的绘图比例，如未能满足要求，也允许使用表 1.3.4 所示的绘图比例。

表 1.3.3　优先选用的绘图比例

种　　类	比　　　　　例					
原值比例	1:1					
放大比例	2:1	5:1	10:1	$2 \times 10^n:1$	$5 \times 10^n:1$	$1 \times 10^n:1$
缩小比例	1:2	1:5	1:10	$1:2 \times 10^n$	$1:5 \times 10^n$	$1:1 \times 10^n$

注：n 为正整数。

表 1.3.4   允许选用的绘图比例

种　　类	比　　例				
放大比例	4:1	2.5 :1	4×10^n :1	2.5×10^n :1	
缩小比例	1:1.5 1: 1.5×10^n	1:2.5 1: 2.5×10^n	1:3 1: 3×10^n	1:4 1: 4×10^n	1:6 1: 6×10^n

注：n 为正整数。

3. 字体

在完整的工程图中除了图形之外，还有文本注释、尺寸标注、基准标注、表格内容及其他文字说明等内容，这要求用户在不同情况下使用合适的字体。GB/T 14691－1993 中规定了工程图中书写汉字、字母、数字的结构形式和基本尺寸。下面对这些规定作简要的介绍。

- 字高（用 h 表示）的公称尺寸系列为 1.8、2.5、3.5、5、7、10、14、20mm。字体的高度决定了该字体的号数。如字高为 7mm 的文字表示为 7 号字。
- 字母及数字分 A 型和 B 型，并且在同一张图纸上只允许采用同一种字母及数字字体。A 型字体的笔画宽度（d）为字高（h）的十四分之一；B 型字体的笔画宽度（d）为字高（h）的十分之一。
- 字母和数字可写成斜体或直体。斜体字头应向右倾斜，与水平基准线成 75°。
- 工程图中的汉字应写成长仿宋体，汉字的高度 h 不应小于 3.5mm，其字宽一般为 $h/\sqrt{2}$（约为字高的三分之二）。
- 用作极限偏差、分数、脚注或指数等的数字与字母应采用小一号的字体。

如果用户希望按公司企业的要求使用特定的字体，则可以在 Pro/ENGINEER 文本库中选择所需的字体。但是 Pro/ENGINEER 文本库中所包含的字体十分有限，尤其是缺乏中文字体。而 Windows 字体库中包含了大量的字体，用户也可以购买字体软件或从网上下载丰富的中文字体类型。在此介绍一种简便的方法让读者可以在 Pro/ENGINEER 工程图模块中使用在 Windows 中使用的字体。

Step1. 打开 Windows 中的字体库文件夹，文件夹路径为 C:\WINDOWS\Fonts。

Step2. 找到图 1.3.1 所示的华文仿宋（TrueType）字体，其文件名为 STFANGSO.TTF。将其复制到 Pro/ENGINEER Wildfire 5.0 的系统字体目录（若用户的 Pro/ENGINEER Wildfire 5.0 安装在 C 盘下，则目录路径为 C:\Program Files\proeWildfire 5.0\text\fonts）下，如图 1.3.2 所示。

Step3. 重新启动 Pro/ENGINEER Wildfire 5.0。

Step4. 使用用户加载的字体。在工程图环境中，选中注释文本或其他文本，然后在 注释

选项卡中单击 按钮，系统弹出图 1.3.3 所示的"文本样式"对话框，在 字符 选项组 的 字体 选项中选择在 Step2 中加载的 STFANGSO.TTF 字体（具体如何修改文本样式，将在后面的章节中进行详细的介绍）。

图 1.3.1　Windows 字体库中的字体

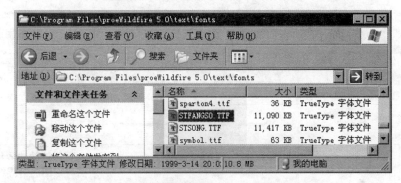

图 1.3.2　Pro/ENGINEER Wildfire 5.0 中的字体目录

图 1.3.3　"文本样式"对话框

4．线型

工程图是由各式各样的线条组成的。GB/T 17450－1998 中规定了 15 种基本线型及多种基本线型的变形和图线的组合，其适用于机械、建筑、土木工程及电气图等领域。在机械制图方面，常用线条的名称、线型、宽度及一般用途如表 1.3.5 所示。

制图所用线条大致分为粗线、中粗线与细线三种，其宽度比率为 4:2:1。具体的线条宽度（b）由图面类型和尺寸在如下给出的系数中选择（公式比为 $1:\sqrt{2}$）：0.13、0.18、0.25、0.35、0.5、0.7、1、1.4、2mm。为了保证制图清晰易读，不推荐使用过细的线条，如 0.13mm 和 0.18mm。

绘制图线时，需要注意以下几点。

- 两条平行线间的最小间隙不应小于 0.7mm。
- 点画线、双点画线、虚线以及实线之间彼此相交时应交于画线处，不应留有空隙。
- 在同一处绘制图线有重合时应按以下优先顺序只绘制一种：可见轮廓线，不可见轮廓线，对称中心线，尺寸界线等。
- 在绘制较小图形时，如果绘制点画线有困难，可用细实线代替。

- 表 1.3.5　常用的图线名称、线型

代　码	名　称	线　型	一般用途
01.1	细实线	——————	尺寸线、尺寸界线、指引线、弯折线、剖面线、过渡线、辅助线等
01.2	粗实线	▬▬▬▬▬	可见轮廓线
基本线型的变形	波浪线	∿∿∿	断裂处的边界线、剖视图与视图的分界线
图线的组合	双折线	⋀⋁⋀⋁	断裂处的边界线、剖视图与视图的分界线
02.1	细虚线	– – – –	不可见轮廓线
02.2	粗虚线	▬ ▬ ▬	允许表面处理的表示线
04.1	细点划画线	–·–·–·	轴线、对称中心线、孔系分布中心线、剖切线、齿轮分度圆等
04.2	粗点画线	▬·▬·▬	限定范围表示线
05	细双点画线	–··–··–	相邻辅助零件的轮廓线、极限位置的轮廓线、轨迹线假想投影轮廓线、中断线等

5. 尺寸标注

工程图视图主要用来表达零件的结构与形状，具体大小由所标注的尺寸来确定。无论工程图视图是以何种绘图比例绘制，标注的尺寸都要求反映实物的真实大小，即以真实尺

寸来标注。尺寸标注是工程图中非常重要的组成部分，GB/T 4458.4—2003 规定了尺寸标注的方法。

a．尺寸标注的规则

- 零件的大小应以视图上所标注的尺寸数值为依据，与图形的大小及绘制的准确性无关。
- 视图中的尺寸默认为零件加工完成之后的尺寸，如果不是，则应另加说明。
- 若标注的尺寸以毫米（mm）为单位时，不必标注尺寸计量单位的名称与符号；若采用了其他单位，则应标注相应单位的名称与符号。
- 尺寸的标注不允许重复，并且要求标注在最能反映零件结构的视图上。

b．尺寸的三要素

尺寸由尺寸数字、尺寸线与尺寸界线三个基本要素组成。另外，在许多情况下，尺寸还应包括箭头。

- 尺寸数字：尺寸数字一般用 3.5 号斜体，也允许使用直体。要求使用毫米（mm）为单位，这样不必标注计量单位的名称与符号。
- 尺寸线：尺寸线用以放置尺寸数字。规定使用细实线绘制，通常与图形中标注该尺寸的线段平行。尺寸线的两端通常带有箭头，箭头的尖端指到尺寸界线上。关于尺寸线的绘制有如下要求：尺寸线不能用其他图线代替；不能与其他图线重合；不能画在视图轮廓的延长线上；尺寸线之间或尺寸线与尺寸界线之间应避免出现交叉情况。
- 尺寸界线：尺寸界线用来确定尺寸的范围，用细实线绘制。尺寸界线可以从图形的轮廓线、中心线、轴线或对称中心线处引出，也可以直接使用轮廓线、中心线、轴线或对称中心线为尺寸界线。另外，尺寸界线的末端应超出尺寸线 2mm 左右。

另外关于尺寸的详细规定，请读者参阅机械制图标准、机械制图手册等相关书籍。

1.4　Pro/ENGINEER 工程图的特点

Pro/ENGINEER 的工程图模块包含基本的工程图模块和扩展模块 Pro/DETAIL。用户在安装 Pro/ENGINEER 的时候，系统会自动安装基本的工程图模块，建议读者安装扩展模块 Pro/DETAIL。

Pro/ENGINEER 是一个参数化的设计系统。利用 Pro/ENGINEER 制作的工程图与其零件模型具有相关性。修改了三维零件模型，则工程图也随之变化。同样，修改了工程图中视图的尺寸，则再生后零件模型的大小也会作出相应的变化。在 Pro/ENGINEER 的工程图中，全部视图都是相关的，修改了某个视图的尺寸，则其他相应视图的尺寸也会跟随着变化。这种全相关的、参数化的设计方法给广大设计者带来了便利。

Pro/ENGINEER 工程图具有以下特点。

- 可以方便地创建 Pro/ENGINEER 零件模型的工程图。
- 可以创建各种各样的工程图视图。与 Pro/ENGINEER 零件模块交互使用，可以方便地创建视图方位、剖面、分解视图等。
- 可以灵活地控制视图的显示模式与视图中各边线的显示模式。
- 可以通过草绘的方式添加图元，以填补视图表达的不足。
- 可以自动创建尺寸，也可以手动添加尺寸。自动创建的尺寸为零件模型里包含的尺寸，为驱动尺寸。修改驱动尺寸可以驱动零件模型作出相应的修改。尺寸的编辑与整理也十分容易，可以统一编辑整理。
- 可以通过各种方式添加注释文本，文本样式可以自定义。
- 可以添加基准、尺寸公差及形位公差，可以通过符号库添加符合标准与要求的表面粗糙度符号与焊缝符号。
- 可以创建普通表格、零件族表、孔表及材料清单（BOM 表），并可以自定义工程图的格式。
- 可以利用图层组织和控制工程图的图元及细节。极大地方便用户对图元的选取与操作，提高工作效率。
- 用户可以自定义绘图模板，并定制文本样式、线型样式与符号。利用模板创建工程图可以节省大量的重复劳动。
- 可从外部插入工程图文件，也可以导出不同类型的工程图文件，实现对其他软件的兼容。
- 可以输出打印工程图，并且可以使用插件 Pro/BATCH 进行批量出图。
- 用户可以自定义 Pro/ENGINEER 的配置文件，以使制图符合不同标准的要求。

Pro/ENGINEER 如此丰富强大的功能想必已经深深吸引了广大的用户。读者学好了 Pro/ENGINEER 的零件设计模块之后何不趁热打铁把 Pro/ENGINEER 的工程图模块也学好，使自己成为一个既能设计又能指导生产的机械工程师！

第 2 章 Pro/ENGINEER 野火版 5.0 工程图基本设置及工作界面

本章提要 本章主要介绍 Pro/ENGINEER 野火版 5.0 工程图的基本设置及绘图环境的设置,掌握这些基本设置的方法,对日后的工作会有很大的帮助。另外还介绍了工程图模块的工作界面以及一些常用的工具命令,希望对读者熟练操作界面有一定的帮助。

2.1 Pro/ENGINEER 5.0 工程图的基本设置

在使用本书学习 Pro/ENGINEER 工程图设计前,建议进行下列必要的操作和设置,这样可以保证后面学习中的软件配置和软件界面与本书相同,从而提高学习效率。

2.1.1 创建用户文件目录

使用 Pro/ENGINEER 软件,应该注意文件的目录管理。如果文件管理混乱,会造成系统找不到正确的相关文件,从而严重影响 Pro/ENGINEER 的全相关性;同时也会使文件的保存、删除等操作产生混乱。所以创建工程图的第一步应该是设置好工作目录,工程图的工作目录应设置在工程图参考模型所在目录,确保文件间的关联性;本书要求在 D 盘上创建一个名为 proe-course 的文件目录,该目录为 Pro/ENGINEER 软件的启动目录(即默认工作目录),具体创建方法将在 2.1.2 节中讲到。下面介绍设置用户工作目录的操作步骤。

Step1. 选择下拉菜单 文件(F) ➡ 设置工作目录(W)...命令,系统弹出图 2.1.1 所示的"选取工作目录"对话框。

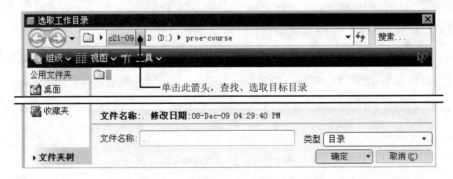

图 2.1.1 "选取工作目录"对话框

Step2. 在"选取工作目录"对话框中单击图 2.1.1 所示的箭头，然后选取所需的目录作为工作目录。

Step3. 设置完成后，在对话框中单击 ▢确定▼ 按钮，关闭对话框；所指定的工作目录将被作为打开和保存文件的默认目录；另外，在下次启动软件时，需重新指定工作目录。

2.1.2   设置 Pro/ENGINEER 软件的启动目录

Pro/ENGINEER 软件正常安装完毕后，其默认的启动目录为 C:\Documents and Settings\Administrator\My Documents，该目录也是 Pro/ENGINEER 默认的工作目录，但由于该目录路径较长，不利于文件的管理和软件的设置。本书把 Pro/ ENGINEER 软件启动目录设置为 D:\ proe-course，操作步骤如下。

Step1. 右击桌面上的 Pro/ENGINEER 图标，在弹出的快捷菜单中选择 属性(R) 命令。

Step2. 这时桌面上弹出 "Pro ENGINEER 5.0 属性" 对话框，单击对话框中的 快捷方式 选项卡，然后在 起始位置(S): 文本框中输入 D:\proe-course，并单击 ▢确定▢ 按钮。

说明：进行以上操作后，双击桌面上的 Pro/ ENGINEER 图标进入 Pro/ENGINEER 软件系统后，其工作目录便自动地设为 D:\proe-course。

2.1.3   Pro/ENGINEER 系统配置文件

1. 设置 Pro/ENGINEER 系统配置文件

用户可以用一个名为 config.pro 的系统配置文件预设 Pro/ENGINEER 软件的工作环境并进行全局设置，例如 Pro/ENGINEER 软件的界面是中文还是英文或者中英文双语是由 menu_translation 选项来控制的，这个选项有三个可选的值：yes、no 和 both，它们分别可以使软件界面为中文、英文和中英文双语。

本书附赠光盘中的 config.pro 文件中对一些基本的选项进行了设置，读者进行如下操作后，可使该 config.pro 文件中的设置有效。

Step1. 复制系统文件。将目录 D:\proewf5.7\proewf5_system_file 中的 config.pro 文件复制至 Pro/ENGINEER Wildfire 5.0 安装目录的 text 目录中。假设 Pro/ENGINEER Wildfire 5.0 安装目录为 C:\Program Files\proeWildfire 5.0，则应将上述文件复制到 C:\Program Files\Proe Wildfire 5.0\text 目录中。

Step2. 如果 Pro/ENGINEER 启动目录中存在 config.pro 文件，建议将其删除。

2. Pro/ENGINEER 系统配置文件加载顺序

在运用 Pro/ENGINEER 软件进行产品设计时，还必须了解系统配置文件 config 的分类和加载顺序。

（1）两种类型的 config 文件。

config 文件包括 config.pro 和 config.sup 两种类型，其中 config.pro 是一般类型的配置文件，config.sup 是受保护的系统配置文件，即强制执行的配置文件，如果有其他配置文件里的选项设置与这个文件里的选项设置相矛盾，系统以 config.sup 文件里的设置为准。例如在 config.sup 中将选项 ang_units 的值设为 ang_deg，而在其他的 config.pro 中将选项 ang_units 的值设为 ang_sec，系统启动后则以 config.sup 中的设置为准，即角度的单位为度。由于 config.sup 文件具有这种强制执行的特点，所以一般用户应创建 config.sup 文件，用于配置一些企业需要强制执行的标准。

（2）config 文件加载顺序。

首先假设：

- Pro/ENGINEER 的安装目录为 C:\Program Files\ProeWildfire 5.0。
- Pro/ENGINEER 的启动目录为 D:\proe-course。

其次假设在 Pro/ENGINEER 的安装目录和启动目录中放置了不同的 config 文件。

- 在 C:\Program Files\proeWildfire 5.0\text 中放置了一个 config.sup 文件，在该 config.sup 文件中可以配置一些企业需要强制执行的标准。
- 在 C:\Program Files\proeWildfire 5.0\text 中还放置了一个 config.pro 文件，在该 config.pro 文件中可以配置一些项目组级要求的标准。
- 在 Pro/ENGINEER 的启动目录 D:\proe-course 中放置了一个 config.pro 文件，在该 config.pro 文件中可以配置设计师自己喜好的设置。

启动 Pro/ENGINEER 软件后，系统会依次加载 config.sup 文件和各个目录中的 config.pro 文件。加载后，对于 config.sup 文件，由于该文件是受保护的文件，其配置不会被覆盖；对于 config.pro 文件中的设置，后加载的 config.pro 文件会覆盖先加载的 config.pro 文件的配置。对于所有 config 中都没有设置的 config.pro 选项，系统保持它为默认值。具体来说，config 文件的加载顺序如下。

① 首先加载 Pro/ENGINEER 安装目录 text（即 C:\Program Files\proeWildfire 5.0\text）中的 config.sup 文件。

② 然后加载 Pro/ENGINEER 安装目录 text（即 C:\Program Files\proeWildfire 5.0\text）

中的 config.pro 文件。

③ 最后加载 Pro/ENGINEER 启动目录（即 D:\proe-course）中的 config.pro 文件。

2.1.4 设置 Pro/ENGINEER 软件的界面配置文件

Pro/ENGINEER 的屏幕界面是通过 config.win 文件控制的。本书附赠光盘中提供了一个 config.win 文件，读者进行如下操作后，可使该 config. win 文件中的设置有效。

Step1. 复制系统文件。将目录 D:\proewf5.7\proewf5_system_file 中的 config.win 文件复制到 Pro/ENGINEER Wildfire 5.0 安装目录的 text 目录中。例如，Pro/ENGINEER Wildfire 5.0 的安装目录为 C:\Program Files\ProeWildfire 5.0，则应将上述文件复制到 C:\Program Files\Proe Wildfire 5.0\text 目录中。

Step2. 删除 Pro/ENGINEER 启动目录中的 config.win 文件。

2.1.5 设置 Pro/ENGINEER 工程图的配置文件

在 Pro/ENGINEER 工程图中包括两种工程图配置文件，分别是文件 drawing.dtl 和 format.dtl。其中文件 drawing.dtl 是工程图主配置文件，该配置文件在工程图环境中主要设置尺寸高度、注释文本、文本定向、几何公差标准、字型属性、草绘标准、箭头长度和样式等工程图属性；文件 format.dtl 属于格式配置文件，用来在格式环境中设置工程图格式文件的相关属性。读者可根据需要设置多个工程图配置文件，并将其保存，在今后的设计过程中，可根据需要调用这些保存的工程图配置文件。

配置文件默认的扩展名为.dtl，读者可在 config.pro 文件中指定工程图的配置文件名称和路径，如果没有指定，系统就会使用默认的配置文件，其中主配置文件的系统默认配置文件为 cnc_cn.dtl（中国标准），假设 Pro/ENGINEER 软件安装在 C 盘中，则该文件位于 C:\Program Files\proeWildfire 5.0\text 目录下，在该目录下还包含了其他配置文件，如 cns_tw.dtl（中国台湾地区的标准）、iso.dtl（国际标准）、jis.dtl（日本标准）和 din.dtl（德国标准）等。下面分别讲解自定义工程图主配置文件和格式配置文件的操作方法。

1. 自定义工程图的主配置文件

读者可以根据需要，自定义符合自己或企业标准的工程图主配置文件，其操作方法有两种，一是通过软件提供的"选项"对话框修改，二是直接修改配置文件中的文本。下面以编辑系统默认的主配置文件为例来讲解这两种方法。

方法一：

Step1. 进入 Pro/ENGINEER 软件的绘图（工程图）环境，具体操作步骤将在 3.3 节中讲到。

Step2. 选择下拉菜单 文件(F) ➡ 绘图选项(P) 命令，系统弹出图 2.1.2 所示的"选项"对话框（一）。

Step3. 修改选项的值。本例以修改选项"drawing_text_height"的值为例，读者可根据需要修改对话框中其他选项的值，各选项的说明请参照本书附录；先在对话框左侧的选项区选取 drawing_text_height 选项，然后在 值(V): 文本框中输入数值 5.0，依次单击 添加/更改 和 应用 按钮。

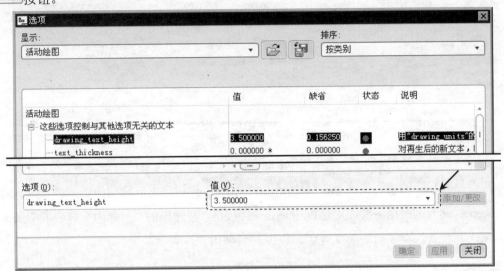

图 2.1.2　"选项"对话框（一）

Step4. 保存工程图配置文件。在对话框中单击 🖫 按钮，在弹出的"另存为"对话框中设置文件名称，并将其保存在所需的文件中。

方法二：

打开文件。假设 Pro/ENGINEER 软件安装在 C 盘，打开（用记事本打开）系统默认的工程图主配置文件 C:\Program Files\proeWildfire 5.0\text\cns_cn.dtl，直接在该文件中输入对应选项的值，即可完成更改。

说明： cns_cn.dtl 文件中各选项的说明请参照本书的附录。

2．自定义工程图的格式配置文件

自定义格式配置文件的方法与自定义主配置文件的方法基本相同，其操作步骤如下。

Step1. 进入 Pro/ENGINEER 软件的格式环境（在"新建"对话框中选中 ◉ 📑 格式 单选项即可进入格式环境）。

Step2. 选择下拉菜单 文件(F) ➡ 绘图选项(P) 命令，系统弹出图 2.1.3 所示的"选项"

对话框（二）。

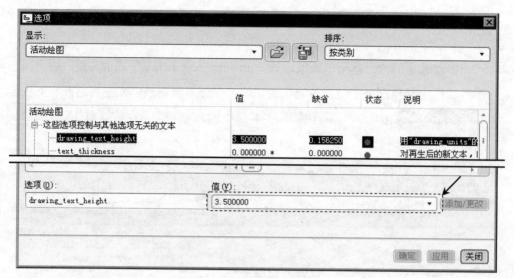

图 2.1.3   "选项"对话框（二）

Step3. 修改选项的值。在"选项"对话框左侧的选项区中选取所需的选项，然后在 值(V) 文本框中输入相应的值，依次单击 添加/更改 和 应用 按钮，完成选项值的修改。

Step4. 读者可根据需要在对话框中单击 按钮，在弹出的"另存为"对话框中设置文件名称，并将其保存在所需的文件中，以便日后使用。

2.1.6   Pro/ENGINEER 的工程图（绘图）环境配置

我国国家标准（GB）对工程图制定了许多要求，例如：尺寸文本的方位和字高、尺寸箭头的大小等都有明确的规定。本书随书光盘中的 proewf5_system_file 文件夹中提供了一些 Pro/ENGINEER 软件的系统文件，对这些系统文件的正确配置，可以使创建的工程图基本符合我国国家标准。下面将介绍这些文件的配置方法，其操作过程如下。

Step1. 将随书光盘中的 proewf5_system_file 文件夹复制到 C 盘中。

Step2. 假设 Pro/ENGINEER 野火版 5.0 软件被安装在 C:\Program Files 目录中，将随书光盘 proewf5_system_file 文件夹中的 config.pro、drawing.dtl 和 format.dtl 这三个文件复制到 Pro/ENGINEER 安装目录的 text 文件夹中，即 C:\Program Files\proeWildfire 5.0\text 中。

Step3. 启动 Pro/ENGINEER 野火版 5.0。如果在进行上述操作前，已经启动了 Pro/ENGINEER，应先退出 Pro/ENGINEER，然后再次启动 Pro/ENGINEER。

Step4. 选择下拉菜单 工具(T) ➡ 选项(O) 命令，系统弹出图 2.1.4 所示的"选项"对话框（三）。

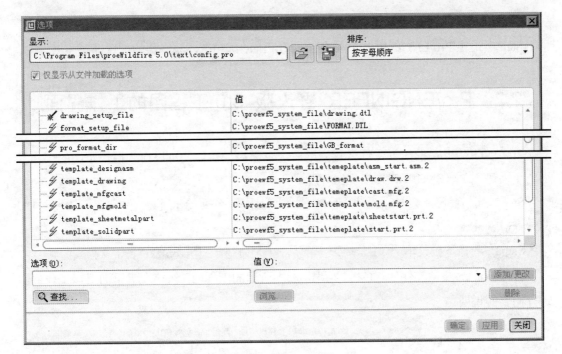

图 2.1.4　"选项"对话框（三）

Step5. 设置配置文件 config.pro 中的相关选项的值。

（1）drawing_setup_file 的值设置为 C:\Program Files\proeWildfire 5.0\text\drawing.dtl。

（2）format_setup_file 的值设置为 C:\Program Files\proeWildfire 5.0\text\format.dtl。

（3）pro_format_dir 的值设置为 C:\proewf5_system_file\GB_format。

（4）template_designasm 的值设置为 C:\proewf5_system_file\temeplate\asm_start.asm。

（5）template_drawing 的值设置为 C:\proewf5_system_file \temeplate\draw.drw。

（6）template_mfgcast 的值设置为 C:\proewf5_system_file\temeplate\cast.mfg。

（7）template_mfgmold 的值设置为 C:\proewf5_system_file\temeplate\mold.mfg。

（8）template_sheetmetalpart 的值设置为 C:\proewf5_system_file\temeplate\sheetstart.prt。

（9）template_solidpart 的值设置为 C:\proewf5_system_file\temeplate\start.prt。

这些选项值的设置基本相同，下面仅以 drawing_setup_file 为例说明操作方法。

① 在图 2.1.4 所示的"选项"对话框的 选项(O) 文本框中输入 drawing_setup_file。

② 单击以激活对话框的 值(V) 文本框，单击 浏览... 按钮。

③ 在 "Select File"对话框中选取 C:\Program Files\proeWildfire 5.0\text 目录中的文件 drawing.dtl，单击该对话框中的 打开 ▼ 按钮。

④ 单击"选项"对话框右边的 添加/更改 按钮。

Step6. 把设置加到工作环境中并存盘。

（1）单击 应用 按钮，再单击"存盘"按钮 。

（2）保存的文件名为 config. pro。

（3）单击 [　Ok　▾] 按钮。

Step7. 退出 Pro/ENGINEER，再次启动 Pro/ENGINEER，系统新的配置即可生效。

2.2 Pro/ENGINEER 野火版 5.0 工程图的工作界面

Pro/ENGINEER 的配置文件设置完毕后，重新启动软件便可以得到用户定制的工作界面。下面进入 Pro/ENGINEER 工程图环境。

Step1. 选择下拉菜单 [文件(F)] ➡ [设置工作目录(W)...] 命令，将工作目录设置至 D:\proewf5.7\work\ch02。

Step2. 选择下拉菜单 [文件(F)] ➡ [打开(O)...] 命令，打开 bracket.drw 文件。

打开 bracket.drw 文件后，系统显示图 2.2.1 所示的工程图工作界面，下面对该工作界面进行简要的说明。

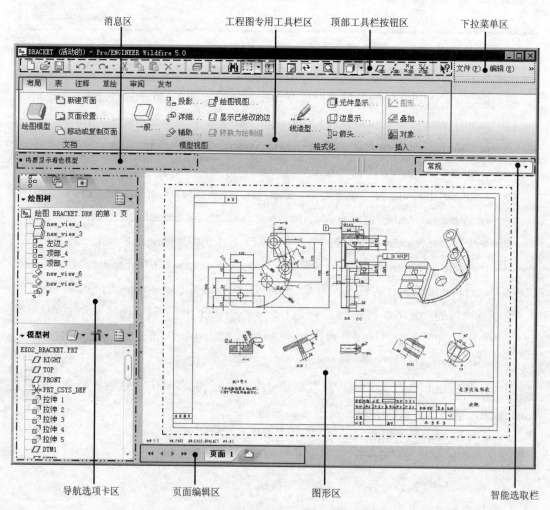

图 2.2.1 Pro/ENGINEER 野火版 5.0 工程图工作界面

Pro/ENGINEER 野火版 5.0 工程图的工作界面包括下拉菜单区、顶部工具栏按钮区、专用工具选项卡区、消息区、图形区、页面编辑区、导航选项卡区和智能选取栏，另外还包括菜单管理器区等。

1. 导航选项卡区

导航选项卡包括三个选项：模型树（或层树）、文件夹浏览器和收藏夹。

- Pro/ENGINEER 野火版 5.0 工程图的模型树分为绘图树和模型树两个区域，其中绘图树中列出了当前图纸页面中的所有视图；模型树中列出了活动文件中的所有零件及特征，并以树的形式显示模型结构，根对象（活动零件或组件）显示在模型树的顶部，其从属对象（视图或特征）位于根对象之下。
- 层树可以有效组织和管理模型中的层。
- 文件夹浏览器类似于 Windows 的资源管理器，用于浏览文件。
- 收藏夹可以有效组织和管理个人资源。

2. 下拉菜单区

下拉菜单区包括了文件、编辑、视图、分析、信息、应用程序、工具、窗口及帮助等下拉菜单，其中一些下拉菜单与基本模块中相同的菜单所包含的命令有所不同，有些命令属于工程图模块的专有命令。与以前的版本不同的是 Pro/ENGINEER 野火版 5.0 工程图取消了部分下拉菜单（如插入、表格等），其中涉及的一些命令以更加直观的工具栏按钮的形式体现出来，详见本节有关"工程图专用工具栏"的介绍。

3. 顶部工具栏

工具栏中的命令按钮为快速进入命令及设置工作环境提供了极大的方便。这些工具栏的有无和位置并不是固定不变的，用户可以根据具体情况定制工具栏，具体做法是选择下拉菜单 工具(T) ➡ 定制屏幕(C)... 命令，然后修改系统弹出的"定制"对话框中相应的选项。

➢ **图 2.2.2 所示"文件"工具栏中各按钮的功能说明如下。**

图 2.2.2　"文件"工具栏

A: 创建新对象（创建新文件）。　　　　B: 打开文件。

C: 保存激活对象（保存当前文件）。　　D: 设置工作目录。

E: 保存一个活动对象的副本（另存为）。　F: 更改对象名称。

注意：设置工作目录非常重要，希望能够引起读者重视。

➤   图 2.2.3 所示"图形编辑"工具栏中各按钮的功能说明如下。

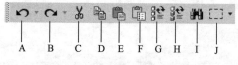

图 2.2.3   "图形编辑"工具栏

A: 撤消。   B: 重做。

C: 将绘制图元、注释或表剪切到剪贴板。   D: 复制。

E: 粘贴。   F: 选择性粘贴。

G: 再生模型。   H: 再生管理器。

I: 在模型树中按规则搜索、过滤及选择项目。   J: 选取框内部的项目。

说明：用户会看到有些菜单命令和按钮处于非激活状态（呈灰色，即暗色），这是因为它们目前还没有处在发挥功能的环境中，一旦它们进入有关的环境，便会自动激活。

➤   图 2.2.4 所示"视图操作"工具栏中各按钮的功能说明如下。

图 2.2.4   "视图操作"工具栏

A: 旋转中心开/关。   B: 定向模式开/关。

C: 外观库。   D: 设置层、层项目和显示状态。

E: 启动视图管理器。   F: 重画当前视图。

G: 放大模型或草图区。   H: 重新调整对象，使其完全显示在屏幕上。

I: 重定位视图方向。   J: 已保存的模型视图列表。

注意：在工程图环境中，经常会使用"重画当前视图"命令来刷新屏幕，以获得较好的显示效果。

➤   图 2.2.5 所示"模型显示"工具栏中各按钮的功能说明如下。

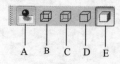

图 2.2.5   "模型显示"工具栏

A: 增强的真实感开/关。   B: 模型以线框方式显示。

C: 模型以隐藏线方式显示。   D: 模型以无隐藏线方式显示。

E: 模型以着色方式显示。

注意: 零件模型环境中通常以着色方式来显示模型，因此从零件模型环境进入工程图环境时一般都保留着色方式显示。需要经常切换模型的显示方式来获得较好的观察效果，比如工程图要经常使用无隐藏线方式显示。

➤　**图 2.2.6 所示"基准显示"工具栏中各按钮的功能说明如下。**

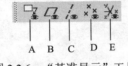

图 2.2.6　"基准显示"工具栏

A: 打开或关闭 3D 注释及注释元素。　　　B: 基准平面显示开/关。

C: 基准轴显示开/关。　　　　　　　　　　D: 基准点显示开/关。

E: 坐标系显示开/关。

➤　**图 2.2.7 所示"窗口操作"工具栏中各按钮的功能说明如下。**

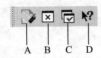

图 2.2.7　"窗口操作"工具栏

A: 从会话中移除所有不在窗口中的对象。　　B: 关闭窗口并保持对象在会话中。

C: 激活窗口。　　　　　　　　　　　　　　D: 上下文相关帮助。

注意: 在此建议读者要经常使用 ✎ 命令，因为本书附赠的随书光盘中提供的 prt 与 drw 等文件可能有重名的情况。如果不将内存中与即将打开的文件重名的对象移除，则可能导致打开文件错误、打开失败或者直接打开内存中的对象。拭除内存中的对象对装配体、工程图以及模具等类型的文件来说有着重要的意义。

4. 工程图专用工具栏

相比 Pro/ENGINEER 野火版 4.0, Pro/ENGINEER 野火版 5.0 工程图取消了部分下拉菜单（如插入、表格等），其中一些命令以更加直观的工具栏按钮的形式体现出来。要注意的是，在创建或编辑某个工程图元素时，必须先进入相应的工具栏选项卡。例如，如果要编辑工程图中的某个文字注释，必须先进入 注释 选项卡，否则无法选中注释文字。

➤　**"布局"选项卡:**

"布局"选项区域中的命令主要是用来设置绘图模型、模型视图的放置以及视图的线型显示等，如图 2.2.8 所示。

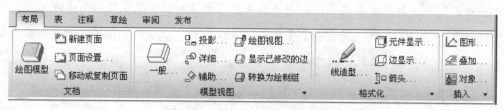

图 2.2.8   "布局"选项区域

➢ **"表"选项卡：**

"表"选项区域中的命令主要是用来创建、编辑表格等，如图 2.2.9 所示。

图 2.2.9   "表"选项区域

➢ **"注释"选项卡：**

"注释"选项区域中的命令主要是用来添加尺寸及文本注释等，如图 2.2.10 所示。

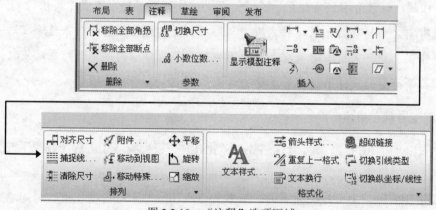

图 2.2.10   "注释"选项区域

➢ **"草绘"选项卡：**

"草绘"选项区域中的命令主要用来在工程图中绘制及编辑所需要的视图等，如图 2.2.11 所示。

图 2.2.11　"草绘"选项区域

➤ "审阅"选项卡：

"审阅"选项区域中的命令主要用来对所创建的工程图视图进行审阅、检查等，如图 2.2.12 所示。

图 2.2.12　"审阅"选项区域

➤ "发布"选项卡：

"发布"选项区域中的命令主要是用来对工程图进行打印及工程图视图格式的转换等操作，如图 2.2.13 所示。

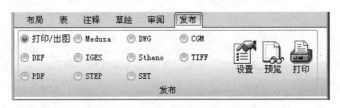

图 2.2.13　"发布"选项区域

说明：该选项区域的"预览"为工程图打印预览，是 Pro/ENGINEER 野火版 5.0 新增功能之一。

5. 消息区

在操作软件的过程中，消息区将显示相关的提示信息，用户可按照系统的提示来进行各种操作。消息区有一个可见的边线，将其与图形区分开，若要增加或减少可见消息行的数量，可将鼠标指针置于边线上，按住鼠标左键，同时将鼠标指针移动到所期望的位置。

消息分五类，分别以不同的图标提醒：

6. 图形区

绘制 Pro/ENGINEER 工程图的区域，该区域为平面区域。

7. 页面编辑区

页面编辑区位于屏幕的最底部。有些情况为详尽地表达图样信息，一张工程图要由多张页面组成，每个页面可相互独立地表达工程图中的部分内容。在该区域中，可以根据自己需要，添加新的页面，还可以自由的切换页面。

8. 菜单管理器区

菜单管理器区位于屏幕的右侧。在进行某些操作时，系统会弹出菜单管理器，如选择 编辑(E) ➡ 绘制组 (G) 命令时，系统会在菜单管理器区弹出 ▼ DRAFT GROUP （绘制组）菜单管理器。可通过一个文件 menu_def.pro 定制菜单管理器。

第3章　工程图视图

本章提要　　工程图视图是工程图最重要的组成部分，在 Pro/ENGINEER 中创建一份完整的工程图也是首先从创建视图开始的。本章将着重介绍有关工程图视图的知识。主要内容包括：
- 工程图视图概述与预备知识。
- 工程图视图的创建（包括基本视图、高级视图与装配体的视图）。
- 视图的显示模式与属性编辑。
- 工程图视图范例。

3.1　工程图视图概述

工程图中最主要的组成部分就是视图，工程图用视图来表达零件的形状与结构，复杂零件需要由多个视图来共同表达才能使人看得清楚、明白。在机械制图里，视图被细分为许多种类，有投影视图（左、右、俯、仰视图）和轴测图；有剖视图、破断视图和分解视图；有全视图、半视图、局部视图和辅助视图；有旋转视图、移出剖面和多模型视图等。各类视图的组合又可以得到许多的视图类型。显然 Pro/ENGINEER 的工程图模块不会为了创建各种视图而单独提供一个命令工具，因为这样显得繁琐且没有必要。Pro/ENGINEER 解决创建诸多类型视图的办法便是提供了修改视图属性的功能，利用"绘图视图"对话框，用户可以修改视图的类型、可见区域、视图比例、剖面、视图状态、视图显示方式以及视图的对齐方式等属性。这样一来用户只需插入普通视图，并创建其投影视图、详细（局部）视图及辅助视图，然后修改相应的属性选项，便可获得所需的视图类型了。一个"绘图视图"对话框几乎包括了创建工程图视图的所有内容，使得创建不同视图的步骤与方法统一起来，只要读者掌握了创建一两种视图的操作方法，举一反三，便可以学会其他类型的视图的创建方法。因此我们有必要先来了解"绘图视图"对话框，这有助于快速学会使用 Pro/ENGINEER 软件进行绘制工程图，并且是提高工作效率的最有效的方法之一。

在 Pro/ENGINEER 野火版 5.0 软件系统的工程图环境下，在工程图专用工具栏区选择

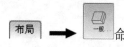命令，在绘图区单击一点，系统弹出"绘图视图"对话框。下面将对"绘

图视图"对话框中的各项功能进行详细说明。

3.1.1 视图类型

在 Pro/ENGINEER 野火版 5.0 软件的"绘图视图"对话框中，将视图类型分为六种，这
六种视图是生成其他类型视图的基础，下面将概括介绍这六种视图类型，具体的操作和使
用方法将在后面的章节中详细介绍。

1. 一般视图

在工程图中放置的第一个视图称为一般视图，如图 3.1.1 所示。一般视图常被用作主视
图，根据一般视图可以创建辅助视图、轴测视图、左视图和俯视图等视图。

选择 命令，并在绘图区中单击以选取一点作为放置点，则系统弹出图

3.1.2 所示一般视图的"绘图视图"对话框。

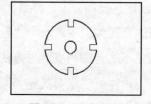

图 3.1.1　一般视图

图 3.1.2　"绘图视图"对话框

图 3.1.2 所示的"绘图视图"对话框中各选项功能的说明如下。

- 视图名文本框：输入一般视图的名称。
- 类型下拉列表：设置视图的类型。
- 视图方向区域：用于定义视图的方向。

☑ ◉ 查看来自模型的名称 单选项：视图的方向由模型中已存在的视图来决定。

☑ ◉ 几何参照 单选项：视图的方向由几何参照来决定。

☑ ◉ 角度 单选项：视图的方向由旋转角度和旋转参照来决定。

2．投影视图

在工程图中，从已存在视图的水平或垂直方向投影生成的视图称为投影视图，如图 3.1.3 所示。投影视图与其父视图的比例相同且保持对齐，其父视图可以是一般视图，也可以是其他投影视图；投影视图不能被用作轴测视图。

选择 布局 ➡ 品 投影... 命令，可以绘制投影视图（绘制投影视图必须具备父视图），系统弹出投影视图的"绘图视图"对话框，如图 3.1.4 所示。

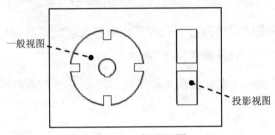

图 3.1.3　投影视图

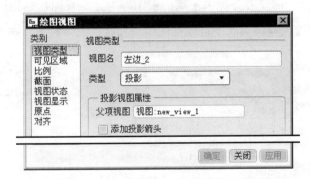

图 3.1.4　投影视图的"绘图视图"对话框

图 3.1.4 所示投影视图的"绘图视图"对话框中各选项功能的说明如下。

● 视图名 文本框：输入投影视图的名称。

● 投影视图属性 区域：用于设置选取父视图的属性及是否需要添加投影箭头。

3．辅助视图

当一般的正交视图难以将零件表达清楚时，就需要使用辅助视图。辅助视图是沿所选视图的一个斜面或基准平面的法线方向生成的视图，如图 3.1.5 所示。辅助视图与其父视图的比例相同且保持对齐。

选择 布局 ➡ ◇ 辅助... 命令，系统打开辅助视图环境的"绘图视图"对话框，如图

3.1.6 所示，可以绘制辅助视图。

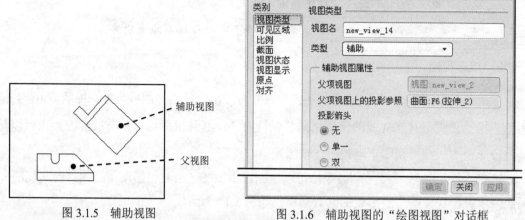

图 3.1.5　辅助视图　　　　　　图 3.1.6　辅助视图的"绘图视图"对话框

图 3.1.6 所示辅助视图的"绘图视图"对话框中各选项功能的说明如下。

- 视图名 文本框：输入辅助视图的名称。
- 辅助视图属性 区域：用于设置选取父视图的属性及是否需要添加投影箭头。

4．详细视图

选取已存在视图的局部位置并放大生成的视图称为详细视图，也称局部放大视图，如图 3.1.7 所示；通过修改父视图可改变详细视图中边和线的显示特征，详细视图可独立于父视图移动。

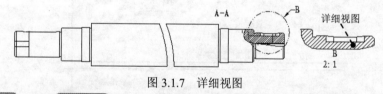

图 3.1.7　详细视图

选择 布局 ➞ 详细… 命令，系统打开详细视图环境的"绘图视图"对话框，如图 3.1.8 所示，可以绘制详细视图。

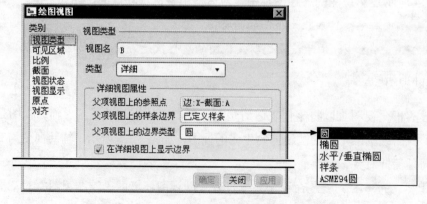

图 3.1.8　详细视图的"绘图视图"对话框

图 3.1.8 所示的详细视图的"绘图视图"对话框中各选项功能说明如下。

- ●　视图名 文本框：输入详细视图的名称。

- ●　详细视图属性 区域：用于设置父视图上的参照点、样条边界和边界类型，以及是否显示边界的属性。

5. 旋转视图

旋转视图是将已存在视图绕切割平面旋转 90°，并沿切割平面的长度方向偏距生成的截面视图。旋转视图只显示模型的被切割面，如图 3.1.9 所示。

选择 布局 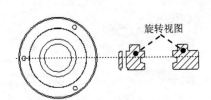 命令，系统打开旋转视图的"绘图视图"对话框，如图 3.1.10 所示，可以绘制旋转视图。

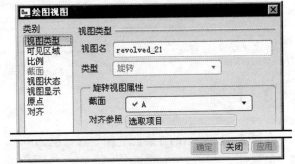

图 3.1.9　旋转视图　　　　　图 3.1.10　旋转视图的"绘图视图"对话框

图 3.1.10 所示旋转视图的"绘图视图"对话框中各选项的功能说明如下。

- ●　视图名 文本框：输入旋转视图的名称。

- ●　旋转视图属性 区域：用于设置旋转视图的截面和对齐参照属性。

6. 复制并对齐视图

选择 布局 复制并对齐 命令，系统打开复制并对齐视图的"绘图视图"对话框，可以绘制复制视图并对齐视图。

3.1.2　可见区域

在图 3.1.11 所示的"绘图视图"对话框的 类别 区域中选取 可见区域 选项，可以设置"可见区域"的属性。

图 3.1.11 所示对话框中部分选项的功能说明如下。

- ●　可见区域选项 区域：定义视图的可见类型，它们包括全视图、半视图、局部视图和破断视图。

- Z 方向修剪 区域：对模型进行修剪时，使用与屏幕平行的参照平面，并将截面图形显示出来。

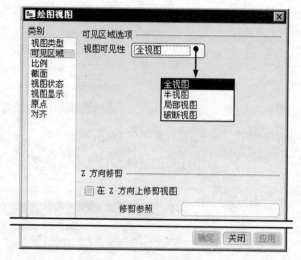

图 3.1.11 "可见区域"选项

3.1.3 比例

在图 3.1.12 所示的"绘图视图"对话框的 类别 区域中选取 比例 选项，可以设置"比例"的属性。

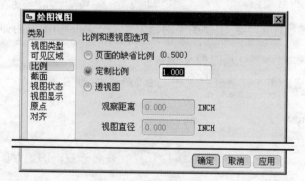

图 3.1.12 "比例"选项

图 3.1.12 所示对话框中部分选项的功能说明如下。

- ◉ 页面的缺省比例 (0.500) 单选项：将视图的比例值设置为页面的默认比例，默认比例为 1：2。
- ◉ 定制比例 单选项：用户自定义比例值。
- ◉ 透视图 单选项：创建透视图。

3.1.4 截面

在图 3.1.13 所示的"绘图视图"对话框的 类别 区域中选取 截面 选项，通过设置 剖面选项区域的各选项，可创建全剖视图、半剖视图、局部剖视图、旋转剖视图和阶梯剖视图。

图 3.1.13　"截面"选项

图 3.1.13 所示对话框中部分选项的功能说明如下。

- 2D 剖面单选项：对 2D 截面进行详细的设置。

- 3D 剖面单选项：对 3D 截面进行详细的设置。

- 单个零件曲面单选项：对单个零件曲面进行设置。

3.1.5　视图状态

在图 3.1.14 所示的"绘图视图"对话框的 类别 区域中选取 视图状态 选项，可以设置"视图状态"的属性。

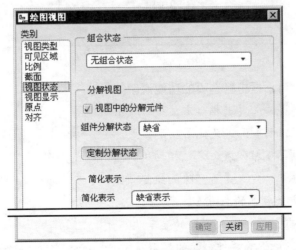

图 3.1.14　"视图状态"选项

图 3.1.14 所示对话框中各选项的功能说明如下。

- **分解视图** 区域：在定义装配视图时，所使用的分解状态。
  - ☑ **☑视图中的分解元件** 复选框：当选中此复选框时，将按照 **组件分解状态** 下拉列表中的分解方式进行视图的显示。
  - ☑ **定制分解状态** 按钮：定义装配件的分解状态。单击该按钮，系统弹出"修改分解"菜单和"分解位置"对话框。
- **简化表示** 区域：定义装配件所使用的简化表示类型。

3.1.6 视图显示

在图 3.1.15 所示的"绘图视图"对话框的 **类别** 区域中选取 **视图显示** 选项，可以设置"视图显示"的属性。

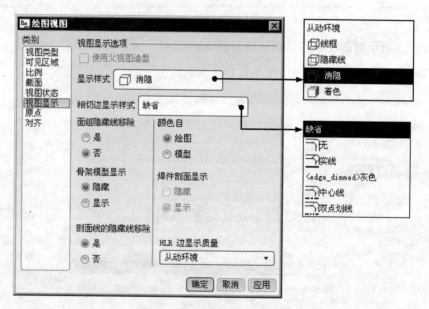

图 3.1.15 "视图显示"选项

图 3.1.15 所示对话框中各选项的功能说明如下。

- **☑使用父视图造型** 复选框：定义是否使用父视图造型。
- **显示样式** 下拉列表：定义视图显示模式。
- **相切边显示样式** 下拉列表：定义相切边的显示模式。
- **面组隐藏线移除**：定义是否移除面组隐藏线。
- **颜色自**：定义颜色的来源。
- **骨架模型显示**：设置骨架模型的显示状态。
- **焊件剖面显示**：设置焊件剖面的显示状态。
- **剖面线的隐藏线移除**：定义是否移除剖面线隐藏线。

3.1.7　原点

在图 3.1.16 所示的"绘图视图"对话框的 类别 区域中选取 原点 选项，可以设置"原点"的属性。

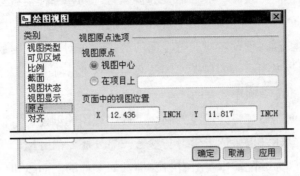

图 3.1.16　"原点"选项

图 3.1.16 所示对话框中各选项的功能说明如下。

- 视图原点：定义视图原点有两种方式。
  - ☑ ◉ 视图中心 单选项：使用模型中心定义原点，此选项为系统默认设置。
  - ☑ ◉ 在项目上 单选项：用户自定义视图原点。
- 页面中的视图位置：测量绘图页面，定义视图原点。

3.1.8　对齐

在图 3.1.17 所示的"绘图视图"对话框的 类别 区域中选取 对齐 选项，通过设置 视图对齐选项 区域的各选项，可修改视图间的对齐关系。

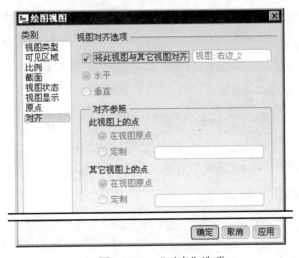

图 3.1.17　"对齐"选项

图 3.1.17 所示对话框中各选项的功能说明如下。

- ☑ 将此视图与其它视图对齐 复选框：定义是否将此视图与其他视图对齐。
- 此视图上的点 ：将此视图上的参照点与其他视图的参照点对齐。
- 其它视图上的点 ：将其他视图上的参照点与此视图的参照点对齐。

在开始创建视图之前，读者一般都需要为创建合理的视图提前做些准备，这将在本章的预备知识里讲到。创建基本视图是初学者最关心的问题，为此我们用一节的篇幅来详细说明基本视图的创建过程，使读者对其有全面的认识。在创建了视图后，读者马上会遇到移动视图、删除视图及视图显示的问题，因此我们将这部分独立于编辑视图之外，提前进行讲解，这符合学习的逻辑顺序，有助于读者的学习。

掌握基本视图的创建后，将会过渡到高级工程图视图的创建。本章详细讲解了十几个不同类型高级视图的创建，以供读者学习与参考。另外还专门分出一节来说明装配体工程图视图的创建，这是因为装配体本身具有特殊性，如零件的剖面线和分解视图。编辑与修改视图也是工程图视图中重要的部分，用户可以编辑视图的属性，给视图添加箭头与剖面等。许多视图编辑和修改的工作也是使用"绘图视图"对话框来完成的。

本章的最后以几个范例详细地说明了创建工程图视图的完整过程。对于学习工程应用类软件来说，范例教学是个不错的方法，读者可以跟着范例学习，以起到事半功倍的效果。

3.2　工程图预备知识

3.2.1　视图的定向

在工程图中，常常需要绘制各种方位的视图（如主视图、俯视图、侧视图及轴测图等），而在模型的零件或装配环境中，可以方便地保存模型的方位定向，然后将保存的视图定向应用到工程图中。下面介绍在模型的零件或装配环境中给零件模型定向的两种方法。

先将工作目录设置至 D:\proewf5.7\work\ ch03.02.01，然后打开文件 tool_disk.prt。

方法一：

Step1. 选择下拉菜单 视图(V) ➡ 视图管理器(M) 命令，系统弹出图 3.2.1 所示的"视图管理器"对话框，在 定向 选项卡中单击 新建 按钮，并命名新建视图为 V1，按 Enter 键确认，然后选择 编辑 ▼ ➡ 重定义 命令。系统弹出图 3.2.2 所示的"方向"对话框。

Step2. 定义放置参照。

（1）定义放置参照 1。单击"方向"对话框中 参照1 下面的箭头 ▼ ，在弹出的下拉列表中选取 前 选项，然后选取图 3.2.3a 所示的面 1。这一步操作的意义是将所选模型表面放置在前面，即与屏幕平行的位置。

（2）定义放置参照 2。单击对话框中 参照2 下面的箭头 ▼ ，在弹出的下拉列表中选取 上选项,然后选取图 3.2.3a 中的面 2。这一步操作的意义是将所选模型表面放置在屏幕的上部。此时,定向视图操作完成,结果如图 3.2.3b 所示。

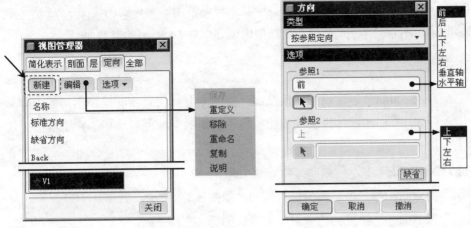

图 3.2.1　"视图管理器"对话框　　　　　　　图 3.2.2　"方向"对话框(一)

说明:如果此时希望返回以前的默认状态,请单击图 3.2.2 所示对话框中的 缺省 按钮。

方法二:

方法二较为简单,建议读者使用这种方法。具体操作步骤:首先按住中键转动模型至所需方位,然后选择 视图(V) ➡ 方向(0) ▶ ➡ 重定向(0)... 命令,在图 3.2.4 所示的"方向"对话框中选取 ▼ 保存的视图,新建一个名称为 view_1 的视图,最后单击 保存 和 确定 按钮,此时系统将当前视图的方位保存为 view_1 视图。

说明:使用方法二也可以对模型进行定位。

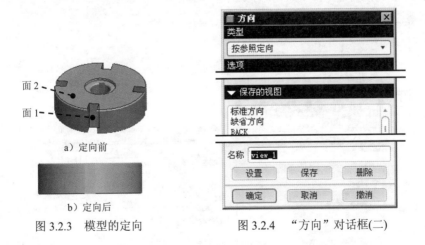

a）定向前

b）定向后

图 3.2.3　模型的定向　　　　　　　　　　图 3.2.4　"方向"对话框(二)

3.2.2　截面准备

在工程图里,经常使用剖视图来表达零件的截面特征。剖视图一般分为全剖视图、半剖视图、局部剖视图、旋转剖视图和阶梯剖视图等，表达这些剖视图需要具备相应的剖截面。创建剖截面一般用两种方法：一是在工程图环境中创建剖视图的同时创建剖截面；二是在建模的同时预先创建好剖截面，以备绘制工程图使用。如果要创建图 3.2.5 所示的全剖视图的剖截面，最简单的方式是预先在模型中创建图 3.2.6 所示的剖截面。

1．剖截面概述

剖截面（X-Section）也称剖面或横截面，它的主要作用是查看模型剖切的内部形状和结构。创建工程图前，在零件模块或装配模块中创建的剖截面，可用于在工程图模块中生成剖视图。

在 Pro/ENGINEER 中，剖截面分两种类型。

"平面"剖截面：用平面对模型进行剖切，如图 3.2.7 所示。

"偏距"剖截面：用草绘的曲面对模型进行剖切，如图 3.2.8 所示。

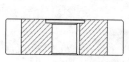  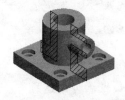 

图 3.2.5　全剖视图　　　图 3.2.6　剖截面　　　图 3.2.7　"平面"剖截面　　　图 3.2.8　"偏距"剖截面

在 Pro/ENGINEER 零件或装配模块环境中，选择下拉菜单 视图(V) ➡ 视图管理器(M) 命令，在弹出的"视图管理器"对话框中单击 剖面 选项卡，即可进入剖截面操作界面，操作界面中各命令的说明如图 3.2.9 所示。

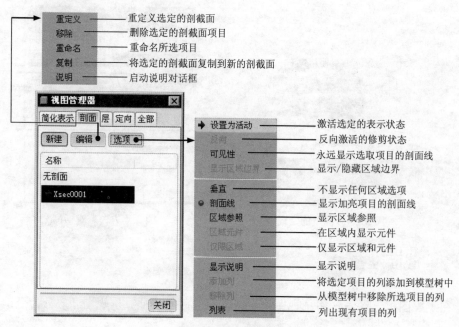

图 3.2.9　设置剖截面

2. 创建一个"平面"剖截面

下面以零件模型 base_1.prt 为例，说明创建图 3.2.7 所示的"平面"剖截面的一般操作过程。

Step1. 将工作目录设置至 D:\proewf5.7\work\ ch03.02.02，打开文件 base_1.prt。

Step2. 选择下拉菜单 视图(V) ➡ 视图管理器(M) 命令。

Step3. 单击 剖面 选项卡，在弹出的图 3.2.9 所示的剖截面操作界面中单击 新建 按钮，输入名称 A，并按 Enter 键。

Step4. 选择截面类型。在弹出的图 3.2.10 所示的菜单管理器中选择默认的 Planar（平面）➡ Single（单一）命令，并选择 Done（完成）命令。

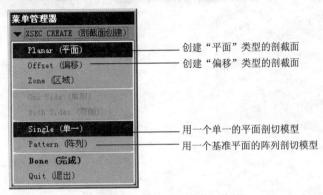

图 3.2.10　"剖截面创建"菜单

Step5. 定义剖切平面。

（1）在图 3.2.11 所示的 ▼ SETUP PLANE（设置平面）菜单中选择 Planar（平面）命令。

（2）在图 3.2.12 所示的模型中选取 FRONT 基准平面。

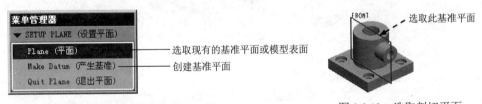

图 3.2.11　"设置平面"菜单　　　　　图 3.2.12　选取剖切平面

（3）此时系统返回到图 3.2.9 所示的剖截面操作界面，右击剖截面名称 A，在弹出的图 3.2.13 所示的快捷菜单中选取 可见性 命令；此时模型上显示图 3.2.14 所示的新建剖截面。

图 3.2.13　选择"可见性"　　　　　图 3.2.14　新建剖截面

Step6. 修改剖截面的剖面线间距。

（1）在剖截面操作界面中选取要修改的剖截面名称**A**，然后单击选择 编辑▼ ➡️
重定义 命令；在图 3.2.15 所示的 ▶ XSEC MODIFY（剖截面修改）菜单中选择 Hatching（剖面线）命令。

图 3.2.15　"剖截面修改"菜单

（2）在图 3.2.16 所示的 ▶ XSEC MODIFY（剖截面修改）菜单中选择 Spacing（间距）命令。

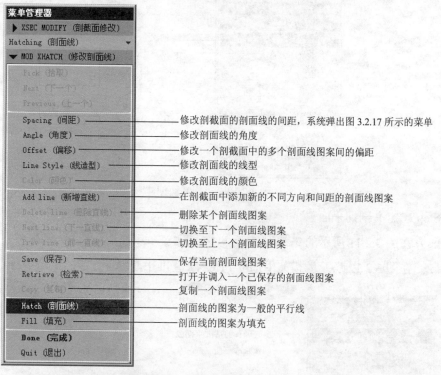

图 3.2.16　"修改剖面线"菜单

（3）在图 3.2.17 所示的 ▼ MODIFY MODE（修改模式）菜单中选中 Overall（整体）命令，然后连续选择 Half（一半）（或 Double（加倍）命令，来调节零件模型中剖面线的间距，直到调到合适的间距，最后选择 Done（完成）➡️ Done/Return（完成/返回）命令。

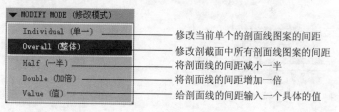

图 3.2.17　"修改模式"菜单

Step7. 此时系统返回到图 3.2.9 所示的剖截面操作界面，单击 关闭 按钮，完成"平面"剖截面的创建。

3．创建一个"偏距"剖截面

下面以零件模型 base_2.prt 为例，说明创建图 3.2.18 所示的"偏距"剖截面的一般操作过程。

Step1. 将工作目录设置至 D:\proewf5.7\work\\ch03.02.02，打开文件 base_2.prt。

Step2. 选择下拉菜单 视图(V) ➡ 视图管理器(M) 命令。

Step3. 单击 剖面 复选框，在剖面操作界面中单击 新建 按钮，输入名称 B，并按 Enter 键。

Step4. 选择截面类型。在图 3.2.19 所示的 ▼ XSEC CREATE (剖截面创建) 菜单中依次选择 Offset (偏移) ➡ Both Sides (双侧) ➡ Single (单一) ➡ Done (完成) 命令。

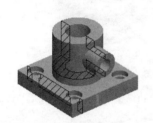

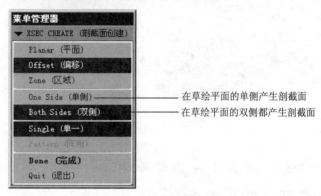

图 3.2.18 "偏距"剖截面　　　图 3.2.19 "剖截面创建"菜单

Step5. 绘制偏距剖截面草图。

（1）定义草绘平面。在 ▼ SETUP SK PLN (设置草绘平面) 菜单中选择 Setup New (新设置) ➡ Planar (平面) 命令，然后选取图 3.2.20 所示的 RIGHT 基准平面为草绘平面。

（2）在 ▼ DIRECTION (方向) 菜单中选择 Okay (确定) 命令。

（3）在 ▼ SKET VIEW (草绘视图) 菜单中选择 Left (左) 命令。

（4）在弹出的 ▼ SETUP PLANE (设置平面) 菜单中选择默认的 Planar (平面) 命令，再选取图 3.2.21 所示的基准平面 DTM1 为草绘参照平面。

（5）选取图 3.2.22 所示的圆、边线和基准轴作为草绘参照。

（6）绘制图 3.2.22 所示的偏距剖截面草图，完成后单击 ✔ 按钮，调整视图方向。

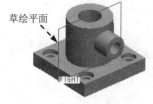
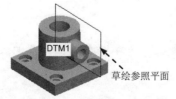
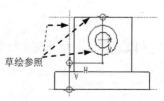

图 3.2.20 选取草绘平面　　图 3.2.21 选取草绘参照平面　　图 3.2.22 选取草绘参照

Step6. 修改剖截面的剖面线间距。

（1）在剖截面操作界面中选取要修改的剖截面名称 B，右击，在弹出的快捷菜单中选取 可见性 命令，然后在"视图管理器"对话框中单击选择 编辑▼ ➡ 重定义 命令；在系统弹出的 ▼ XSEC CREATE （剖截面创建） 菜单中选择 Hatching （剖面线） ➡ Spacing （间距） 命令。

（2）连续选择 Half （一半） （或 Double （加倍） ）命令，观察零件模型中剖面线间距的变化，直到将剖面线调到合适的间距，然后依次单击选择 Done （完成） ➡ Done/Return （完成/返回） 命令。

Step7. 在剖截面操作界面中单击 关闭 按钮。

4．创建装配件的剖截面

创建装配件的剖截面与创建单个零件的剖截面方法类似。下面以图 3.2.23 为例，说明创建装配件剖截面的一般操作过程。

a）创建前

b）创建后

图 3.2.23　装配件的剖截面

Step1. 将工作目录设置至 D:\proewf5.7\work\ch03.02.02，打开装配体文件 cover_asm.asm。

Step2. 选择下拉菜单 视图(V) ➡ 视图管理器(W) 命令。

Step3. 输入截面名称。在图 3.2.24 所示的 剖面 选项卡中单击 新建 按钮，采用系统默认的名称，并按 Enter 键。

Step4. 选择截面类型。在 ▼ XSEC OPTS （剖截面选项） 菜单中单击选择 Model （模型） ➡ Planar （平面） ➡ Single （单一） ➡ Done （完成） 命令。

Step5. 选取装配基准平面。

（1）在 ▼ SETUP PLANE （设置平面） 菜单中选择 Plane （平面） 命令。

（2）在系统 ➡选取或创建装配基准 的提示下，选取图 3.2.25 所示的装配基准平面 ASM_TOP。

注意：在选取基准平面时，必须选取顶级装配模型的基准平面；如果选取的是元件的基准平面，系统将不接受选取的此基准平面。

Step6. 设置剖面线。

（1）在图 3.2.26 所示的 剖面 选项卡中选取 XSEC0001 选项，然后选择 编辑▼ ➡ 重定义 命令。

（2）在系统弹出的 ▼ XSEC MODIFY（剖截面修改）菜单中选择 Hatching（剖面线）命令。

图 3.2.24　"剖面"选项卡

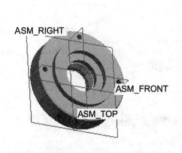

图 3.2.25　选取剖切平面

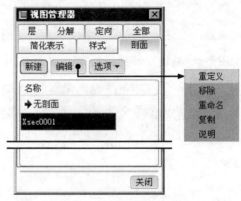

图 3.2.26　"剖面"选项卡

（3）在 ▼ MOD XHATCH（修改剖面线）菜单中选择 Pick（拾取）➡ Hatch（剖面线）命令，然后在模型树中选取零件 cover.prt，此时该零件的剖面线加亮显示；然后在 ▼ MOD XHATCH（修改剖面线）菜单中选择 Spacing（间距）命令。

（4）在 ▼ MODIFY MODE（修改模式）菜单中选择 Half（一半）命令，然后选择 Done（完成）➡ Done/Return（完成/返回）命令。

Step7. 定向模型方位。在"视图管理器"对话框中打开 定向 选项卡，然后右击 Top，选择 ➔ 设置为活动 命令。

Step8. 查看剖截面。在"视图管理器"对话框中打开 剖面 选项卡，右击 XSEC0001，在弹出的快捷菜单中选择 可见性 命令，此时绘图区中显示装配件的剖截面，如图 3.2.27 所示。

Step9. 在"视图管理器"对话框中单击 关闭 按钮。

a）定向前

b）定向后

图 3.2.27　定向模型方位

3.3 新建工程图

有了前面的预备知识，读者现在可以开始绘制工程图了。首先新建一个工程图。新建工程图的操作过程如下。

Step1. 先将工作目录设置至 D:\proewf5.7\work\ch03.03，然后在工具栏中单击"新建"按钮 🗋。

Step2. 在弹出的图 3.3.1 所示的"新建"对话框中进行下列操作。

（1）选中 类型 区域中的 ⦿ 🕒 绘图 单选项。

注意：在这里不要将"草绘"和"绘图"两个概念相混淆。"草绘"是指在二维平面里绘制图形；"绘图"指的是绘制工程图。

（2）在 名称 文本框中输入工程图的文件名，例如 tool_disk_drw。

（3）取消选中 ☐ 使用缺省模板 复选框，即不使用默认的模板。

（4）在对话框中单击 确定 按钮，系统弹出图 3.3.2 所示的"新建绘图"对话框（一）。

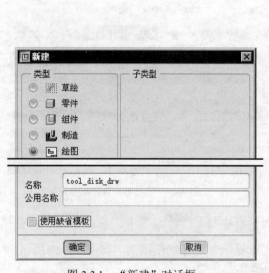

图 3.3.1 "新建"对话框

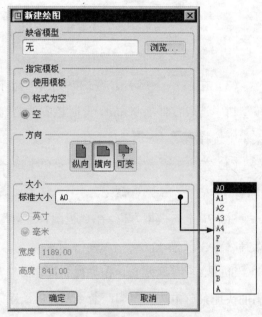

图 3.3.2 "新建绘图"对话框（一）

图 3.3.2 所示的"新建绘图"对话框（一）中各选项的功能说明如下。

● 缺省模型 区域：在该区域中选取要生成工程图的零件或装配模型，一般系统会默认选取当前活动的模型，如果要选取其他模型，请单击 浏览... 按钮。

● 指定模板 区域：在该区域中选取工程图模板。

☑　◉空　单选项：在图 3.3.2 所示的方向区域中选取图纸方向，其中"可变"为
自定义图纸幅面尺寸，在大小区域中定义图纸的幅面尺寸；使用此单选项打
开的绘图文件既不使用模板，也不使用图框格式。

☑　◉格式为空　单选项：在图 3.3.3 所示的格式区域中单击浏览...按钮，然后
选取所需的格式文件，并将其打开；其中，打开的绘图文件只使用其图框格
式，不使用模板。

☑　◉使用模板　单选项：在图 3.3.4 所示的模板区域的文件列表中选取所需模板
或单击浏览...按钮，然后选取所需的模板文件。

图 3.3.3　"新建绘图"对话框（二）

图 3.3.4　"新建绘图"对话框（三）

Step3. 定义工程图模板。

（1）在图 3.3.2 所示的"新建绘图"对话框（一）中单击浏览...按钮，在"打开"
对话框中选取模型文件 tool_disk.prt，单击打开按钮。

（2）在指定模板区域中选取 ◉空 单选项，在方向区域中单击"横向"按钮，然后在大小
区域的下拉列表中选取A3选项。

注意：在本书中，如无特别说明，默认工程图模板为空模板，方向为"横向"，幅面尺
寸为 A3。

（3）在"对话框"中单击确定按钮，则系统将会自动进入工程图模式（工程图环境）。

3.4　创建基本工程图视图

本节以图 3.4.1 所示的 tool_disk.prt 零件模型为例，介绍创建基本工程视图即主视图、
投影视图、轴测图的一般操作过程。

说明：为方便读者学习，本节的主视图、投影视图、轴测图为连续的步骤。

3.4.1 主视图

下面以图 3.4.2 所示的 tool_disk.prt 零件的主视图为例，说明创建主视图的操作方法。

Step1. 设置工作目录，选择下拉菜单 文件(F) ➡ 设置工作目录(W)... 命令，将工作目录设置至 D:\proewf5.7\work\ch03.04。

Step2. 在工具栏中单击"新建"按钮 ⬚ ，新建一个名为 tool_disk_drw 的工程图。选取三维模型 tool_disk.prt（文件路径为 D:\proewf5.7\work\ch03.04\tool_disk.prt）为绘图模型，选取空模板，方向为"横向"，幅面大小为 A2，进入工程图模块。

Step3. 在绘图区中右击，系统弹出图 3.4.3 所示的快捷菜单，在该快捷菜单中选择 插入普通视图... 命令。

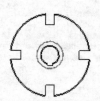
图 3.4.2 主视图

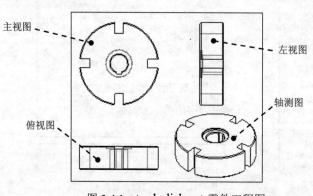
图 3.4.1 tool_disk.prt 零件工程图

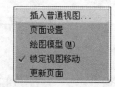
图 3.4.3 快捷菜单

说明：

● 还有一种进入"普通视图"（即"一般视图"）命令的方法，就是选择 布局 ➡ 一般 命令。

● 如果在图 3.3.2 所示的"新建绘图"对话框（一）中没有默认模型，也没有选取模型，那么在执行 插入普通视图... 命令后，系统会弹出一个文件"打开"对话框，让用户选取一个三维模型来创建其工程图。

Step4. 在系统 ⇨选取绘制视图的中心点。 的提示下，在屏幕图形区选取一点。此时绘图区会出现系统默认的零件斜轴测图，并弹出图 3.4.4 所示的"绘图视图"对话框（一）。

Step5. 定向视图。视图的定向一般采用下面两种方法。

方法一：采用参照进行定向。

（1）定义放置参照 1。

① 在"绘图视图"对话框中选取 类别 区域中的 视图类型 选项；在对话框的 视图方向 区域中选中 ◉ 几何参照 单选项，如图 3.4.5 所示。

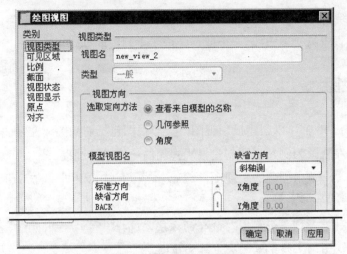

图 3.4.4　"绘图视图"对话框（一）

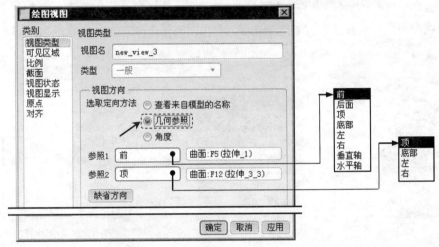

图 3.4.5　"绘图视图"对话框（二）

② 在对话框的 参照1 下拉列表中选取 前 选项，在图形区中选择图 3.4.6 所示的面 1；这一步操作的意义是将所选模型表面放置在前面，即与屏幕平行的位置。

（2）定义放置参照 2。在对话框的 参照2 下拉列表中选取 顶 选项，在图形区中选取图 3.4.6 所示的面 2；这一步操作的意义是将所选模型表面放置在屏幕的顶部，此时模型视图的方位如图 3.4.2 所示。

说明：如果此时希望返回以前的默认状态，请单击对话框中的 缺省方向 按钮。

方法二：采用已保存的视图方位进行定向。

在 "绘制视图"对话框的 视图方向 区域中选中 ⊙ 查看来自模型的名称 单选项，在 模型视图名 的列表中选取已保存的视图 RIGHT ，然后单击 确定 按钮，系统将按 RIGHT 的方位定向视图。

Step6. 定制比例。在对话框中选取 类别 区域中的 比例 选项，选中 ⊙ 定制比例 单选项，并输入比例值 1.0。

Step7. 单击"绘图视图"对话框中的 确定 按钮，关闭对话框，在工具栏中单击 按钮，将视图的显示状态设置为"隐藏线"。至此，完成了主视图的创建。

3.4.2 投影视图

在 Pro/ENGINEER 中可以创建投影视图，投影视图包括右视图、左视图、俯视图和仰视图。下面以创建左视图为例，说明创建投影视图的一般操作过程。

Step1. 单击在上一节中创建的主视图，然后右击，系统弹出图 3.4.7 所示的快捷菜单，在快捷菜单中选择 插入投影视图... 命令。

说明：还有一种进入"投影视图"命令的方法，选择 布局 ➡️ 投影... 命令。利用这种方法创建投影视图，必须先单击选中其父视图。

Step2. 在系统 ➡选取绘制视图的中心点。 的提示下，在图形区主视图的右方任意位置单击，系统自动创建左视图，如图 3.4.8 所示。如果在主视图的下方（左方）任意选取一点，则会生成俯视图（右视图）。

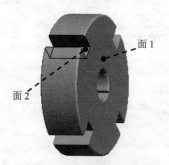

图 3.4.6 模型的定向

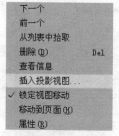

图 3.4.7 快捷菜单

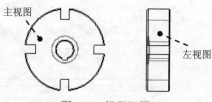

图 3.4.8 投影视图

3.4.3 轴测图

在工程图中创建图 3.4.9 所示的轴测图的目的主要是为了方便读图（图 3.4.9 所示的轴测图为隐藏线的显示状态），其创建方法与主视图基本相同，它也是作为"一般"视图来创建。通常轴测图是作为最后一个视图添加到图纸上的。下面说明其操作的一般过程。

Step1. 在绘图区中右击，从弹出的快捷菜单中选择 插入普通视图... 命令。

Step2. 在系统 ➡选取绘制视图的中心点。 的提示下，在图形区选取一点作为轴测图位置点。

Step3. 在系统弹出的"绘图视图"对话框中选取查看方位 VIEW_1 （可以选取 缺省方向 ，也可以预先在 3D 模型中保存好创建的合适方位，再选取所保存的方位）。

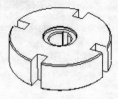

图 3.4.9 轴测图

Step4. 定制比例。在"绘图视图"对话框中选取 类别 区域中的 比例 选项，选中 ◎ 定制比例 单选项，并输入比例值 1.0。

Step5. 单击对话框中的 确定 按钮，关闭对话框。

注意：要使轴测图的摆放方位满足表达要求，可先在零件或装配环境中，将模型在空间摆放到合适的视角方位，然后将这个方位保存成一个视图名称（如 VIEW_1）。然后在工程图中，在添加轴测图时，选取已保存的视图方位名称（如 VIEW_1），即可进行视图定向。这种方法很灵活，能使创建的轴测图摆放成任意方位，以适应不同的表达要求。具体操作请读者回顾预备知识里的相关内容。

3.5　移动视图与锁定视图

基本视图创建完毕后往往还需对其进行移动和锁定操作，将视图摆放在合适的位置，使整个图面更加美观明了。

3.5.1　移动视图

移动视图前首先选取所要移动的视图，并且查看该视图是否被锁定。一般在第一次移动前，系统默认所有视图都是被锁定的，因此需要解除锁定再进行移动操作。下面说明移动视图操作的一般过程。

Step1. 将工作目录设置至 D:\proewf5.7\work\ch03.05，打开文件 tool_disk_drw.drw。

Step2. 在图形区中右击，在弹出图 3.5.1 所示的快捷菜单中选择 ✓ 锁定视图移动 命令（去掉该命令前面的 ✓ ）。

Step3. 选取并拖动左视图，将其放置在合适位置，如图 3.5.2 所示。

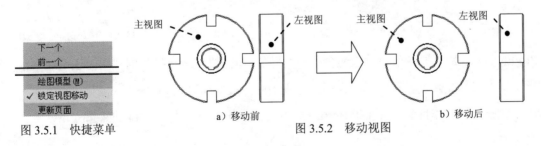

图 3.5.1　快捷菜单　　　　　　　a) 移动前　　　　图 3.5.2　移动视图　　　　b) 移动后

说明：

● 如果移动主视图，则相应子视图也会随之移动；如果移动投影视图则只能上下或左右移动，以保持该视图与主视图对应关系不变。一旦某个视图被解除锁定状态，则其他视图也同时被解除锁定，同样一个视图被锁定后其他视图也同时被锁定。

● 当视图解除锁定时，单击视图，视图边界线顶角处会出现图 3.5.3 所示的点，且光标显示为四向箭头形式；当锁定视图时，视图边界线会变成图 3.5.4 所示的形状。

3.5.2 锁定视图

在视图移动调整后，为了避免今后因误操作使视图相对位置发生变化，这时需要对视图进行锁定。在绘图区的空白处右击，在弹出的快捷菜单中选择 锁定视图移动 命令，如图 3.5.5 所示，操作后视图被锁定。

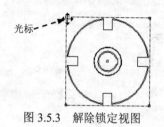
图 3.5.3 解除锁定视图

图 3.5.4 锁定视图

图 3.5.5 快捷菜单

3.6 拭除、恢复和删除视图

对于大型复杂的工程图，尤其是零件成百上千的复杂装配图，视图的打开、再生与重画等操作往往会占用系统很多资源。因此除了对众多视图进行移动锁定操作外，还应对某些不重要的或暂时用不到的视图采取拭除操作，将其暂时从图面中拭去，当要进行编辑时还可将视图恢复显示，而对于不需要的视图则可以将其删除。

3.6.1 拭除视图

拭除视图就是将视图暂时隐藏起来，但该视图还存在。在这里拭除的含义和在 Pro/ENGINEER 其他应用中拭除的含义是相同的。当需要显示已拭除的视图时还可通过恢复视图操作来将其恢复显示，下面说明拭除视图的一般操作过程。

Step1. 将工作目录设置至 D:\proewf5.7\work\ch03.06.01，打开 tool_disk_drw.drw 工程图文件。

Step2. 选择下拉菜单 布局 ➡ 模型视图 ▾ ➡ 拭除视图 命令。

Step3. 在系统 选取要拭除的绘图视图。 的提示下，选取图 3.6.1a 中的轴测图，则系统会用一个带有视图名的矩形框来临时代替该轴测图，如图 3.6.1b 所示。

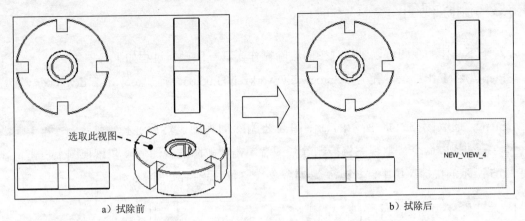

a）拭除前　　　　　　　　　　　　　b）拭除后

图 3.6.1　拭除视图

Step4. 单击中键，完成对轴测图的拭除操作。

3.6.2　恢复视图

如果想恢复已经拭除的视图，须进行恢复视图操作。恢复视图和拭除视图是相逆的过程，恢复视图操作的一般过程如下。

Step1. 将工作目录设置至 D:\proewf5.7\work\ ch03.06.02，打开 tool_disk_drw_re.drw 工程图文件。

Step2. 选择下拉菜单 布局 ➡ 模型视图 ➡ 恢复视图 命令。

Step3. 系统弹出图 3.6.2 所示的 ▼视图名 菜单。

Step4. 在系统 选取要恢复的绘图视图. 的提示下，选取图 3.6.3a 所示的视图 NEW_VIEW_4（即轴测图），选择 Done Sel（完成选取）命令。

Step5. 单击中键，完成视图的恢复操作，视图恢复后如图 3.6.3b 所示。

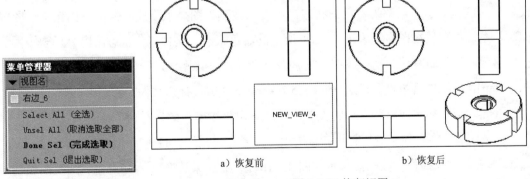

a）恢复前　　　　　　　　　　　　b）恢复后

图 3.6.2　"视图名"菜单　　　　　　　　图 3.6.3　恢复视图

3.6.3 删除视图

对于不需要的视图可以进行视图的删除操作，其一般操作过程如下。

Step1. 将工作目录设置至 D:\proewf5.7\work\ ch03.06.03，打开 tool_disk_drw_er.drw 工程图文件。

Step2. 选取图 3.6.4a 所示的轴测图为要删除的视图，然后选择 编辑(E) ➡ 删除(D) ➡ 删除(D) Del 命令，则视图将被删除（或者单击要删除的视图后，在该视图上右击，在图 3.6.5 所示的快捷菜单中选择 删除(D) Del 命令），删除视图后如图 3.6.4b 所示。

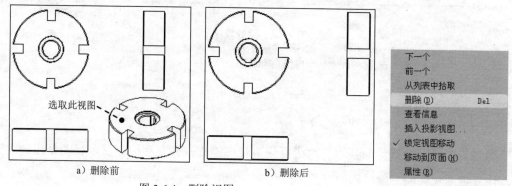

a）删除前   b）删除后
图 3.6.4   删除视图   图 3.6.5   快捷菜单

注意：如果删除主视图则子视图也将被删除，而且是永久性的删除，如果误操作可以单击"撤销"按钮 ↻ 马上将视图恢复过来，但存盘后无法再恢复被删除的视图。

3.7   视图的显示模式

3.7.1   视图显示

为了符合工程图的要求，常常需要对视图的显示方式进行编辑控制。由于在创建零件模型时，模型显示一般都为着色图状态，当在未改变视图显示模式的情况下创建工程图视图时，系统将默认视图显示为图 3.7.1a 所示的着色状态。这种着色状态不容易反映视图特征，这时可以编辑视图为消隐状态，使视图清晰简洁，其操作过程如下。

Step1. 将工作目录设置至 D:\proewf5.7\work\ch03.07，打开文件 tool_disk_drw_1.drw。

Step2. 双击要更改显示方式的视图，系统弹出"绘图视图"对话框。

Step3. 在 类别 区域中选取 视图显示 选项，在 显示样式 下拉列表中选取 消隐 选项，单击 确定 按钮，完成操作后该视图显示如图 3.7.1b 所示；如果选取 线框 选项，则视图显示如图 3.7.1c 所示；如果选取 隐藏线 选项，则视图显示如图 3.7.1d 所示。

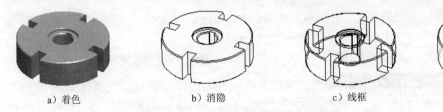

a）着色　　　　　　b）消隐　　　　　　c）线框　　　　　　d）隐藏线

图 3.7.1　视图的显示方式

注意：以下各章节创建视图时，如无特别说明，均在"绘图视图"对话框中将视图显示模式设置为"消隐"，且在操作过程中省略此步骤，请读者留意。

3.7.2　边显示、相切边显示控制

1. 边显示

使用 Pro/ENGINEER 绘制工程图，不仅可以设置各个视图的显示方式，甚至可以设置各个视图中每根线条的显示方式，这就是边显示。边显示一般有拭除直线、线框、隐藏方式、隐藏线及消隐五种方式。这样一来，可以通过修改边的显示方式使视图清晰简洁，而且容易区分零组件。边显示在装配体工程图中尤为重要。

可以通过选择 布局 ➡ 边显示… 命令，打开图 3.7.2 所示的 ▼ EDGE DISP（边显示）菜单。

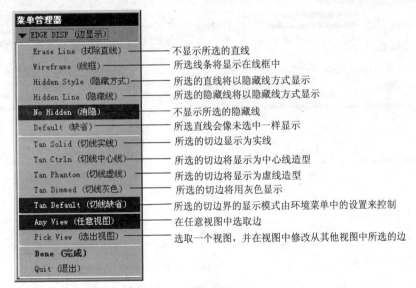

图 3.7.2　"边显示"菜单

（1）拭除直线。

如果需要简化视图里的图线，可以据情况选择性地拭除一些直线，这样使视图显得清晰明白。可拭除的直线为可见直线，对于不可见的直线则没有拭除的意义。下面以图 3.7.3b 所示拭除 tool_disk 零件主视图的倒角边线为例，说明拭除直线的一般操作过程。

Step1. 将工作目录设置至 D:\proewf5.7\work\ch03.07，打开 tool_disk_drw_2.drw 工程图文件。

Step2. 选择 布局 ➡ 边显示... 命令，系统弹出 ▼ EDGE DISP（边显示）菜单。

Step3. 选择 Erase Line（拭除直线）命令，系统会提示选取要拭除的直线，按住 Ctrl 键选取图 3.7.3a 所示的四条边线，选择 ▼ EDGE DISP（边显示）菜单中的 Done（完成）命令，完成后的视图如图 3.7.3b 所示。

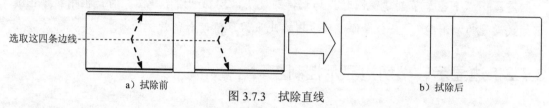

选取这四条边线

a）拭除前　　　　　　　　　　　b）拭除后

图 3.7.3　拭除直线

（2）线框。

如果视图处于无隐藏线显示状态，许多图线在当前视图中不可见或以虚线显示，这时如果有必要可以把在视图中不可见的边线设置为可见形式，此时需选择 Wireframe（线框）命令。将虚线或不可见边线设置为实线形式显示的一般操作如下。

Step1. 将工作目录设置至 D:\proewf5.7\work\ch03.07，打开 tool_disk_drw_3.drw 工程图文件。

Step2. 选择 布局 ➡ 边显示... 命令，此时系统弹出 ▼ EDGE DISP（边显示）菜单。

Step3. 选择 Wireframe（线框）命令，系统提示选取要显示的边线，选取图 3.7.4a 所示的边线（该边线在光标划过时以淡蓝色显示），选择 ▼ EDGE DISP（边显示）菜单中的 Done（完成），完成后的视图如图 3.7.4b 所示。

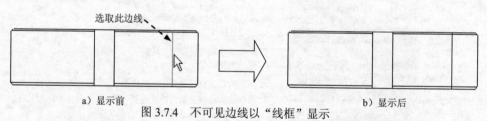

选取此边线

a）显示前　　　　　　　　　　　b）显示后

图 3.7.4　不可见边线以"线框"显示

（3）隐藏方式。

当需要指定某些边线（这些边线可以是可见边线，也可以是不可见边线）为虚线时，可以设置其为"隐藏方式"显示。其一般操作过程如下。

Step1. 将工作目录设置至 D:\proewf5.7\work\ch03.07，打开 tool_disk_drw_4.drw 工程图文件。

Step2. 选择 布局 ➡ 边显示... 命令，此时系统弹出 ▼ EDGE DISP（边显示）菜单。

Step3. 选择 Hidden Style（隐藏方式），系统提示选取要显示的边线，按住 Ctrl 键选取图 3.7.5a 所示的两条边线，选择 ▼ EDGE DISP（边显示）菜单中的 Done（完成），完成后的视图如图 3.7.5b 所示。

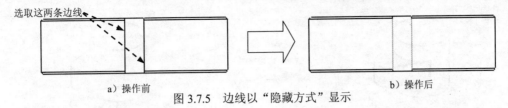

选取这两条边线

a）操作前　　　　　　　　　　b）操作后

图 3.7.5　边线以"隐藏方式"显示

（4）隐藏线。

前面提到以 Wireframe (线框) 形式显示边线可以将不可见边线以实线形式显示，而以 Hidden Line (隐藏线) 方式显示边线时则是将不可见边线变换成虚线。Hidden Line (隐藏线) 命令对可见边线不起作用。将不可见边线以虚线形式显示的一般操作过程如下。

Step1. 将工作目录设置至 D:\proewf5.7\work\ch03.07，打开 tool_disk_drw_5.drw 工程图文件。

Step2. 选择 布局 ➡ 边显示... 命令，此时系统弹出 ▼ EDGE DISP (边显示) 菜单。

Step3. 选择 Hidden Line (隐藏线)，系统提示选取要显示的边线，选取图 3.7.6a 所示的"不可见边线"（该边线和前面提到的一样，在光标划过时以淡蓝色显示），选择 ▼ EDGE DISP (边显示) 菜单中的 Done (完成)，完成后的视图如图 3.7.6b 所示。在图 3.7.6b 中，读者可以对照以 Hidden Line (隐藏线) 方式和以 Wireframe (线框) 方式显示边线的不同效果。

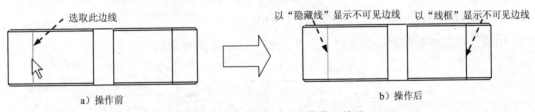

选取此边线　　　　　　　　以"隐藏线"显示不可见边线　　以"线框"显示不可见边线

a）操作前　　　　　　　　　　b）操作后

图 3.7.6　不可见边线以"隐藏线"显示

（5）消隐。

对前面使用 Wireframe (线框) 和 Hidden Line (隐藏线) 方式显示的不可见边线，如果希望恢复其原来的不可见状态，可以通过 No Hidden (消隐) 命令来实现。读者可以自己尝试操作一下。

2．相切边显示控制

在工程图里，对于某些视图，尤其对于轴测图来说，许多情况需要显示或者不显示零组件的相切边（默认情况下零件的倒圆角也具有相切边），Pro/ENGINEER 提供了对零件的相切边显示进行控制的功能；如图 3.7.7a 所示，对于该轴测图，可以进行如下操作使其不显示相切边。

Step1. 将工作目录设置至 D:\proewf5.7\work\ch03.07，打开文件 bracket_drw.drw。

Step2. 双击图形区中的视图，系统弹出"绘图视图"对话框。

Step3. 选取 视图显示 选项，在 相切边显示样式 中选取 无 选项，然后单击 确定 按钮，完成操作后该视图显示如图 3.7.7b 所示。

a）相切边显示   b）相切边不显示

图 3.7.7 相切边显示控制

3.7.3 显示模型栅格

为了方便、合理定位工程图视图，有时需要在单个视图或者整个页面中显示模型栅格，其一般操作过程如下。

Step1. 将工作目录设置至 D:\proewf5.7\work\ch03.07，打开 tool_disk_drw_6.drw 文件。

Step2. 选择下拉菜单 布局 ➡ 格式化 ▼ ➡ ▦ 模型栅格... 命令，系统弹出"模型栅格"对话框。

Step3. 在 显示/拭除依据： 选项中选中 ◉ 页面 单选项，系统弹出"确认"对话框，单击 是(Y) 按钮；在 间距 区域中选中 ◉ 全部 ，并定义间隔大小为 20；单击"模型栅格"对话框中的 ⬉ 按钮预览模型栅格；完成后页面如图 3.7.8 所示。

创建其他形式模型栅格的方法与之相类似，在此不再赘述。

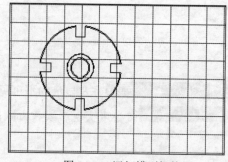

图 3.7.8 添加模型栅格后

3.8 创建高级工程图视图

3.8.1 破断视图

在机械制图中，经常遇到一些细长形的零件，若要反映整个零件的尺寸形状，需用大幅面的图纸来绘制。为了既节省图纸幅面，又可以反映零件形状尺寸，在实际绘图中常采用破断视图。破断视图指的是从零件视图中删除选定两点之间的视图部分，将余下的两部分合并成一个带破断线的视图。创建破断视图之前，应当在当前视图上绘制破断线。通常有两种方法绘制破断线：一是通过创建几个断点，然后以绘制通过这些断点的直线（垂直线或者水平线）作为破断线；二是通过绘制样条曲线、选取视图轮廓为 S 曲线或几何上的图形等形状来作为破断线。确认后系统将删除视图中两破断线间的视图部分，合并保留需要显示的部分（即破断视图）。下面以创建图 3.8.1 所示长轴的破断视图为例说明创建破断视图的一般操作步骤。

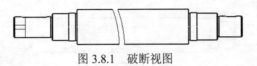

图 3.8.1　破断视图

Step1. 将工作目录设置至 D:\proewf5.7\work\ch03.08.01，打开文件 shaft_drw.drw。

说明： 在创建投影视图时，如果视图显示为着色，而不是线框模式，请读者参照 3.7.1 节中的操作步骤，先将投影视图的显示模式调整为"无隐藏线"模式，再进行其他操作。本章或以后章节中出现此情况，将不在操作步骤中指出。

Step2. 双击图形区中的视图，系统弹出"绘图视图"对话框。

Step3. 在该对话框中选取 类别 区域中的 可见区域 选项，将 视图可见性 设置为 破断视图 。

Step4. 单击"添加断点"按钮 ➕ ，再选取图 3.8.2 所示的点（注意：点在图元上，不是在视图轮廓线上），接着在系统 ➡ 草绘一条水平或垂直的破断线。 的提示下绘制一条垂直线作为第一破断线（不用单击"草绘直线"按钮 ＼ ，直接以刚才选取的点作为起点绘制垂直线），此时视图如图 3.8.4 所示，然后选取图 3.8.3 所示的点，此时自动生成第二破断线，如图 3.8.4 所示。

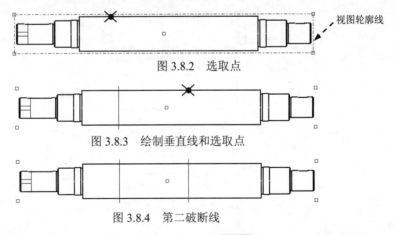

图 3.8.2　选取点

图 3.8.3　绘制垂直线和选取点

图 3.8.4　第二破断线

Step5. 选取破断线造型。在 破断线造型 栏中选取 草绘 选项。

Step6. 绘制图 3.8.5 所示的样条曲线（不用单击草绘样条曲线按钮 ∿ ，直接在图形区绘制样条曲线），草绘完成后单击中键，此时生成草绘样式的破断线，如图 3.8.6 所示。

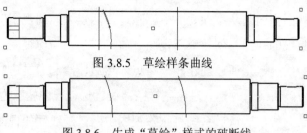

图 3.8.5　草绘样条曲线

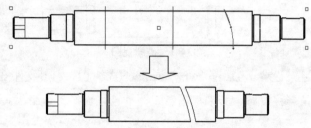

图 3.8.6　生成"草绘"样式的破断线

　　注意：如果在草绘样条曲线时，样条曲线和视图的相对位置不同，则视图被删除的部分不同，如图 3.8.7 所示。

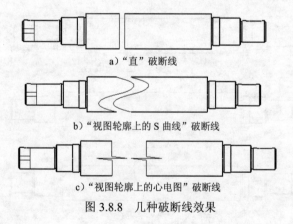

图 3.8.7　样条曲线相对位置不同时的破断视图

　　Step7. 单击"绘图视图"对话框中的 确定 按钮，关闭对话框，此时生成图 3.8.1 所示的破断视图。

　　说明：

- 选取不同的"破断线线体"将会得到不同的破断线效果，如图 3.8.8 所示。
- 在工程图配置文件中，可以用 broken_view_offset 参数来设置破断线的间距，也可在图形区先解除视图锁定，然后拖动破断视图中的一个视图来改变破断线的间距。

a）"直"破断线

b）"视图轮廓上的 S 曲线"破断线

c）"视图轮廓上的心电图"破断线

图 3.8.8　几种破断线效果

3.8.2　全剖视图

　　全剖视图属于 2D 截面视图，在创建全剖视图时需要用到截面。全剖视图如图 3.8.9 所示，操作方法如下。

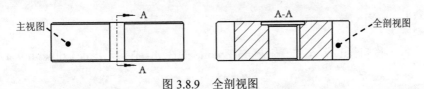

图 3.8.9　全剖视图

Step1. 将工作目录设置至 D:\proewf5.7\work\ch03.08.02，打开 tool_disk_drw. drw 工程图文件。

Step2. 选取图 3.8.9 所示的主视图并右击，从弹出的快捷菜单中选择 插入投影视图... 命令。

Step3. 在系统 ⇨选取绘制视图的中心点。 的提示下，在图形区的主视图的右侧单击。

Step4. 双击上一步创建的投影视图，系统弹出"绘图视图"对话框。

Step5. 设置剖视图选项。

（1）在对话框中选取 类别 区域中的 截面 选项。

（2）将 剖面选项 设置为 ◉ 2D 剖面 ，然后单击 ＋ 按钮。

（3）将 模型边可见性 设置为 ◉ 全部 。

（4）在 名称 下拉列表中选取剖截面 ✔ A（A 剖截面在零件模块中已提前创建），在剖切区域 下拉列表中选取 完全 选项。

（5）单击对话框中的 确定 按钮，关闭对话框。

Step6. 添加箭头。

（1）选取图 3.8.9 所示的全剖视图，然后右击，在弹出的快捷菜单中选择 添加箭头 命令。

（2）在系统 ⇨给箭头选出一个截面在其处垂直的视图。中键取消。 的提示下，单击主视图，系统自动生成箭头。

注意：本章在选取新制工程图模板时选用了"空"模板，如果选用了其他模板所得到的箭头可能会有所差别。

3.8.3　半视图与半剖视图

半视图常用于表达具有对称形状的零件模型，使视图简洁明了。创建半视图时需选取一个基准平面来作为参照平面（此平面在视图中必须垂直于屏幕），视图中只显示此基准平面指定一侧的视图，另一侧不显示。

在半剖视图中，参照平面指定的一侧以剖视图显示，而在另一侧以普通视图显示，所以需要创建剖截面。

半视图和半剖视图分别如图 3.8.10 和图 3.8.11 所示，下面分别介绍其操作步骤。

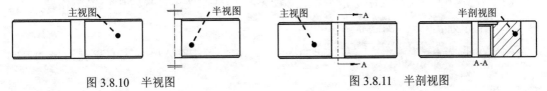

图 3.8.10　半视图　　　　　　　　　　　　　图 3.8.11　半剖视图

1. 创建半视图

Step1. 将工作目录设置至 D:\proewf5.7\work\ch03.08.03，打开 tool_disk_drw_1. drw 工程图文件。

Step2. 选取图 3.8.10 所示的主视图，然后右击，从弹出的快捷菜单中选择 插入投影视图... 命令。

Step3. 在系统 ⇨选取绘制视图的中心点。 的提示下，在图形区的主视图的右侧单击。

Step4. 双击上一步创建的投影视图，系统弹出"绘图视图"对话框。

Step5. 在对话框的 类别 区域中选取 可见区域 选项，将 视图可见性 设置为 半视图。

Step6. 在系统 ⇨给半视图的创建选择参照平面 的提示下，选取图 3.8.12 所示的 TOP 基准平面（如果在视图中基准平面没有显示，需单击 按钮显示基准平面）。此时视图如图 3.8.13 所示，图中箭头为半视图的创建方向（箭头指向左侧表示仅显示左侧部分，箭头指向右侧表示仅显示右侧部分）；单击"反向保留侧"按钮 使箭头指向右侧；将 对称线标准 设置为 对称线；单击对话框中的 应用 按钮，系统生成半视图。

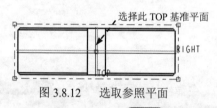
图 3.8.12　选取参照平面

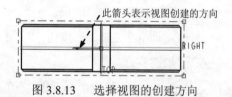
图 3.8.13　选择视图的创建方向

Step7. 单击对话框中的 关闭 按钮，关闭对话框。

2. 创建半剖视图

Step1. 将工作目录设置至 D:\proewf5.7\work\ch03.08.03，打开 tool_disk_drw_2. drw 工程图文件。

Step2. 选取图 3.8.11 所示的主视图，然后右击，从弹出的快捷菜单中选择 插入投影视图... 命令。

Step3. 在系统 ⇨选取绘制视图的中心点。 的提示下，在图形区的主视图的右侧任意位置单击。

Step4. 双击上一步创建的投影视图，系统弹出"绘图视图"对话框。

Step5. 设置剖视图选项。

（1）选取 类别 区域中的 截面 选项。

（2）将 剖面选项 设置为 ◉ 2D 剖面 ，将 模型边可见性 设置为 ◉ 全部 ，然后单击 ＋ 按钮。

（3）在 名称 下拉列表中选取剖截面 ✔ A （A 剖截面在零件模块中已提前创建），在 剖切区域 下拉列表中选取 一半 选项。

（4）在系统 ⇨为半截面创建选取参照平面 的提示下，选取图 3.8.14 所示的 TOP 基准平面，此

时视图如图 3.8.15 所示，图中箭头表明半剖视图的创建方向；单击绘图区 TOP 基准平面右
侧任一点使箭头指向右侧；单击对话框中的 应用 按钮，系统生成半剖视图，单击"绘图视
图"对话框中的 关闭 按钮。

图 3.8.14　　选取参照平面　　　　　　　图 3.8.15　　选择视图的创建方向

Step6. 添加箭头。

（1）选取图 3.8.11 所示的半剖视图，右击，从弹出的菜单中选择 添加箭头 命令。

（2）在系统 ⇨给箭头选出一个截面在其处垂直的视图。中键取消。 的提示下，单击主视图，系统自动
生成箭头。

3.8.4　局部视图与局部剖视图

局部视图只显示视图欲表达的部位，且将视图的其他部分省略或断裂，创建局部视图
时需先指定一个参照点作为中心点并在视图上草绘一条样条曲线以选定一定的区域，生成
的局部视图将显示以此样条曲线为边界的区域。

局部剖视图以剖视的形式显示选定区域的视图，可以用于某些复杂的视图中，使图样
简洁，增加图样的可读性。在一个视图中还可以做多个局部截面，这些截面可以不在一个
平面上，用以更加全面的表达零件的结构。

1．创建局部视图

创建局部视图如图 3.8.16 所示，操作步骤如下。

主视图　　　　　　　　　　　　　　　　局部视图

图 3.8.16　　局部视图

Step1. 将工作目录设置至 D:\proewf5.7\work\ch03.08.04，打开 tool_disk_drw_1. drw 工程
图文件。

Step2. 先单击图 3.8.16 所示的主视图，然后右击，从系统弹出的快捷菜单中选择
插入投影视图... 命令。

Step3. 在系统 ⇨选取绘制视图的中心点。 的提示下，在图形区的主视图右侧单击，放置投影图。

Step4. 双击投影视图，系统弹出"绘图视图"对话框，选取 类别 区域中的 可见区域 选项，
将 视图可见性 设置为 局部视图 。

Step5. 绘制部分视图的边界线。

（1）此时系统提示 ⇨选取新的参照点。单击"确定"完成。 ，在投影视图的边线上选取一点（如果

不在模型的边线上选取点，则系统不认可），这时在选取的点附近出现一个十字线，如图 3.8.17 所示。

注意：在视图较小的情况下，此十字线不易看见，可通过放大视图区来观察；移动或缩放视图区时，十字线可能会消失，但不妨碍操作的进行。

（2）在系统  的提示下，直接绘制图 3.8.18 所示的样条线来定义外部边界。当绘制到封闭时，单击中键结束绘制（在绘制边界线前，不要选择样条线的绘制命令，可直接单击进行绘制）。

Step6. 单击对话框中的 确定 按钮，关闭对话框。

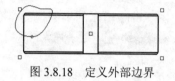

图 3.8.17　选取边界中心点　　　　图 3.8.18　定义外部边界

2．创建局部剖视图

创建局部剖视图如图 3.8.19 所示，操作步骤如下。

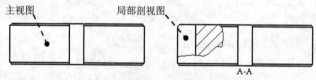

图 3.8.19　局部剖视图

Step1. 将工作目录设置至 D:\proewf5.7\work\ch03.08.04，打开 tool_disk_drw_2.drw 工程图文件。

Step2. 创建图 3.8.19 所示主视图的右视图（投影视图）。

Step3. 双击上一步中创建的投影视图，系统弹出"绘图视图"对话框。

Step4. 设置剖视图选项。

（1）在"绘图视图"对话框中选取 类别 区域中的 截面 选项。

（2）将 剖面选项 设置为 2D 剖面 ，将 模型边可见性 设置为 全部 ，然后单击 + 按钮。

（3）在 名称 下拉列表中选取剖截面 A （A 剖截面在零件模块中已提前创建），在 剖切区域 下拉列表中选取 局部 选项。

Step5. 绘制局部剖视图的边界线。

（1）此时系统提示 选取截面间断的中心点 <A> 。，在投影视图（图 3.8.20）的边线上选取一点（如果不在模型边线上选取点，系统不认可），这时在选取的点附近出现一个十字线。

（2）在系统 草绘样条，不相交其它样条，来定义一轮廓线。 的提示下，直接绘制图 3.8.21 所示的样条线来定义局部剖视图的边界，当绘制到封闭时，单击中键结束绘制。

Step6. 单击 确定 按钮，关闭对话框。

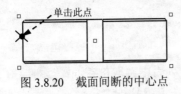

图 3.8.20　截面间断的中心点

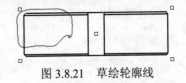

图 3.8.21　草绘轮廓线

3. 在同一个视图上产生多个局部剖截面

同一视图上显示多个局部剖截面的效果如图 3.8.22b 所示，操作步骤如下。

Step1. 将工作目录设置至 D:\proewf5.7\work\ ch03.08.04，打开文件 base_drw.drw。

Step2. 双击图 3.8.22a 所示的主视图，系统弹出"绘图视图"对话框。

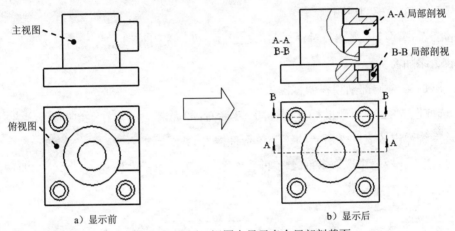

图 3.8.22　同一视图上显示多个局部剖截面

（1）设置剖视图选项。

① 在"绘图视图"对话框中选取 类别 区域中的 截面 选项。

② 将 剖面选项 设置为 ◉ 2D 剖面 ，将 模型边可见性 设置为 ◉ 全部 ，然后单击 ＋ 按钮。

③ 在 名称 下拉列表中选取剖截面 ✔ A （A 剖截面在零件模块中已提前创建），在 剖切区域 下拉列表中选取 局部 选项。

（2）绘制局部剖视图的边界线。

① 此时系统提示 ➡选取截面间断的中心点〈 A 〉。，在图 3.8.23 所示的投影视图中边线上选取一点。

② 在系统 ➡草绘样条，不相交其它样条，来定义一轮廓线。 的提示下，直接绘制图 3.8.24 所示的样条线来定义局部剖视图的边界，当绘制到封闭时，单击中键结束绘制。

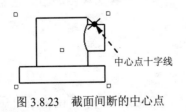

图 3.8.23　截面间断的中心点

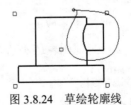

图 3.8.24　草绘轮廓线

（3）单击"绘图视图"对话框中的 应用 按钮，此时主视图中显示 A-A 局部剖视图。

Step3. 创建 B-B 局部剖视。

（1）单击"添加截面"按钮 ✚ ，在 名称 下拉列表中选取剖截面 ✓ B （B 剖截面在零件模块中已提前创建），在 剖切区域 下拉列表中选取 局部 选项。

（2）首先在系统 ▷选取截面间断的中心点〈A 〉。 的提示下，在图 3.8.25 所示的投影视图的边线上选取一点，然后在系统 ▷草绘样条，不相交其它样条，来定义一轮廓线。 的提示下，绘制图 3.8.26 所示的样条线来定义局部剖视图的边界，当绘制到封闭时，单击中键结束绘制。

（3）单击"绘图视图"对话框中的 应用 按钮，此时主视图除了显示 A-A 局部剖视图外，还显示 B-B 局部剖视图。

Step4. 单击"绘图视图"对话框中的 关闭 按钮，关闭对话框。

Step5. 添加箭头。

（1）添加 A-A 局部剖视在俯视图上的箭头。

① 选取图 3.8.22b 所示的局部剖视图，然后右击，从弹出的快捷菜单中选择 添加箭头 命令，此时系统弹出图 3.8.27 所示的"菜单管理器"，并显示提示 ▷从菜单选取横截面。 。

② 在菜单管理器中选取截面 A ，再选取图 3.8.22b 所示的俯视图，系统立即在俯视图上生成 A-A 局部剖视的箭头。

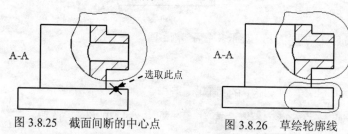

图 3.8.25　截面间断的中心点　　图 3.8.26　草绘轮廓线

图 3.8.27　菜单管理器

（2）添加 B-B 局部剖视在俯视图上的箭头。

① 选取图 3.8.22b 所示的局部剖视图，右击，从弹出的快捷菜单中选择 添加箭头 命令。

② 单击图 3.8.22b 所示的俯视图，系统立即在俯视图上生成 B-B 局部剖视的箭头。

3.8.5　辅助视图

辅助视图又叫向视图，它也是投影生成的，它和一般投影视图的不同之处在于它是沿着零件上某个斜面投影生成的，而一般投影视图是正投影。它常用于具有斜面的零件。在工程图中，当正投影视图表达不清楚零件的结构时，可以采用辅助视图。

辅助视图如图 3.8.28 所示，操作方法如下。

Step1. 将工作目录设置至 D:\proewf5.7\work\ch03.08.05，打开 bracket_drw.drw 工程图

文件。

Step2. 选择 布局 ➡ 辅助... 命令。

Step3. 在系统 在主视图上选取穿过前侧曲面的轴或作为基准曲面的前侧曲面的基准平面。 的提示下，选取图 3.8.29 所示的边线（在图 3.8.29 所示的视图中，选取的边线其实为一个面，因为此面和视图垂直，所以其退化为一条边线；在主视图的非边线的地方选取，系统不认可）。

Step4. 在系统 选取绘制视图的中心点。 的提示下，在主视图的右上方选取一点来放置辅助视图。

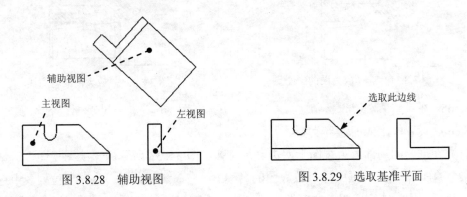

图 3.8.28　辅助视图　　　　　　　图 3.8.29　选取基准平面

3.8.6　放大视图

放大视图是对视图的局部进行放大显示，所以又被称为"局部放大视图"。放大视图以放大的形式显示选定区域，可以用于显示视图中相对尺寸较小且较复杂的部分，增加图样的可读性；创建局部放大视图时需先在视图上选取一点作为参照中心点并草绘一条样条曲线以选定放大区域，放大视图显示大小和图纸缩放比例有关。例如，图纸比例为 1:2 时，则放大视图显示大小为其父项视图的两倍，并可以根据实际需要调整比例，这在后面的视图的编辑与修改中会讲到。

放大视图如图 3.8.30 所示，其操作方法如下。

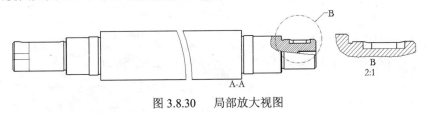

图 3.8.30　局部放大视图

Step1. 将工作目录设置至 D:\proewf5.7\work\ch03.08.06，打开文件 shaft_drw.drw。

Step2. 选择 布局 ➡ 详细... 命令。

Step3. 在系统 在一现有视图上选取要查看细节的中心点。 的提示下，在图样的边线上选取一点（在视图的非边线的地方选取的点，系统不认可），此时在选取的点附近出现一个十字线，如图 3.8.31 所示。

注意：在视图较小的情况下，此十字线不易看见，可通过放大视图区来观察；移动或缩放视图区时，十字线可能会消失，但不妨碍操作的进行。

Step4. 绘制放大视图的轮廓线。

在系统 ⇨草绘样条，不相交其它样条，来定义一轮廓线。 的提示下，绘制图 3.8.32 所示的样条线以定义放大视图的轮廓，当绘制到封闭时，单击中键结束绘制（在绘制边界线前，不要选择样条线的绘制命令，而是直接单击进行绘制）。

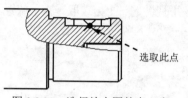

图 3.8.31　选择放大图的中心点

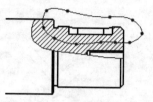

图 3.8.32　放大图的轮廓线

Step5. 在系统 ⇨选取绘制视图的中心点。 的提示下，在图形区选取一点来放置放大图。

Step6. 设置轮廓线的边界类型。

（1）在创建的局部放大视图上双击，系统弹出图 3.8.33 所示的"绘图视图"对话框。

（2）在 视图名 文本框中输入放大图的名称 B；在 父项视图上的边界类型 下拉列表中选取 圆 选项，然后单击 应用 按钮，此时轮廓线变成一个双点画线的圆，如图 3.8.34 所示。

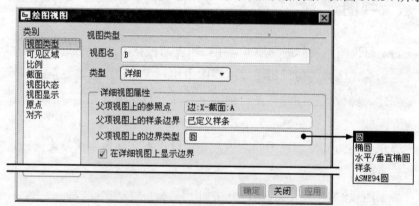

图 3.8.33　"绘图视图"对话框

Step7. 在"绘图视图"对话框中选取 类别 区域中的 比例 选项，再选中 ⊙定制比例 单选项，然后在后面的文本框中输入比例值 2.000，单击 应用 按钮。

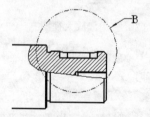

图 3.8.34　注释文本的放置位置

Step8. 单击对话框中的 关闭 按钮，关闭对话框。

3.8.7　旋转视图和旋转剖视图

旋转视图又叫旋转截面视图，因为在创建旋转视图时常用到剖截面。它是从现有视图引出的，主要用于表达剖截面的剖面形状，因此常用于"工字钢"等零件。此剖截面必须和它所引出的那个视图相垂直。在 Pro/ENGINEER 工程图环境中，旋转视图的截面类型均为区域截面，即只显示被剖切的部分，因此在创建旋转视图的过程中不会出现"截面类型"菜单。

旋转剖视图是完整截面视图，但它的截面是一个偏距截面（因此需创建偏距剖截面）。其显示绕某一轴的展开区域的截面视图，在"绘图视图"对话框中用到的是"全部对齐"选项，且需选取某个轴。

1. 旋转视图

旋转视图如图 3.8.35b 所示，操作步骤如下。

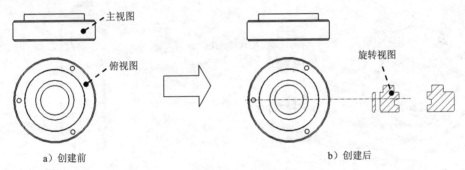

a）创建前　　　　　　　　　　　　　　b）创建后

图 3.8.35　旋转视图

Step1. 将工作目录设置至 D:\proewf5.7\work\ch03.08.07，打开文件 cover_drw_1.drw。

Step2. 选择 布局 ➡ 模型视图 ▼ ➡ 旋转… 命令。

Step3. 在系统 选取旋转界面的父视图 的提示下，单击选取图形区中的俯视图。

Step4. 在 选取绘制视图的中心点 的提示下，在图形区的俯视图的右侧选取一点，系统立即生成旋转视图，并弹出"绘图视图"对话框（系统已自动选取截面 A，在此例中只有截面 A 符合创建旋转视图的条件；如果有多个截面符合条件，需读者自己选取）。

Step5. 此时系统显示提示 选取对称轴或基准（中键取消），一般不需要选取对称轴或基准，直接单击中键或在对话框中单击 确定 按钮，完成旋转视图的创建（如果旋转视图和原俯视图重合在一起，可移动旋转视图到合适位置）。

2. 旋转剖视图

旋转剖视图如图 3.8.36 所示，操作步骤如下。

Step1. 将工作目录设置至 D:\proewf5.7\work\ch03.08.07，打开 cover_drw_2.drw 文件。

Step2. 先单击选中图 3.8.36 所示的主视图，然后右击，从系统弹出的快捷菜单中选择插入投影视图... 命令。

Step3. 在系统 ⇨选取绘制视图的中心点。 的提示下，在图形区的主视图的右侧任意位置单击，放置投影图。

Step4. 双击上一步中创建的投影视图，系统弹出"绘图视图"对话框。

Step5. 设置剖视图选项。

（1）在对话框中选取 类别 区域中的 截面 选项。

（2）将 剖面选项 设置为 ◉ 2D 剖面 ，将 模型边可见性 设置为 ◉ 全部 ，然后单击 ➕ 按钮。

（3）在 名称 下拉列表中选取剖截面 ✓ B （B 剖截面是偏距剖截面，在零件模块中已提前创建），在 剖切区域 下拉列表中选取 全部(对齐) 选项。

（4）在系统 ⇨选取轴(在轴线上选取)。 的提示下，选取图 3.8.37 所示的轴线（如果在视图中基准轴没有显示，需单击 ⊿ 按钮打开基准轴的显示）。

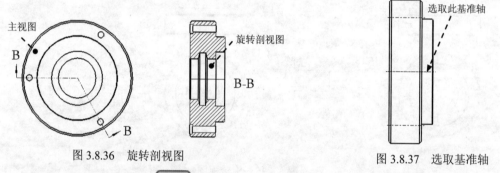

图 3.8.36　旋转剖视图　　　　　　　　　　图 3.8.37　选取基准轴

Step6. 单击对话框中的 确定 按钮，关闭对话框。

Step7. 添加箭头。选取图 3.8.36 所示的旋转剖视图，然后右击，从弹出的快捷菜单中选择 添加箭头 命令；单击主视图，系统自动生成箭头。

3.8.8　阶梯剖视图

阶梯剖视图属于 2D 截面视图，其与全剖视图在本质上没有区别，但它的截面是偏距截面。创建阶梯剖视图的关键是创建好偏距截面，可以根据不同的需要创建偏距截面来实现阶梯剖视以达到充分表达视图的需要。阶梯剖视图如图 3.8.38 所示，创建操作步骤如下。

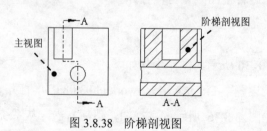

图 3.8.38　阶梯剖视图

Step1. 将工作目录设置至 D:\proewf5.7\work\ch03.08.08，打开 connecting_shaft_drw.drw 工程图文件。

Step2. 先单击选中图 3.8.38 所示的主视图，然后右击，从系统弹出的快捷菜单中选择 插入投影视图... 命令。

Step3. 在系统 ⇨选取绘制视图的中心点。 的提示下，在图形区的主视图的右侧任意位置单击，放置投影图。

Step4. 双击上一步中创建的投影视图，系统弹出"绘图视图"对话框。

Step5. 设置剖视图选项。在"绘图视图"对话框中选取 类别 区域中的 截面 选项；将 剖面选项 设置为 ◉ 2D 剖面 ，然后单击 ✚ 按钮；将 模型边可见性 设置为 ◉ 全部 ；在 名称 下拉列表中选取剖截面 ✔ A ，在 剖切区域 下拉列表中选取 完全 选项；单击对话框中的 确定 按钮，关闭对话框。

Step6. 添加箭头。选取图 3.8.38 所示的阶梯剖视图，然后右击，从弹出的快捷菜单中选择 添加箭头 命令；单击主视图，系统自动生成箭头。

3.8.9 移出剖面

移出剖面也被称为"断面图"，常用在只需表达零件断面的场合下，这样可以使视图简化，又能使视图所表达的零件结构清晰易懂。在创建移出剖面时关键是要将"绘图视图"对话框中的 模型边可见性 设置为 ◉ 区域 。

移出剖面如图 3.8.39 所示，创建操作步骤如下。

Step1. 将工作目录设置至 D:\proewf5.7\work\ch03.08.09，打开文件 shaft_drw.drw。

Step2. 选择 布局 ➡ 一般... 命令。

Step3. 在系统 ⇨选取绘制视图的中心点。 的提示下，在图形区的主视图的右侧单击，此时绘图区出现系统默认的零件模型的斜轴测图，如图 3.8.40 所示，并弹出"绘图视图"对话框。

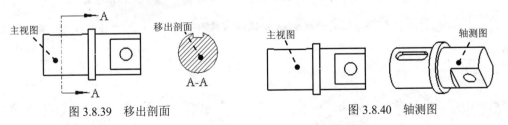

图 3.8.39 移出剖面　　　　图 3.8.40 轴测图

Step4. 在"绘图视图"对话框的 视图方向 区域中选中 选取定向方法 中的 ◉ 查看来自模型的名称 单选项，在 模型视图名 中找到视图名称 LEFT ，此时"绘图视图"对话框如图 3.8.41 所示，单击对话框中的 应用 按钮。

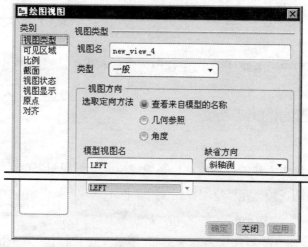

图 3.8.41　"绘图视图"对话框

Step5. 设置剖视图选项。在"绘图视图"对话框中选取 类别 区域中的 截面 选项；将 剖面选项 设置为 ◎ 2D 剖面，然后单击 ＋ 按钮；将 模型边可见性 设置为 ◎ 区域 ；在 名称 下拉列表中选取剖截面 ✓A，在 剖切区域 下拉列表中选取 完全 选项，最后单击对话框中的 确定 按钮，关闭对话框，完成移出剖面的添加，如图 3.8.42 所示。

Step6. 添加箭头。

（1）选择图 3.8.42 所示的断面图，然后右击，从图 3.8.43 所示的快捷菜单中选择 添加箭头 命令。

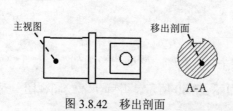

主视图　　　移出剖面

A-A

图 3.8.42　移出剖面

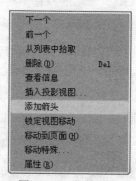

下一个
前一个
从列表中拾取
删除 (D)　　　　Del
查看信息
插入投影视图...
添加箭头
锁定视图移动
移动到页面 (H)
移动特殊...
属性 (R)

图 3.8.43　快捷菜单

（2）在系统 ➡给箭头选出一个截面在其处垂直的视图。中键取消。 的提示下，单击主视图，系统自动生成箭头。

注意：

● 本章在选取新制工程图模板时选用了"空"模板，如果选用了其他模板，所得到的箭头可能会有所差别。

● 移出剖面是用一般方法创建的，故可以随便移动，这样可以放在图纸上合适的位置，可以充分利用图纸的幅面来表达零件的结构。

● 在创建带有截面的视图时，可以将 模型边可见性 设置为 ◉ 区域 来表达只被剖截到的部分。

3.8.10 多模型视图

多模型视图是指在同一张工程图中显示两个或多个零件视图的视图。当表达某个零件的结构时，需要参照其他零件的结构就需要用到多模型视图。多模型视图中，各个零件的视图仍与其相应的零件模型相关联。

多模型视图如图 3.8.44 所示，创建操作方法如下。

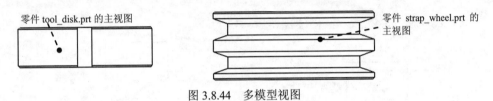

零件 tool_disk.prt 的主视图

零件 strap_wheel.prt 的主视图

图 3.8.44 多模型视图

Step1. 将工作目录设置至 D:\ proewf5.7\work\ch03.08.10，新建工程图文件并命名为 multi_view，取消选中 ☐ 使用缺省模板 复选框（本例 缺省模型 设置为 无，指定模板 设置为 ◉ 空，方向为"横向"，幅面大小为 A3）。

Step2. 在绘图区中右击，在弹出的快捷菜单中选择 插入普通视图... 命令，此时系统弹出 "打开"对话框，选取零件模型 tool_disk.prt，单击 打开 ▼ 按钮。

Step3. 此时系统出现提示 ⇨ 选取绘制视图的中心点。，在绘图区左侧单击，此时绘图区出现系统默认的零件 tool_disk.prt 的斜轴测图，并弹出"绘图视图"对话框。

Step4. 在"绘图视图"对话框的 视图方向 区域中选中 选取定向方法 中的 ◉ 查看来自模型的名称 单选项，在 模型视图名 中找到视图名称 V1，单击 确定 按钮，完成零件 tool_disk.prt 主视图的创建。

Step5. 选择下拉菜单 文件(F) ➡ 绘图模型(M) 命令，系统弹出 ▼ DWG MODELS (绘图模型) 菜单。

Step6. 在 ▼ DWG MODELS (绘图模型) 菜单中选择 Add Model (添加模型) 命令，此时系统弹出"打开"对话框，从中选择零件模型 strap_wheel.prt，单击 打开 ▼ 按钮，再选择 Done/Return (完成/返回)，此时系统显示提示 ● STRAP_WHEEL已被加入绘图MULTI_VIEW。。

Step7. 在绘图区中右击，在弹出的快捷菜单中选择 插入普通视图... 命令，在 ⇨ 选取绘制视图的中心点。 的提示下，在零件模型 tool_disk.prt 的主视图的右侧选取一点，此时在绘图区出现系统默认的零件 strap_wheel.prt 的斜轴测图，并弹出"绘图视图"对话框。

Step8. 在"绘图视图"对话框中按视图方向"V1"设置零件模型 strap_wheel.prt 的视

图，单击"绘图视图"对话框中的 确定 按钮，关闭对话框，完成零件 strap_wheel.prt 的主视图的创建。

3.8.11 相关视图

相关视图主要用于将草绘的 2D 图元与视图进行绑定，这样方便编辑视图。当完成相关视图的操作时，移动视图，则草绘图元也跟随视图的移动而移动，这样保持了视图与草绘图元之间的对应关系，避免因对应关系不对而引起不必要的误解。相关视图需用到工程图中二维草绘图的知识，读者可先对本节内容进行初步了解，当学完二维草绘图的知识后再深入学习本节。

相关视图如图 3.8.45 所示，创建操作步骤如下。

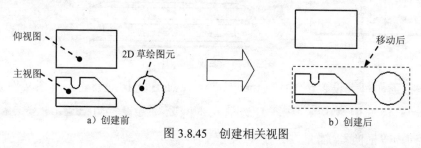

a）创建前　　　　　　　　　　　　b）创建后

图 3.8.45　创建相关视图

Step1. 将工作目录设置至 D:\proewf5.7\work\ch03.08.11，打开 bracket_drw.drw 工程图文件。

Step2. 选择下拉菜单 编辑(E) ➡ 绘制组 (G) 命令，此时系统弹出 ▼ DRAFT GROUP（绘制组）菜单。

Step3. 选择 Create（创建）命令，系统弹出"选取"对话框，框选图 3.8.45a 所示的 2D 草绘图元，再单击"选取"对话框中的 确定 按钮。

Step4. 完成上步操作后，系统显示提示 输入组名[退出]，在此提示后输入组名"group"，单击 ✔ 按钮。

Step5. 完成上步操作后，系统再次显示"选取"对话框，此时直接单击"选取"对话框中的 确定 按钮（或单击鼠标中键），然后选择 ▼ DRAFT GROUP（绘制组）菜单中的 Done/Return（完成/返回）命令。

Step6. 选中图 3.8.45a 所示的 2D 草绘图元。

Step7. 选择下拉菜单 编辑(E) ➡ 相关 (L) ➡ 与视图相关(V) 命令，此时系统显示提示 ➡选取和其绘制图元相关的视图.，并弹出"选取"对话框。

Step8. 选取图 3.8.45a 所示的主视图。至此已创建完成主视图和 2D 图元的相关视图，此时移动主视图，2D 图元也会跟着移动，如图 3.8.45b 所示。

3.8.12　对齐视图

对齐视图主要用于将创建的一般投影视图之间相互对齐，这样增加了视图之间的约束关系，如创建水平对齐时，所创建的水平对齐的视图只能沿水平方向移动，这样就保证了视图之间的正确对应关系，使视图美观。

1. 对齐视图的效果如图 3.8.46 所示，操作步骤如下。

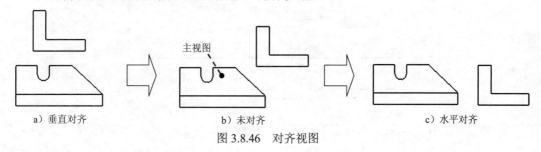

a）垂直对齐　　　　　　　　b）未对齐　　　　　　　　c）水平对齐

图 3.8.46　对齐视图

Step1. 将工作目录设置至 D:\proewf5.7\work\ch03.08.12，打开 bracket_drw_1.drw 工程图文件。

Step2. 选择  命令。

Step3. 在系统 ➡ 选取绘制视图的中心点。 的提示下，在图 3.8.46b 所示的主视图的右上方选取一点，此时绘图区会出现系统默认的零件模型的斜轴测图，并弹出"绘图视图"对话框。

Step4. 在"绘图视图"对话框的 视图方向 区域中选中 选取定向方法 中的 ◉ 查看来自模型的名称 单选项，在 模型视图名 区域中找到视图名称 V2 ，单击"绘图视图"对话框中的 应用 按钮。

Step5. 创建"垂直对齐"视图。

（1）在"绘图视图"对话框中选取 类别 区域中的 对齐 选项，在 视图对齐选项 区域中选中 ☑ 将此视图与其它视图对齐 复选框，选中 ◉ 垂直 单选项，在图形区选取图 3.8.46b 所示的主视图，其他参数采用系统默认值，此时"绘图视图"对话框如图 3.8.47 所示。

（2）单击"绘图视图"对话框中的 应用 按钮。

Step6. 单击"绘图视图"对话框中的 确定 按钮，关闭对话框。

说明：

● 如果要创建"水平对齐"视图，只需选中 视图对齐选项 区域中的 ◉ 水平 单选项，其他操作请参照"垂直对齐""水平对齐"后的视图，如图 3.8.46c 所示。

● 如果先创建"垂直对齐"视图，不关闭"绘图视图"对话框，接着创建"水平对齐"视图，则两视图会重叠在一起，需在关闭对话框后移动到合适位置。

● 对齐视图主要用于将创建的非投影视图与其他视图对齐，对于所创建的投影视图也可以取消其与其父项视图的对齐关系。

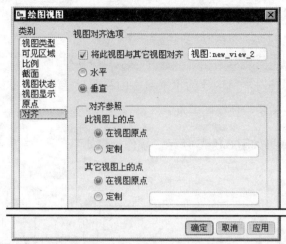

图 3.8.47 "绘图视图"对话框

2. 取消投影视图与其父项视图的对齐关系的效果如图 3.8.48 所示，创建操作步骤如下。

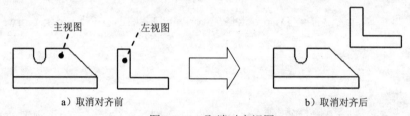

图 3.8.48 取消对齐视图

Step1. 将工作目录设置至 D:\proewf5.7\work\ch03.08.12，打开 bracket_drw 文件。

Step2. 选取图 3.8.48a 所示的主视图，然后右击，从弹出的快捷菜单中选择 插入投影视图... 命令。

Step3. 在系统 ➡选取绘制视图的中心点。 的提示下，在图形区的主视图的右侧单击。

Step4. 双击上一步创建的投影视图，系统弹出"绘图视图"对话框。

Step5. 在"绘图视图"对话框中选取 类别 区域中的 对齐 选项，系统默认所产生的投影视图和其父项视图是水平对齐关系。

说明： 如果创建的是水平投影视图，则系统默认所产生的投影视图与其父项视图是水平对齐关系，并且在取消后再恢复时仍是且只能是水平对齐关系，垂直投影视图亦是如此。

Step6. 取消选中 视图对齐选项 区域中的 ☐将此视图与其它视图对齐 复选框。

Step7. 单击"绘图视图"对话框中的 确定 按钮，关闭对话框。至此完成了取消投影视图与其父项视图对齐关系的操作，此时如果移动主视图，左视图不会随之移动。

3.8.13 复制并对齐视图

复制并对齐视图用于有多个微小复杂部分结构的零件，在创建完某个零件的局部视图后，如果此零件有其他微小复杂部分，就需要创建复制并对齐视图。复制并对齐视图在同一个视图方向上用局部视图的形式来表达零件的其他微小复杂部分，这样既能使视图清晰，又能保持局部视图之间的相对位置。

复制并对齐视图如图 3.8.49 所示，操作步骤如下。

图 3.8.49　复制并对齐视图

Step1. 将工作目录设置至 D:\proewf5.7\work\ ch03.08.13，打开文件 shaft_drw.drw。

Step2. 选择下拉菜单 布局 ➡ 模型视图 ▼ ➡ 复制并对齐 命令。

Step3. 在系统 ⇨ 选取一个要与之对齐的部分视图。 的提示下，选取图 3.8.49 所示的局部视图。

Step4. 在系统 ⇨ 选取绘制视图的中心点。 的提示下，在主视图的下方单击，此时在绘图区出现零件模型的完整视图，如图 3.8.50 所示，并弹出"选取"对话框。

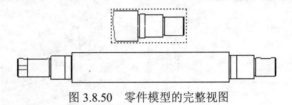

图 3.8.50　零件模型的完整视图

Step5. 在系统 ⇨ 在当前视图上，给细节选择中心点。 的提示下，在图样的边线上选取一点（在视图的非边线的地方选取的点，系统不认可），此时在选取的点附近出现一个十字叉，如图 3.8.51 所示。

Step6. 在系统 ⇨ 草绘样条，不相交其它样条，来定义一轮廓线。 的提示下，直接绘制图 3.8.52 所示的样条线以定义视图的轮廓，当绘制到封闭时，单击中键结束绘制，此时绘图区立即显示以所绘制的样条线为轮廓的局部视图，如图 3.8.52 所示。

Step7. 选取图 3.8.53 所示的轴线，此时，所创建的复制并对齐视图立即和图 3.8.49 所示的局部视图以轴线对齐。

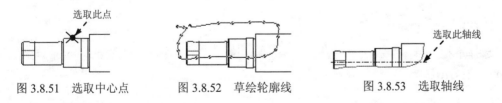

图 3.8.51　选取中心点　　　　图 3.8.52　草绘轮廓线　　　　图 3.8.53　选取轴线

3.9　创建装配体工程图视图

3.9.1　创建主要视图

在创建装配体工程图时，一些主要视图的创建方法与创建普通零件的工程图视图相似。

下面以图 3.9.1 所示铣刀座装配体（asm_milling_base.asm）的主要视图为例，说明创建装配体工程图主要视图的具体操作步骤。

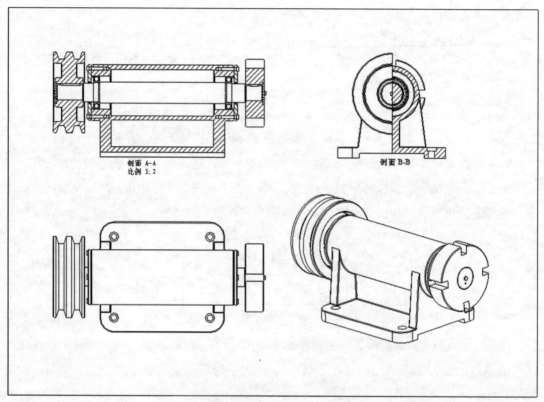

图 3.9.1　asm_milling_base 装配体工程图

按照制图标准，一些零件在创建剖面时是不允许被剖切的，读者在学习本节时应注意排除零件剖切的一般方法；在本例中，不剖切的零部件包括以下几种。

● 轴和筋（肋）特征。

● 标准件。如螺栓、螺钉、键、销和轴承的滚子等。

Stage1．设置工作目录

选择下拉菜单 文件(F) ➡ 设置工作目录(W)... 命令，将工作目录设置至 D:\proewf5.7\work\ch03\ch03.09.01。

Stage2．新建工程图

新建一个名为 asm_milling_base_drw 的工程图文件。选取铣刀座装配体模型 asm_milling_base.asm 为绘图模型；选取模板为 ◎空；方向为"横向"；幅面尺寸为 A2；进入工程图模块。

Stage3．插入主视图（本例中主视图为半剖视图）

Step1. 选择 布局 ➡ 一般... 命令，在系统弹出图 3.9.2 所示的"选取组合状态"对话框中选取 无组合状态 选项，然后单击 确定 按钮，在系统 选取绘制视图的中心点。的提示下，在屏幕图形区选取一点，此时绘图区会出现默认的装配体斜轴测图，并弹出"绘图视图"对话框。

Step2. 定义视图类型。在对话框的 视图方向 区域中选中 查看来自模型的名称 单选项， 在 模型视图名 下拉列表中选取 FRONT 选项，单击 应用 按钮，系统则按 FRONT 的方位摆放主视图。

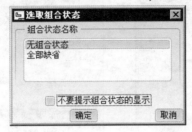

图 3.9.2　"选取组合状态"对话框

图 3.9.2 所示的"选取组合状态"对话框中各选项说明如下。

- 无组合状态 选项：以正常装配的形式显示装配体。
- 全部缺省 选项：以爆炸（分解）的形式显示装配体。

Step3. 定义视图比例。在对话框中选取 类别 区域中的 比例 选项，在 比例和透视图选项 区域中选中 定制比例 单选项，在其后的文本框中输入比例值 0.5，单击 应用 按钮。

Step4. 定义剖面类型。在对话框中选取 类别 区域中的 截面 选项，在 剖面选项 区域中选中 2D 剖面 单选项，在 模型边可见性 后选中 全部 单选项，单击 ＋ 按钮，然后在 名称 下拉列表中选取剖截面 A（A 剖截面在装配体模块中已提前创建），在 剖切区域 下拉列表中选取 完全 选项，单击 应用 按钮。

Step5. 定义视图显示。在对话框中选取 类别 区域中的 视图显示 选项，在 显示样式 后的下拉列表中选取 消隐 选项，其他参数采用系统默认值，然后单击 确定 按钮，关闭对话框，此时主视图如图 3.9.3 所示。

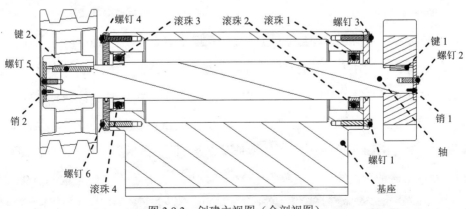

图 3.9.3　创建主视图（全剖视图）

Step6. 从图 3.9.3 中可以看出系统会自动生成各组件的剖面线，但这些剖面线很凌乱且不符合要求，因此需修改各组件的剖面线。▼ MOD XHATCH (修改剖面线) 菜单（图 3.9.4）中的修改装配体剖截面剖面线的菜单与修改单个零件剖截面剖面线的菜单有所不同。

图 3.9.4　"修改剖面线"菜单

图 3.9.4 所示的"修改剖面线"菜单中部分命令的说明如下。

- Pick (拾取)：选出所选取组件的剖截面。
- Next (下一个)：完成当前截面剖面线修改后进入下一截面剖面线的修改。
- Previous (上一个)：回到上一截面剖面线的修改。
- Exclude (排除)：取消所选组件的剖面显示，即不剖切所选组件。
- Restore (恢复)：恢复在 Exclude (排除) 命令中被排除组件的剖面线显示。
- 修改装配体剖截面的 ▼ MOD XHATCH (修改剖面线) 菜单中其他命令的含义，其实和修改单个零件剖截面或在零件模型环境中修改剖截面的 ▼ MOD XHATCH (修改剖面线) 菜单对应的命令的含义是相同的，读者可以回顾本章预备知识中有关截面准备的内容。

（1）双击该视图中任一剖面线，系统弹出 ▼ MOD XHATCH (修改剖面线) 菜单。

（2）在菜单中选择 X-Component (X 元件) ➝ Pick (拾取) 命令，按住 Ctrl 键，在图形区选取轴、螺钉 1、螺钉 2、螺钉 3、螺钉 4、螺钉 5、螺钉 6、销 1、销 2、键 1、键 2、滚珠 1、滚珠 2、滚珠 3 和滚珠 4 共 15 个零件为要修改剖面线的零件（选取时，如果零件与其他零件重叠，请连续右击该零件，直到被选中为止，然后单击左键选取），单击中键，在 ▼ MOD XHATCH (修改剖面线) 菜单中选择 Exclude (排除) 命令，即不显示所选零件的剖面线。

（3）修改带轮的剖面线。在菜单中选择 Pick (拾取) 命令，在图形区选取图 3.9.5a 所示的带轮，在 ▼ MOD XHATCH (修改剖面线) 菜单中选择 Angle (角度) 命令，然后在弹出的

▼ MODIFY MODE（修改模式）下拉菜单中选择角度 45（45），在 ▼ MOD XHATCH（修改剖面线）菜单中选择 Spacing（间距）命令，在弹出的 ▼ MODIFY MODE（修改模式）下拉菜单中选择 Value（值）命令，然后在图形区下方的消息输入窗口中输入间距值 3.8，单击鼠标中键。

说明：在调整剖面线间距时，也可以在 ▼ MOD XHATCH（修改剖面线）菜单中选择 Spacing（间距）命令，通过在 ▼ MODIFY MODE（修改模式）下拉菜单中连续选择 Half（一半）或 Double（加倍）命令，来调整剖面线的间距。

（4）修改铣刀头的剖面线。在菜单中选择 Pick（拾取）命令，在图形区选取图 3.9.6a 所示的铣刀头，设置剖面线的角度值为 45，剖面线间距值为 3.8，结果如图 3.9.6b 所示。

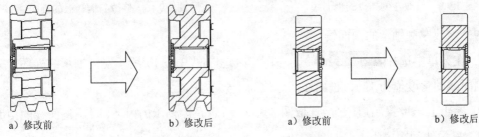

图 3.9.5　修改带轮的剖面线　　　　图 3.9.6　修改铣刀头的剖面线

（5）修改左侧轴承端盖的剖面线。在菜单中选择 Pick（拾取）命令，在图形区选取图 3.9.7a 所示的左侧轴承端盖，设置剖面线的角度值为 135，剖面线间距值为 3.8，结果如图 3.9.7b 所示。

（6）修改右侧轴承端盖的剖面线。在菜单中选择 Pick（拾取）命令，在图形区选取图 3.9.8a 所示的右侧轴承端盖，设置剖面线的角度值为 135，剖面线间距值为 3.8，结果如图 3.9.8b 所示。

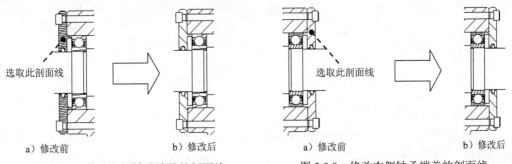

图 3.9.7　修改左侧轴承端盖的剖面线　　　　图 3.9.8　修改右侧轴承端盖的剖面线

（7）修改左侧挡板的剖面线。在菜单中选择 Pick（拾取）命令，在图形区选取图 3.9.9a 所示左侧挡板的剖面线区域，设置剖面线的角度值为 135，剖面线间距值为 2.0，结果如图 3.9.9b 所示。

（8）修改右侧挡板的剖面线。参照上一步骤，在图形区选取图 3.9.10a 所示右侧挡板，设置剖面线的角度值为 135，剖面线间距值为 2.0，结果如图 3.9.10b 所示。

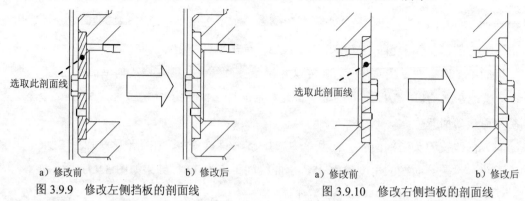

图 3.9.9   修改左侧挡板的剖面线   图 3.9.10   修改右侧挡板的剖面线

（9）修改左侧轴承的剖面线。

① 在菜单中选择 `Pick (拾取)` 命令，在图形区选取图 3.9.11a 所示左侧轴承的外环部分，设置剖面线的角度值为 135，剖面线间距值为 1.5。

② 参照上一步骤，在图形区选取图 3.9.11a 所示左侧轴承的内环，设置剖面线的角度值为 135，剖面线间距值为 1.5。

③ 参照上一步骤，在图形区选取图 3.9.11a 所示左侧轴承的保持架，设置剖面线的角度值为 135，剖面线间距值为 0.7，左侧轴承的剖面线如图 3.9.11b 所示。

（10）修改右侧轴承的剖面线。修改的部分也分为外环、内环、保持架，具体的操作步骤和数据请参照左侧轴承剖面线的修改，结果如图 3.9.12b 所示。

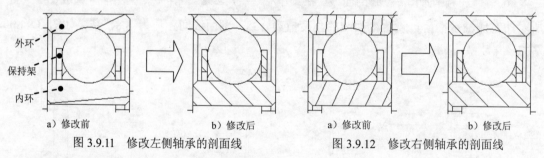

图 3.9.11   修改左侧轴承的剖面线   图 3.9.12   修改右侧轴承的剖面线

（11）修改左侧毡圈的剖面线。

① 修改剖面线。在菜单中选择 `Pick (拾取)` 命令，在图形区选取图 3.9.13a 所示左侧毡圈（该零件与左侧轴承端盖的中心孔配合），设置剖面线的角度值为 45，剖面线间距值为 0.3。

② 增加剖面线。在 `▼ MOD XHATCH (修改剖面线)` 菜单中选择 `Add line (新增直线)` 命令，在图形区下方的消息输入窗口中，依次输入剖面线的夹角值 135，偏距值 0.0，间距值 0.3（每次输入后请单击中键或 ✓ 按钮），在弹出的"修改线造型"对话框中依次单击 `应用` 和 `关闭` 按钮，完成剖面线的增加，结果如图 3.9.13b 所示。

a）修改前　　　　　　　　　　　　　　b）修改后

图 3.9.13　修改毡圈的剖面线

（12）修改右侧毡圈的剖面线。右侧毡圈与右侧轴承端盖的中心孔配合，具体的操作步骤和数据请参照修改左侧毡圈的剖面线。

（13）在 ▼ MOD XHATCH（修改剖面线）菜单中选择 Done（完成）命令，完成主视图剖面线的修改。

（14）由于基座中含有"加强筋"，按照制图标准，筋（肋）特征是不允许剖切的，而在 Pro/ENGINEER 中创建剖面时无法达到此要求，下面讲解不剖切筋（肋）零件的一个技巧。

说明：本例讲解的是在装配体工程图中筋（肋）特征剖切线的处理方法，对于含有筋（肋）特征的零件，其剖面线的处理方法也可参照 3.11.6 节。

① 修改基座的剖面线。在菜单中选择 X-Component（X 元件）➡ Pick（拾取）命令，在图形区选取图 3.9.3 所示的基座，在 ▼ MOD XHATCH（修改剖面线）菜单中选择 Spacing（间距）命令，在弹出的 ▼ MODIFY MODE（修改模式）下拉菜单中连续单击 Double（加倍），直到在基座中看不到剖面线为止，在 ▼ MOD XHATCH（修改剖面线）菜单中选择 Done（完成）命令。

② 创建"使用边（一）"。选择 草绘 ➡ ▢ 命令，在系统的提示下选取图 3.9.14 所示的边线，然后单击中键，完成"使用边（一）"的创建。

③ 选择 草绘 ➡ ┿ 草绘器首选项 命令，在弹出的"草绘首选项"对话框中单击"水平/垂直"按钮 ┿，然后关闭对话框，在图形区拖动刚创建的"使用边（一）"端点，结果如图 3.9.15 所示。

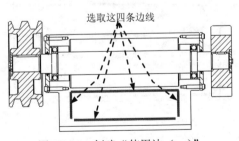

图 3.9.14　创建"使用边（一）"

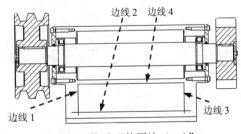

图 3.9.15　拖动"使用边（一）"

④ 选择 草绘 ➡ ┼ 在相交处分割 命令，在系统的提示下选取图 3.9.15 所示的边线 1 和边线 2，然后再选取边线 2 和边线 3，单击中键，在图形区删除掉多余的线段，结果如图 3.9.16 所示。

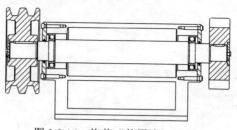

图 3.9.16　修剪"使用边（一）"

⑤ 创建"使用边（二）"。参照上面的步骤，创建图 3.9.17 所示的"使用边（二）"，选取螺纹孔的边线时，请选取其外围边线。

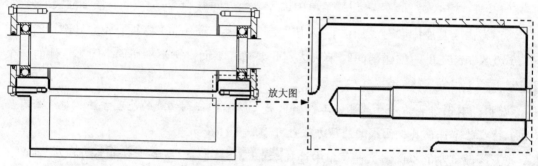

图 3.9.17　修剪"使用边（二）"

⑥ 创建图 3.9.18 所示的"使用边（三）"。

⑦ 在图形区框选创建的所有"使用边"，选择下拉菜单 草绘 ➡ 剖面线/填充 命令，采用系统默认的横截面名称，单击 ✔ 按钮，在系统弹出的 ▼ MOD XHATCH（修改剖面线） 菜单中设置剖面线的角度值为 45，间距值为 3.8，最后选取 Done（完成）命令，完成基座剖面线的修改。

至此完成了图 3.9.1 所示铣刀座装配体 asm_milling_base.asm 主视图的创建。

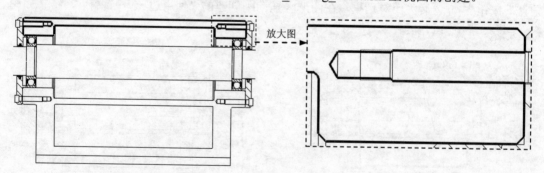

图 3.9.18　创建"使用边（三）"

Stage4．创建左视图

Step1．选中主视图，右击，在弹出的快捷菜单中选择 插入投影视图... 命令。在系统 ⇨选取绘制视图的中心点。的提示下，在图形区主视图的右部任意选取一点，系统自动创建左视图。

Step2．双击左视图，系统弹出"绘图视图"对话框。

（1）定义剖面类型。在对话框的 类别 区域中选取 截面 选项，在 剖面选项 区域中选中 ⊙ 2D 剖面 单选项，将 模型边可见性 设置为 ⊙ 全部 ，单击 ✚ 按钮，然后在 名称 下拉列表中 选取剖截面 ✔ B （B 剖截面在零件模块中已提前创建），在 剖切区域 下拉列表中选取 一半 选项。

（2）选取参照平面。在系统 ➡为半截面创建选取参照平面。 的提示下，在左视图上部选取 ASM_FRONT 基准平面为参照，其他参数采用系统默认值，单击 应用 按钮。

（3）定义视图显示。在对话框中选取 类别 区域中的 视图显示 选项，在 显示样式 下拉列表 中选取 消隐 选项，其他参数采用系统默认值，然后单击 确定 按钮，关闭对话框，此时 左视图如图 3.9.19a 所示。

Step3. 修改剖面线。双击左视图的剖面线，系统弹出"菜单管理器"菜单，此时轴的 剖面线被默认选中，设置此剖面线的间距值为 2.0，角度值为 45，然后在菜单中选取 Next (下一个) 命令，系统选中基座的剖面线，设置此剖面线的间距值为 3.8，角度值为 45，最 后选择 Done (完成) 命令，完成剖面线的修改，结果如图 3.9.19b 所示。

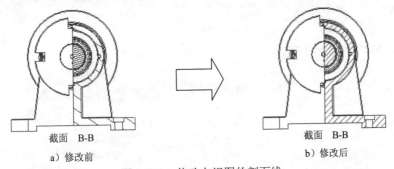

截面 B-B   截面 B-B

a）修改前   b）修改后

图 3.9.19　修改左视图的剖面线

Stage5．创建俯视图

Step1. 选中主视图，右击。在弹出的快捷菜单中选择 插入投影视图... 命令。

Step2. 在系统 ➡选取绘制视图的中心点。 的提示下，在图形区主视图的下部任意选取一点，系 统自动创建俯视图。

Step3. 双击该俯视图，在弹出的"绘图视图"对话框中将视图的显示模式设置为 消隐 ， 然后关闭对话框，结果如图 3.9.20 所示。

Stage6．创建轴测图

Step1. 在绘图区的空白处右击，从弹出的快捷菜单中选择 插入普通视图... 命令。

Step2. 在弹出的"选取组合状态"对话框中单击 确定 按钮，在系统 ➡选取绘制视图的中心点。 的提示下，在图形区选取一点作为轴测图的放置点。

Step3. 此时系统弹出"绘图视图"对话框，选取"V1"方向定位，将视图比例设置为 0.35，视图显示模式设置为 ▣ 消隐，最后关闭对话框，结果如图 3.9.21 所示。

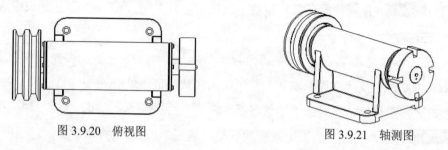

图 3.9.20 俯视图　　　　　　　　　　图 3.9.21 轴测图

Stage7. 调整视图位置

Step1. 选取视图后，在视图上右击，在弹出的快捷菜单中选择 ✓ 锁定视图移动 命令，去掉该命令前面的 ✓。

Step2. 选取要移动的视图，按住鼠标左键将视图移动到合适位置。

Step3. 视图位置调整完后，在视图上右击，在弹出的快捷菜单中选择 锁定视图移动 命令，将视图锁定。

Stage8. 保存完成的工程图

至此，完成图 3.9.1 所示装配体工程图主要视图的创建。

3.9.2 创建分解视图

为了全面地反映装配体的零件组成，可以通过创建其分解视图来达到目的。图 3.9.22 所示为装配体 asm_milling_base.prt 主视图的分解视图。创建装配体工程图分解视图具体操作过程如下。

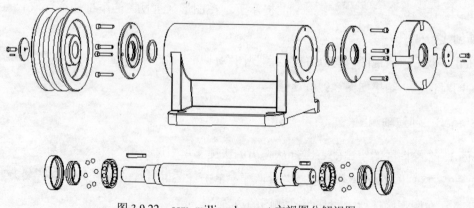

图 3.9.22 asm_milling_base.prt 主视图分解视图

Step1. 设置工作目录。选择下拉菜单 文件(F) ➡ 设置工作目录(M)... 命令，将工作目录设置至 D:\proewf5.7\work\ch03.09.02，打开文件 asm_milling_base_drw.drw，进入工程图模块。

Step2. 双击视图，系统弹出"绘图视图"对话框。

Step3. 在"绘图视图"对话框中选取 类别 区域中的 视图状态 选项，在 分解视图 区域中选中 ☑ 视图中的分解元件，然后单击 定制分解状态 按钮，此时系统弹出"警告"对话框，单击 确定 按钮，系统弹出 ▼ MOD EXPLODE (修改分解) 菜单和"分解位置"对话框。

Step4. 移动零件，使各零组件位置摆放合理。

（1）此时轴测图已经被分解。在系统 ⇨选取要移动的元件。的提示下，按下面的步骤选取元件进行移动。

（2）在模型树中单击选取零件 □ SHAFT_BEARING.ASM（轴），将零件拖到图 3.9.23 所示的位置，此时系统弹出"选取移动"菜单。

注意：选取要平移的组件或子装配体的方法有两种：一种是直接在视图中选取；另一种是在模型树中直接选取（如果此时是层树状态，可以在导航选项卡中选择 🗐▾ ➡ 模型树(M)，再选取组件）。选取过程或平移过程如果出现误操作，可单击"分解位置"对话框中的 撤消 按钮进行撤销操作。

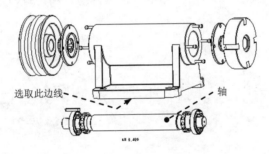

图 3.9.23　移动轴

（3）定义运动参照。在"分解位置"对话框 运动参照 区域的下拉列表中选取 图元/边 选项，然后在图形区中选取图 3.9.23 所示的边线为运动参照，单击中键。

（4）移动铣刀头。在"选取移动"菜单中选取 Select (选取) 命令，在模型树中单击选取铣刀头 □ TOOL_DISK.PRT，将零件拖动到图 3.9.24b 所示的位置。

a）移动前　　　　　　　　　　　　　　　　　　b）移动后

图 3.9.24　移动铣刀盘

（5）在模型树中选取右侧挡板 □ PUSH_DISK.PRT，将零件拖到图 3.9.25b 所示位置；再选取

右侧轴承端盖 ，将零件拖动到图 3.9.25b 所示位置。

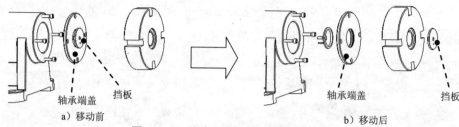

图 3.9.25　移动右侧挡板和轴承端盖

（6）在图形区依次选取右侧轴承端盖的四个螺钉，并分别放置在图 3.9.26b 所示位置。

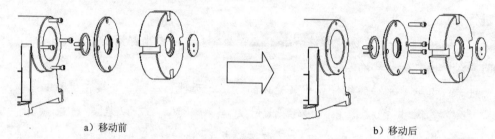

图 3.9.26　移动右侧轴承端盖的四个螺钉

（7）在图形区依次选取图 3.9.27a 所示的右侧紧固螺钉和销钉，并分别放置在图 3.9.27b 所示位置。

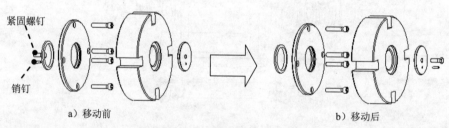

图 3.9.27　移动紧固螺钉和销钉

（8）参照装配体右半部分零部件移动的方法，无需更改运动参照，将装配体左半部分的零部件移动到图 3.9.28b 所示的位置；在移动过程中，轴承端盖上的一个螺钉无法在图形区直接选取，请在模型树中展开 ，选取第二个 ，即可选取。

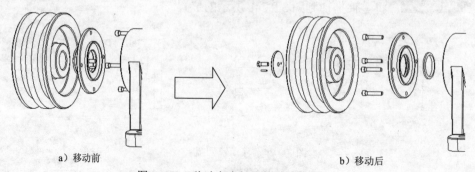

图 3.9.28　移动左半部分的零部件

（9）参照上面的操作，无需更改运动参照，将轴上各零部件移动到图 3.9.29 所示的位置；移动轴承时，先在设计树中展开 `SHAFT BEARING.ASM`，然后选取 `BEARING_ASM_OK.ASM` （第一个 `BEARING_ASM_OK.ASM` 为右侧轴承，第二个为左侧轴承），将所选轴承移动到合适的位置。

图 3.9.29　移动轴上各零部件

Step5. 单击"分解位置"对话框中的 `确定` 按钮，选择 `▼ MOD EXPLODE（修改分解）` 菜单中的 `Done/Return（完成/返回）` 命令，再单击"绘图视图"对话框中的 `关闭` 按钮关闭对话框，此时生成图 3.9.22 所示的分解视图。

说明：分解视图是为了了解各个零件在装配体中的配合情况，当需要取消视图的分解状态时，可在图形区双击分解视图，在弹出的"绘图视图"对话框的 `类别` 区域中选取 `视图状态` 选项，取消选中 `视图中的分解元件` 复选框，最后单击 `确定` 按钮，视图即显示为原来的装配图。

3.10　视 图 属 性

3.10.1　视图类型与视图名

视图在创建完成后，如果认为视图名不合适，仍可以对其进行修改，在双击视图打开"绘图视图"对话框后，可以在图 3.10.2 所示的 `视图名` 的文本框中直接输入新的视图名。视图类型则是根据原来创建时的条件进行修改，例如可以将投影视图改为一般视图，投影视图被改为一般视图后其不再受投影关系的约束，此时可以将其移动到合适的方位。改变视图类型的效果如图 3.10.1b 所示，下面说明其操作步骤。

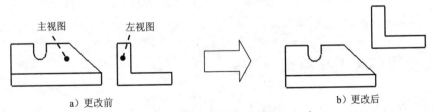

主视图　　　左视图

a）更改前　　　　　　　　　　　　　　　　b）更改后

图 3.10.1　更改视图类型

Step1. 将工作目录设置至 D:\proewf5.7\work\ch03.10.01，打开图 3.10.1a 所示的工程图文件 bracket_drw.drw。

Step2. 双击图形区中的左视图，系统弹出图 3.10.2 所示的"绘图视图"对话框（一）。

Step3. 在 `类型` 下拉列表中选取 `一般` 选项，此时"绘图视图"对话框（二）如图 3.10.3 所示。

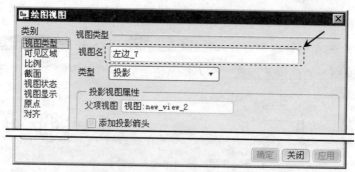

图 3.10.2　"绘图视图"对话框（一）

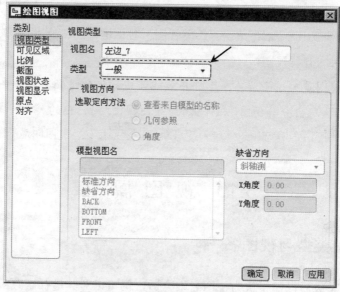

图 3.10.3　"绘图视图"对话框（二）

说明：

● 此时 视图方向 区域显示为灰色，表明此时不能对此视图进行重定向。

● 类型 下拉列表中显示为灰色的选项表明不能创建所对应的视图类型。

Step4. 单击"绘图视图"对话框中的 确定 按钮，关闭对话框，完成视图类型的修改。

Step5. 移动左视图，主视图不会随之而变化，如图 3.10.1b 所示。

3.10.2　视图参考点与区域（边界）

创建局部视图时，需要指定一个参考点作为中心点并草绘相应的样条线作为边界线，可以根据实际需要在创建完成后对其进行修改，以满足要求。

将图 3.10.4a 所示的局部放大视图改为图 3.10.4b 所示的局部放大视图，其操作步骤如下。

Step1. 将工作目录设置至 D:\proewf5.7\work\ch03.10.02，打开图 3.10.4a 所示的 shaft_drw.drw 工程图文件。

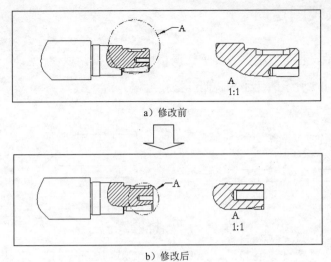

a）修改前

b）修改后

图 3.10.4　修改视图参考点、区域

Step2. 双击图 3.10.4a 中所示的局部放大视图，系统弹出"绘图视图"对话框。

注意：建议先选中视图再双击视图打开"绘图视图"对话框，如果直接双击视图，则极容易单击到视图的剖面线，会打开"修改剖面线"菜单。

Step3. 在系统 选取新的参照点。单击"确定"完成。 的提示下，在父项视图的边线上选取一点（在放大视图上及在父项视图上非边线的地方选取的点，系统不认可），此时在选取的点处出现一个十字线，旧的轮廓线也随之以新参考点为中心显示，如图 3.10.5 所示。

Step4. 如果想改变原来的轮廓线，可在系统 在当前视图上草绘样条来定义外部边界。 的提示下，绘制图 3.10.6 所示新的封闭样条线以定义放大视图的轮廓，单击中键结束绘制（在绘制边界线前，不需选择样条线的绘制命令，而是直接单击进行绘制）。

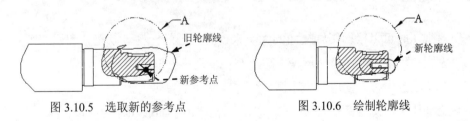

图 3.10.5　选取新的参考点　　　　图 3.10.6　绘制轮廓线

说明：在系统 选取新的参照点。单击"确定"完成。 的提示下，选取新的参考点后，系统将以新的参考点为中心点，显示原始的轮廓线，此时如果不绘制新的轮廓线，则系统即以此生成新的局部放大视图；如果绘制新的轮廓线，则系统以新的参考点和轮廓线为参照生成新的局部放大视图。

Step5. 单击"绘图视图"对话框中的 确定 按钮，关闭对话框。

3.10.3　修改视图定向

视图在创建后，也可以根据需要重新调整视图的方向，以便于满足一定的表达要求。下面以图 3.10.7 所示的例子来说明其操作过程。

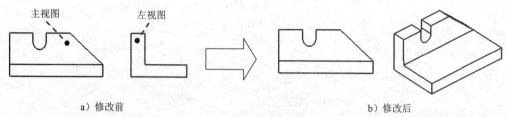

图 3.10.7　修改视图定向

Step1. 将工作目录设置至 D:\proewf5.7\work\ch03.10.03，打开 bracket_drw.drw 工程图文件。

Step2. 双击图形区中的左视图，系统弹出"绘图视图"对话框。

Step3. 在 类型 下拉列表中选取 一般 选项，单击"绘图视图"对话框中的 应用 按钮。

注意： 在选取 一般 选项后，必须先单击"绘图视图"对话框中的 应用 按钮，否则 视图方向 区域显示为灰色，即不能给视图重新定向。

Step4. 在"绘图视图"对话框的 视图方向 区域中将 选取定向方法 设置为 ⦿ 查看来自模型的名称 单选按钮，在 模型视图名 的列表框中选取 V2 选项。

Step5. 单击"绘图视图"对话框中的 确定 按钮，关闭对话框。

Step6. 调整视图至合适位置，如图 3.10.7b 所示。

3.10.4　视图比例

在创建视图时可以根据图纸幅面的大小来调整视图的比例，以充分利用图纸。同时对于局部放大图，可以通过调整比例使之更清楚地表达零件的结构。

在一个工程图中可以使用两个比例：全局比例和单独比例。

● 全局比例，又称工程图的比例，位于工程图框下面的注释中。创建视图时，在"绘图视图"对话框的 比例 选项区选中 ⦿ 页面的缺省比例 (0.500) 单选项，可应用全局比例；默认的全局比例值为 0.5，读者可通过修改配置文件 config.pro 中 default_draw_scale 选项的值，或双击工程图框下面注释的比例选项，来设置默认工程图全局比例的值。

● 单独比例，位于某些工程视图下面的注释中。创建视图时，在"绘图视图"对话框的 比例 选项区选中 ⦿ 定制比例 单选项，然后在其后的文本框中输入比例值，该比例值就是视图的单独比例；其独立于全局，当修改工程图的全局比例时，带有单独比例的视图不发生变化，其中，Pro/ENGINEER 工程图的详细视图（局部放大视图）就是一个显著的例子。

1. 修改工程图的比例格式

工程图的比例格式可分为小数格式、分数格式和比值格式。读者可通过修改配置文件中对应的选项来设置比例格式的显示，其操作步骤如下：选择下拉菜单 文件(F) ➡ 绘图选项 (P) 命令，系统弹出"选项"对话框，在该对话框中设置 view_scale_format 选项的值可修改比例格式。其中，值 decimal 为小数格式，如 0.5；值 fractional 为分数格式，如 1/2；值 ratio_colon 为比值格式，如 1:2。

2. 修改视图的单独比例

下面以修改图 3.10.8a 所示的局部放大视图的比例为例来说明其操作。

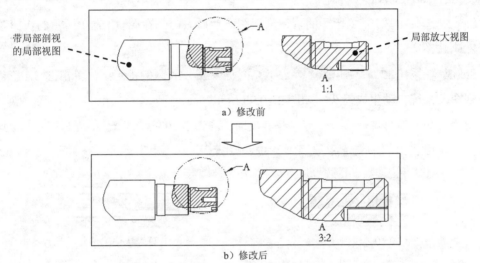

a）修改前

b）修改后

图 3.10.8　修改视图比例

Step1. 将工作目录设置至 D:\proewf5.7\work\ch03.10.04，打开工程图文件 shaft_drw.drw。

Step2. 双击图形区中的局部放大视图，系统弹出"绘图视图"对话框。

Step3. 选取 类别 区域中的 比例 选项，此时系统默认选中 ◉ 定制比例 单选项，在其后的文本框中输入比例值 1.5，然后单击 应用 按钮。

Step4. 单击对话框中的 关闭 按钮，关闭对话框。

说明：在创建一般视图时，系统均按默认比例来设置视图的大小，读者也可以根据需要来调整比例。

3.10.5　添加与删除剖面箭头

在创建带有剖面的视图时一般都要在其父项视图上添加箭头，以便读者能方便地找到剖面的方位，读懂零件的结构。

添加箭头后的效果如图 3.10.9b 所示。此例的剖面为阶梯剖面，如果不添加箭头，不易反映剖面的特点。在创建复杂的工程图时，添加箭头显得更为重要。添加剖面箭头的一般操作步骤如下。

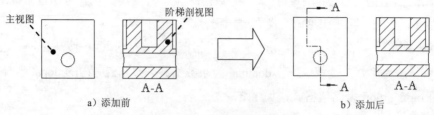

图 3.10.9　添加剖面箭头

Step1. 将 工 作 目 录 设 置 至 D:\proewf5.7\work\ch03.10.05，打 开 工 程 图 文 件 connecting_shaft_drw.drw。

Step2. 选取图 3.10.9a 所示的阶梯剖视图，然后右击，在图 3.10.10 所示的快捷菜单中选择 添加箭头 命令。

Step3. 在系统 ⇨给箭头选出一个截面在其处垂直的视图。中键取消。 的提示下，单击图 3.10.9a 所示的主视图，系统自动生成箭头，如图 3.10.9b 所示。

说明： 如果不想显示箭头，可以将其删除。在图 3.10.9b 所示的主视图中选中箭头，然后右击，在图 3.10.11 所示的快捷菜单中选择 删除(D) 命令，删除箭头。

图 3.10.10　快捷菜单（一）　　　　　图 3.10.11　快捷菜单（二）

3.11　修改视图剖面线

当创建剖视图时，零件中被剖到的部分以剖面线显示。可以通过调整剖面线的间距和角度等使剖面线符合工程图的要求。而在装配体工程图中，为了看清各零件之间的配合关系，剖面线的调整显得更为重要，因为不同零件的剖面线不应相同，否则容易产生错觉与混淆。

在零件模块中，可以在视图管理器中修改截面的剖面线，这在本章的预备知识里已经讲过。在工程图环境中也可以修改视图的剖面线，这在 3.9.1 节中创建 asm_milling_base.asm 装配体主视图时，也详细介绍过如何修改装配体剖截面的剖面线。现在更进一步地介绍修改剖面线的其他内容。

在工程图环境中，双击视图中的剖面线，系统将弹出 ▼ MOD XHATCH（修改剖面线） 菜单，如图 3.11.1 所示。

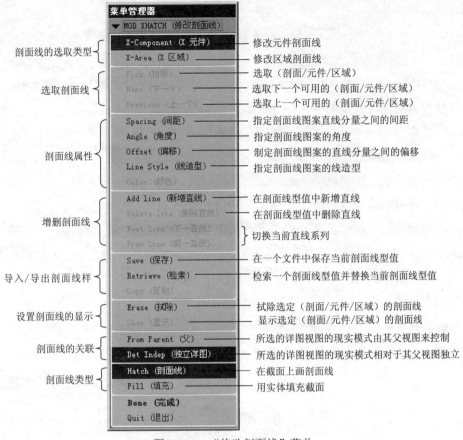

图 3.11.1　"修改剖面线"菜单

3.11.1　修改剖面线属性

在 ▼ MOD XHATCH (修改剖面线) 菜单管理器的"剖面线属性"区域中,可以修改剖面线的间距、倾角、偏距和线样式。修改剖面线的属性的效果如图 3.11.2b 所示,其操作方法如下。

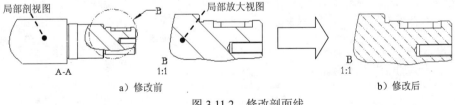

图 3.11.2　修改剖面线

Step1. 将工作目录设置至 D:\proewf5.7\work\ch03.11.01,打开 shaft_drw_1.drw 工程图文件。

Step2. 双击图 3.11.2a 所示局部放大视图的剖面线,系统弹出 ▼ MOD XHATCH (修改剖面线) 菜单,在该菜单中选择 Det Indep (独立详图) 命令(如果选择 From Parent (父) 命令,则菜单中修改剖面线的各命令选项均显示为灰色,即不可修改剖面线,此时局部放大视图的剖面线随其父项视图的变化而变化）。

Step3. 设置间距。选择 ▼ MOD XHATCH (修改剖面线) 菜单中的 Spacing (间距) 命令，系统弹出图 3.11.3 所示的 ▼ MODIFY MODE (修改模式) 菜单，在该菜单中选择 Value (值) 命令，在图形区下方的消息输入窗口中输入间距值 5.0，单击中键（也可以连续选择 Half (一半) 或 Double (加倍) 命令，观察零件模型中剖面线间距的变化，直到调到合适的间距）。

Step4. 设置角度。选择 ▼ MOD XHATCH (修改剖面线) 菜单中的 Angle (角度) 命令，系统弹出图 3.11.4 所示的 ▼ MODIFY MODE (修改模式) 菜单，在其中选择 45 (45) 命令。

Step5. 设置偏距。选择 ▼ MOD XHATCH (修改剖面线) 菜单中的 Offset (偏移) 命令，在图形区下方的消息输入窗口中输入偏距值 2.0，单击 ✓ 按钮。

Step6. 设置剖面线线体样式。选择 ▼ MOD XHATCH (修改剖面线) 菜单中的 Line Style (线造型) 命令，系统弹出图 3.11.5 所示的"修改线造型"对话框，在 样式 下拉列表中选择 切削平面 选项，此时 属性 区域中的 线型 选项自动变为 双点划线 选项，在对话框中单击 应用 按钮，此时剖面线变为双点画线，单击 关闭 按钮关闭对话框。

Step7. 选择 ▼ MOD XHATCH (修改剖面线) 菜单中的 Done (完成) 命令，关闭菜单管理器，此时局部放大视图的剖面线如图 3.11.2b 所示。

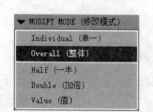

图 3.11.3　"修改模式"菜单（一）　图 3.11.4　"修改模式"菜单（二）图 3.11.5　"修改线造型"对话框

3.11.2　增/删剖面线

在剖面线的当前直线系列中，增加新的直线系列如图 3.11.6b 所示，其操作方法如下。

Step1. 设置工作目录至 D:\proewf5.7\work\ch03.11.02，打开工程图文件 shaft_drw_2.drw。

Step2. 双击图 3.11.6a 所示局部放大视图的剖面线，系统弹出 ▼ MOD XHATCH (修改剖面线) 菜单。

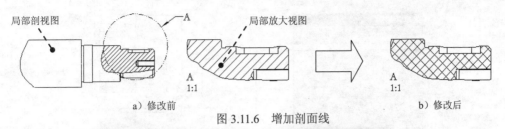

图 3.11.6　增加剖面线

Step3. 选择 ▼ MOD XHATCH (修改剖面线) 菜单中的 Add line (新增直线) 命令。

Step4. 此时系统提示 输入剖面线的夹角，在后面的文本框中输入数值 135，单击 ✓ 按钮。

Step5. 此时系统提示 输入偏移值，在后面的文本框中输入数值 2.0，单击 ✓ 按钮。

Step6. 此时系统提示 输入间距值，在后面的文本框中输入数值 5.0，单击 ✓ 按钮。

Step7. 此时系统弹出"修改线造型"对话框，采用系统的默认设置，在对话框中单击 应用 按钮，此时局部放大视图的剖面线如图 3.11.6b 所示。

Step8. 单击"修改线造型"对话框中的 关闭 按钮，再选择 ▼ MOD XHATCH (修改剖面线) 菜单中的 Done (完成)，关闭 ▼ MOD XHATCH (修改剖面线) 菜单管理器。

说明：当剖视图中的剖面线只有一种直线系列时，只能进行 Add line (新增直线) 操作；只有在增加了新的直线后，才可进行 Delete line (删除直线) 操作。

3.11.3　导入/导出剖面线样式

可以利用此功能来保存用户自己设置的剖面线样式，以方便以后导入使用；导入已有的剖面线样式多数是系统自带的，导入和导出剖面线样式的简单操作流程如图 3.11.7 所示。

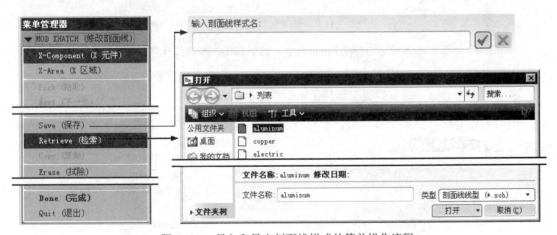

图 3.11.7　导入和导出剖面线样式的简单操作流程

3.11.4　剖面类型

可以通过选取不同的剖面类型（如剖面线或实心面）来填充剖面，对比效果如图 3.11.8 所示。

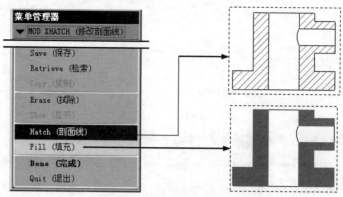

图 3.11.8　修改剖面类型的效果

3.11.5　修改材料切除方向

修改材料切除方向，如图 3.11.9 所示，其中图 3.11.9a 所示为切除零件的左侧材料，图 3.11.9b 所示为切除零件的右侧材料。修改材料切除方向的操作步骤如下。

Step1. 将工作目录设置至 D:\proewf5.7\work\ch03.11.05，打开工程图文件 connecting_shaft_drw.drw。

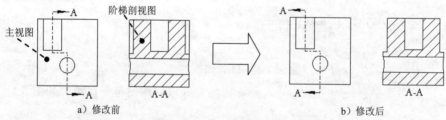

图 3.11.9　修改材料切除方向

Step2. 选中图 3.11.9a 所示主视图上的箭头，然后右击，系统弹出图 3.11.10 所示的快捷菜单（一）。

Step3. 在该菜单中选择 反向材料切除侧 命令，则此时阶梯剖视图如图 3.11.9b 所示。

说明：也可以选中剖面线右击，系统弹出图 3.11.11 所示的快捷菜单（二），在该快捷菜单中选择 反向材料切除侧 命令。

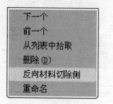

图 3.11.10　快捷菜单（一）

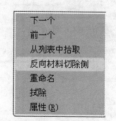

图 3.11.11　快捷菜单（二）

3.11.6　筋（肋）特征的剖面线处理

按照制图标准，在创建剖面视图时，零件的筋（肋）特征是不被剖切的。下面讲解不剖切零件筋（肋）特征的处理方法，该处理方法的主要思路如下：在零件环境中创建一个简化表示，并将该简化表示应用到工程图，在工程图中将筋的轮廓用草绘图元复制表示，然后在零件环境的简化表示中排除筋特征，以达到不剖切筋特征的效果。

Step1. 将工作目录设置至 D:\proewf5.7\work\ch03.11.06，打开零件文件 rib.prt。

Step2. 新建简化表示。

（1）选择下拉菜单 视图(V) ➡ 视图管理器(W) 命令，系统弹出"视图管理器"对话框。

（2）在对话框中先打开 简化表示 选项卡，此时对话框如图 3.11.12 所示，然后单击 新建 按钮，新建一个简化表示，采用系统默认名称"REP0001"。在对话框中单击中键，在弹出的 ▼ EDIT METHOD (编辑方法) 菜单中选择 Done/Return (完成/返回) 命令，单击对话框中的 关闭 按钮，完成简化表示的创建。

Step3. 新建工程图。

（1）在工具栏中单击"新建"命令按钮 🗋，系统弹出"新建"对话框。

（2）在"新建"对话框的 类型 区域中选中 ◉ 🖼 绘图 单选项，在 名称 文本框中输入工程图文件名 rib，取消选中 ☐ 使用缺省模板 复选框，即不使用默认模板，单击 确定 按钮，系统弹出"新制图"对话框。

（3）选取工程图模板或图框格式。在系统弹出的"新制图"对话框的 缺省模型 区域中接受系统的默认选择（模型 RIB.PRT）；在 指定模板 区域中选中 ◉ 空 选项；在 方向 区域中选取"纵向"；在 标准大小 下拉列表中选取 A4 选项；单击 确定 按钮，进入工程图环境。

Step4. 在系统弹出图 3.11.13 所示的"打开表示"对话框中选取简化表示 REP0001 选项，单击 确定 按钮，关闭对话框。

图 3.11.12　"视图管理器"对话框

图 3.11.13　"打开表示"对话框

Step5. 创建基本视图。

（1）创建主视图。

① 在图形区右击，在弹出的快捷菜单中选择 插入普通视图... 命令，在图形区合适的位置单击来放置主视图，系统弹出"绘图视图"对话框。

② 在"绘图视图"对话框中选取 类别 区域中的 视图类型 选项，在 模型视图名 列表框中选取 BOTTOM 选项，然后单击 应用 按钮，则系统即按 BOTTOM 的方位定向视图。

③ 选取 类别 区域中的 视图显示 选项，在 显示样式 下拉列表中选取 消隐 选项，在 相切边显示样式 下拉列表中选取 无 选项，其他参数采用系统默认值，单击 确定 按钮，完成主视图的创建。

（2）创建左视图。

① 在图形区选取上一步创建的主视图，并右击，在弹出的快捷菜单中选择 插入投影视图... 命令，在主视图的右侧单击来放置左视图。

② 双击右视图，在弹出的"绘图视图"对话框中选取 类别 区域中的 视图显示 选项，在 显示样式 下拉列表中选取 消隐 选项，在 相切边显示样式 下拉列表中选取 无 选项，其他参数采用系统默认值，单击 确定 按钮，完成左视图的创建。

Step6. 创建使用边。选择 草绘 ➡ □ 命令，按住 Ctrl 键，依次选取图 3.11.14 所示的四条边线，然后单击中键，完成使用边的创建。

Step7. 创建剖面视图。

（1）在图形区双击主视图，在系统弹出"绘图视图"对话框的 类别 区域中选取 截面 选项，在 剖面选项 区域中选中 ◉ 2D 剖面 单选项；将 模型边可见性 设置为 ◉ 全部；然后单击 ＋ 按钮，在 名称 下拉列表中选取剖截面 ✓ A 选项（A 剖截面在零件模型环境中已创建），在 剖切区域 下拉列表中选取 完全 选项，单击 确定 按钮，主视图的剖面视图创建完成。

（2）添加箭头。在图形区选取主视图，然后右击，在弹出的快捷菜单中选择 添加箭头 命令，单击左视图放置剖面箭头，结果如图 3.11.15 所示。

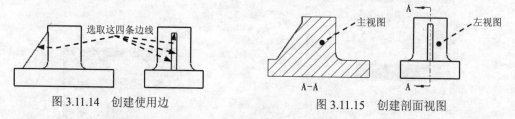

图 3.11.14 创建使用边   图 3.11.15 创建剖面视图

Step8. 修改简化表示。

（1）选择下拉菜单 窗口(W) ➡ 1 RIB.PRT 命令，将窗口切换到零件环境。

（2）选择命令。选择下拉菜单 视图(V) ➡ 视图管理器(M) 命令，系统弹出图 3.11.16 所示的"视图管理器"对话框。

（3）排除筋特征。

① 在"视图管理器"对话框中打开 简化表示 选项卡，选中简化表示 Rep0001，然后在

对话框中单击 编辑▼ 按钮，在弹出的下拉列表中选择 重定义 命令，系统弹出"编辑方法"菜单。

② 在"编辑方法"菜单中选择 Features (特征)命令，在弹出的"增加/删除特征"下拉菜单中选择 Exclude (排除)命令，然后在图 3.11.17 所示的模型树中选取特征 ⊕ ◢轮廓筋 1 作为要排除的特征，最后在"编辑方法"菜单中依次选取 Done (完成)命令和 Done/Return (完成/返回)命令，在对话框中单击 关闭 按钮，完成简化表示的修改。

Step9. 选择下拉菜单 窗口(W) ➡ ● 2 RIB.DRW 命令，将窗口切换到工程图环境，结果如图 3.11.18 所示。

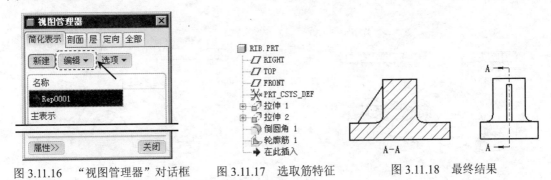

图 3.11.16　"视图管理器"对话框　　图 3.11.17　选取筋特征　　图 3.11.18　最终结果

Step10. 至此，含筋特征零件的剖面已创建完成，保存工程图文件，关闭零件文件。

3.12　工程图视图范例

3.12.1　范例 1——创建基本视图

范例概述

本范例是一个简单的工程图视图制作范例，通过本例的学习，读者可以学习到工程图视图创建的一般过程。本范例的工程图视图如图 3.12.1 所示。

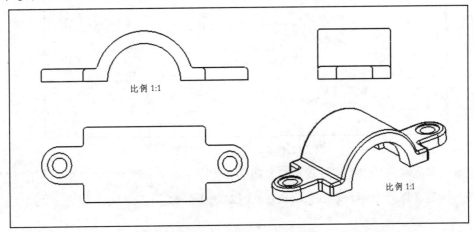

图 3.12.1　零件工程图范例

说明：本范例的详细操作过程请参见随书光盘中 video\ch03.12.01\文件下的语音视频讲解文件。模型文件为 D:\proewf5.7\work\ch03.12.01\top_cover。

3.12.2　范例 2——边显示

范例概述

　　本范例是一个简单的控制工程图边显示及模型栅格设置的范例。要使工程图视图达到所要求的表达目的，应该严格控制视图中每根线条的显示方式，本范例的工程图视图如图 3.12.2 所示。

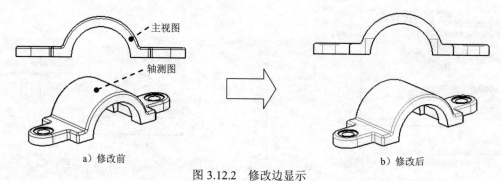

a）修改前　　　　　　　　　　　　　　　　b）修改后

图 3.12.2　修改边显示

　　说明：本范例的详细操作过程请参见随书光盘中 video\ch03.12.02\文件下的语音视频讲解文件。模型文件为 D:\proewf5.7\work\ch03.12.02\ex03_02。

3.12.3　范例 3——创建全、半剖视图

范例概述

　　本范例简单地介绍了创建全、半剖视图的过程。创建全、半剖视图的关键在于创建好对应的剖截面，显然，在模型中创建剖截面是最简单的方法。本范例的工程图如图 3.12.3 所示。

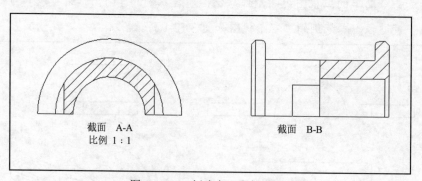

图 3.12.3　创建全、半剖视图

　　说明：本范例的详细操作过程请参见随书光盘中 video\ch03.12.03\文件下的语音视频讲解文件。模型文件为 D:\proewf5.7\work\ch03.12.03\sleeve。

3.12.4　范例 4——创建阶梯剖视图

范例概述

　　本范例简单地介绍了创建阶梯剖视图的过程。创建阶梯剖视图的关键在于创建好对应的偏距剖截面，同样，在模型中创建偏距剖截面也是较简单的方法。本范例的工程图如图 3.12.4 所示。

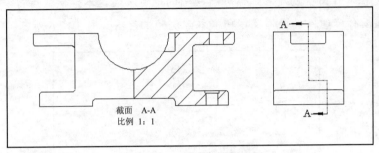

图 3.12.4　创建阶梯剖视图

　　说明：本范例的详细操作过程请参见随书光盘中 video\ch03.12.04\文件下的语音视频讲解文件。模型文件为 D:\proewf5.7\work\ch03.12.04\down_base。

3.12.5　范例 5——创建装配体工程图视图

范例概述

　　本范例为创建装配体工程图视图的范例，其主要创建过程和普通零件的工程图视图创建过程类似，但在创建剖面与编辑剖面的时候又有所不同。本范例的工程图如图 3.12.5 所示。

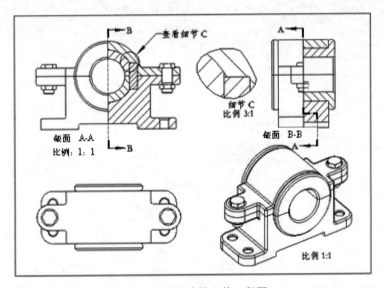

图 3.12.5　创建装配体工程图

说明：本范例的详细操作过程请参见随书光盘中 video\ch03.12.05\文件下的语音视频讲解文件。模型文件为 D:\proewf5.7\work\ch03.12.05\asm_base。

3.12.6　范例6——创建装配体分解视图

范例概述

本范例是在工程图中创建装配体分解视图的范例，通过本范例的练习，读者可以熟悉分解、移动装配体零组件的操作及技巧。本范例的工程图如图 3.12.6 所示。

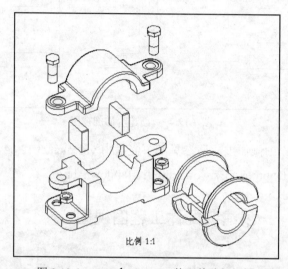

图 3.12.6　asm_base.asm 装配体分解视图

说明：本范例的详细操作过程请参见随书光盘中 video\ch03.12.06\文件下的语音视频讲解文件。模型文件为 D:\proewf5.7\work\ch03.12.06\asm_base。

第4章　工程图中的二维草绘（Draft）

本章提要　在 Pro/ENGINEER 的工程图模块中，利用二维草绘工具，用户可以根据需要单独绘制相应的视图和特殊符号。本章先对相应的内容做详细的讲解，最后以范例的形式来说明具体的操作步骤。

4.1　工程图中的二维草绘概述

利用插入视图及插入其各子视图的方法生成工程图一般都可以满足用户的要求，但是 Pro/ENGINEER 在工程图模块中为用户提供了二维草绘（Draft）的功能，这样用户就可以表达更多的图样信息或绘制特殊的符号了。

工程图模块中的图元绘制方法与草绘环境（Sketcher）中的图元绘制方法基本相同，其使用到的工具也几乎一样，当然具体也稍有不同。利用二维草绘（Draft）功能提供的工具，用户可以绘制如点、直线类、圆类、弧类、倒角、样条曲线及构造线等基本图元，并对这些绘制图元进行镜像和偏移等操作，也可以将这些基本图元组合成一个图元。这些绘制图元可以是参数化的，可以使其与模型几何相关。

利用工程图模块中的草绘功能，用户可以不需要零件模型而直接绘制一个完整的工程图，这其中包括线条的绘制与编辑、剖面的绘制及剖面区域的填充、线型的修改等。用户还可以直接草绘表格，创建格式文件。

Pro/ENGINEER 为精确绘图提供了草绘器首选项功能，在绘图过程中不断更改草绘器首选项，可以准确地出图和大大地提高工作效率。

由于二维草绘相对来说比较容易，读者可以先从范例学习，遇到具体问题再学习相关内容。

4.2　设置草绘环境

4.2.1　定制绘图栅格

在工程图中，栅格用于对齐对象和辅助绘制。在工程图界面中单击 草绘 选项卡，即可

选择 视图(V) ➡ 绘制栅格(G)... 命令来设置绘图栅格，弹出的 ▼ GRID MODIFY（栅格修改）菜单如图 4.2.1 所示。

▼ GRID MODIFY（栅格修改）菜单中各命令的说明如下。

- Show Grid（显示栅格）：需要栅格时，在页面中显示出栅格。
- Hide Grid（隐藏栅格）：不需要栅格时，将栅格隐藏起来（此前必须已经显示出栅格）。
- Type（类型）：选取坐标类型，有 Cartesian（笛卡尔）和 Polar（极坐标）两种坐标类型。
- Origin（原点）：设置坐标原点，默认图纸左下角位置为原点。如果绘图时需要重新设定原点，可单击 Origin（原点）选项，系统弹出图 4.2.2 所示的 ▼ GRID ORIGIN（栅格原点）菜单和 ▼ GET POINT（获得点）菜单；在草绘时，坐标原点以一个十字线显示。

图 4.2.1　"栅格修改"菜单　　　图 4.2.2　"栅格原点"和"获得点"菜单

- Grid Params（栅格参数）：设置栅格的间距、角度等参数。当 Type（类型）菜单中设置的栅格类型为 Cartesian（笛卡尔）（即直角坐标系）时，选取 Grid Params（栅格参数）命令，系统会弹出图 4.2.3 所示的 ▼ CART PARAMS（直角坐标系参数）菜单，其命令说明如下。
  - ☑ X&Y Spacing（X&Y坐标单位）：在 X 和 Y 方向的栅格线上设置相同的间距值。
  - ☑ X Spacing（X轴坐标单位）：仅设置 X 方向上栅格线的间距值。
  - ☑ Y Spacing（Y轴坐标单位）：仅设置 Y 方向上栅格线的间距值。
  - ☑ Angle（角度）：修改水平方向与 X 方向栅格之间的角度。
- 当 Type（类型）菜单中设置的栅格类型为 Polar（极坐标）时，选取 Grid Params（栅格参数）命令，系统会弹出图 4.2.4 所示的 ▼ POLAR PARAMS（极坐标参数）菜单，其命令说明如下。
  - ☑ Ang Spacing（角间距）：设置径向直线之间的角间距。输入的值必须能将 360 等分。
  - ☑ Num Lines（线数）：设置要使用的径向线的数目。角间距是用 360 均分网格线数。
  - ☑ Rad Spacing（径向间距）：设置环形栅格间距。
  - ☑ Angle（角度）：修改水平线和 0° 径向线之间的角度。

图 4.2.3　"直角坐标系参数"菜单　　　　图 4.2.4　"极坐标参数"菜单

4.2.2　草绘器首选项

在草绘过程中，可以通过选取"草绘器首选项"来使图元的大小和位置更加精确。选择 草绘 ➡ ┼草绘器首选项 命令，系统弹出图 4.2.5 所示的"草绘首选项"对话框。

"草绘首选项"对话框中各选项的说明如下。

- ┼水平/垂直：单击后，移动光标会在接近水平方向和垂直方向出现字母 H 和 V 字样。
- 栅格交点：单击后，可以捕捉栅格的交点，草绘的图元和放置的尺寸将按网格对齐。
- 栅格角度：单击后，可以捕捉栅格的角度。

注意：栅格交点 和栅格角度 被单击时，无论在栅格是否显示的情况下，均起作用。

- 顶点：单击后，可以捕捉直线、圆、圆弧等图元的端点、中心及圆心。

注意：捕捉顶点时，必须在图 4.2.6 所示的"参照"对话框中选取要捕捉的图元参照，当光标接近要捕捉的顶点时，顶点即被捕捉。

- 图元上：单击后，可以持续捕捉参考对象上除端点、中心点、圆心以外的位置点，但需要选取捕捉图元参照。
- 角度：单击后，可以设定捕捉的角度值。绘制时，光标移动到设定的角度时会自动锁定，如图 4.2.7 所示。
- 半径：单击后，可以设定捕捉的半径值。绘制时，光标移动到设定的半径时会自动锁定，如图 4.2.8 所示。
- ☑链草绘 复选框：草绘过程中，一个图元的终点会自动充当下个图元的起点，直至绘制完成。具体操作方法见 4.4 节。
- ☑参数化草绘 复选框：绘制图元时，所加入的参照都将成为该图元的父件。具体操作方法见 4.5 节。

图 4.2.5 "草绘首选项"对话框

图 4.2.6 "参照"对话框

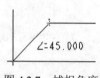

图 4.2.7 捕捉角度

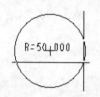

图 4.2.8 捕捉半径

注意：绘制新图元后，只有当父对象移动时，才能移动子对象；当父对象变化时，子对象也会相应变化。但当删除父对象时，子对象不会被删除。

4.3 草 绘 工 具

在工程图模块中，创建草绘图元的指令工具放在绘图专用工具栏的 草绘 面板中（图 4.3.1），同时大部分指令工具也都有与其对应的工具按钮形式。在创建草绘图元时，可以直接在工具栏单击相应的命令按钮来绘制图元。一般来说，工具栏中包括了绘制一般图元的所有命令按钮（图 4.3.1），所以绘制图元时可直接在工具栏中单击相应的命令按钮来绘制。

本节通过具体的操作来逐一介绍这些指令的用法。

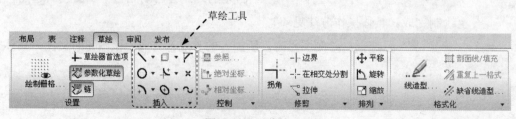

图 4.3.1 "草绘"面板

4.3.1　选取项目

主要功能是用于图元的选取，选中图元的操作步骤如下。

Step1. 将工作目录设置至 D:\proewf5.7\work\ch04.03.01，打开工程图文件 selevt.drw。

Step2. 单击 草绘 按钮，绘图工具栏切换到"草绘"面板。

Step3. 单击选取图 4.3.2a 中的圆，图元选中后，其状态如图 4.3.2b 所示。

a）选中前　　　　　　　　　　　　b）选中后

图 4.3.2　选取图元

说明：除直接选取单个图元外，还有两种图元选取的方法可以选中需要的多个图元。

● 选择下拉菜单 编辑(E) ➡ 选取(S)▶ ➡ 首选项(P)... 命令，系统弹出图 4.3.3 所示的"选取首选项"对话框。 矩形选取框 状态下，在图形区按住鼠标左键拖拽出一个框，则框内所有元素将被选中； 套索 状态下，在图形区按住左键并移动，绘制任意封闭图形，则封闭图形内所有元素都将被选中；使用时，一定要将要选取的图元全部选进选择区域内，否则不能选中图元。

● 按住 Ctrl 键选取，可以选中多个图元，如果有误操作，可以按住 Ctrl 键再单击一次误选取的图元，即可取消选择。

● 图元选中后，如图 4.3.2b 所示，图元上会出现小方框作为控制点，当光标放在这些控制点上时，鼠标指针会变成双箭头的形状（↔）或四箭头的形状（✛）。当鼠标指针以"↔"形式显示时，按住鼠标左键拖动，图元的形状或大小会改变（具体操作可参见本节中更改圆直径的操作）；当鼠标指针以"✛"的形式显示时，按住鼠标左键拖动，图元会随鼠标移动而移动。

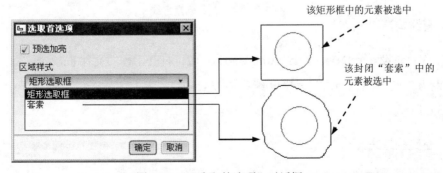

图 4.3.3　"选取首选项"对话框

4.3.2 直线类

主要功能用于绘制直线、直线构造线（单个构造线）和交叉构造线。

1. 直线（\\）

创建直线的操作步骤如下。

Step1. 单击"直线"按钮 \\ 中的 ，再单击 \\ 按钮。

Step2. 在绘图区单击选取一点来确定直线的起始位置点，这时移动鼠标可以看到一条长度随光标的十字线移动而变化的线段，其一端固定在起始位置点上，另一端附在鼠标指针上，如图 4.3.4a 所示。

Step3. 在绘图区再单击选取一点来确定直线的终止位置点，系统便在确定的两点间创建一条直线（图 4.3.4b）。

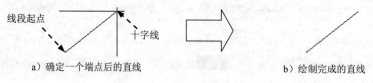

a）确定一个端点后的直线　　　　　　　　　　　b）绘制完成的直线

图 4.3.4　绘制直线

说明： 另一种创建直线的方法是先放置一点，再右击，在弹出的快捷菜单中选用 角度... 限定直线与水平方向的夹角，也可以选用 相对坐标(V)... 或 绝对坐标(U)... 的方式来给出第二点，如图 4.3.5 所示。

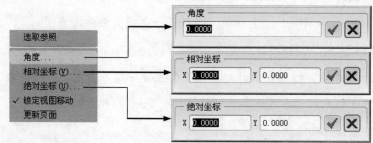

图 4.3.5　输入参数确定直线

2. 直线构造线（ ）

将工作目录设置至 D:\proewf5.7\work\ch04.03.02，打开工程图文件 line2.drw。

绘制方法与直线相同，只是默认线型为双点画线，并且无限长，一般用于中心线等，如图 4.3.6 所示。

3. 交叉构造线（ ）

绘制方法与直线构造线相同，只是一次创建两条相互垂直的构造线，交点为定义的第一个点，如图 4.3.7 所示。

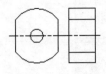

图 4.3.6　直线构造线

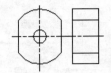

图 4.3.7　交叉构造线

4.3.3　圆、椭圆类

主要功能用于绘制圆、构造圆、通过确定长轴和短轴绘制椭圆、通过确定中心和长轴绘制椭圆等。

1. 圆（⬛）

（1）绘制圆的方法有三种。

方法一

Step1. 单击"圆"命令按钮⬛中的⬛，再单击⬛按钮。

Step2. 在绘图区单击选取一点来确定圆心，这时移动鼠标可以看到一个大小随光标的十字线移动而变化的圆，其圆心固定，半径是圆心到鼠标指针的距离，如图 4.3.8a 所示。

Step3. 在绘图区再单击选取一点来确定圆的大小，如图 4.3.8b 所示。

图 4.3.8　绘制圆

方法二

Step1. 单击"圆"命令按钮⬛中的⬛，再单击⬛按钮。

Step2. 在绘图区单击选取一点来确定圆心。

Step3. 在绘图区右击，在弹出的快捷菜单中选用半径、相对坐标或绝对坐标的方式来给出参数值，如图 4.3.9 所示。

方法三

Step1. 单击"圆"命令按钮⬛中的⬛，再单击⬛按钮。

Step2. 在绘图区单击选取一点来确定圆心。

Step3. 选择 草绘 ➡ 草绘器首选项 命令，用捕捉工具（如参照的端点、顶点、中点或者相切参照等）确定圆的大小，如图 4.3.10 所示，捕捉相切约束确定圆的半径。

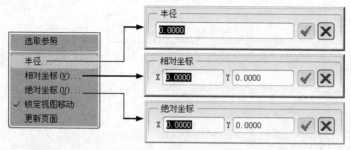

图 4.3.9　选择参数绘制

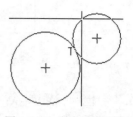

图 4.3.10　捕捉参照绘制

（2）圆绘制完成后，可以通过以下两种方法更改直径。

方法一

Step1. 单击选中需要修改的圆，如图 4.3.11 所示。

Step2. 将鼠标指针移至图 4.3.11 所示的位置，按住鼠标左键拖动至所需大小。

方法二

Step1. 单击选中需要修改的圆，如图 4.3.11 所示，将鼠标指针置于图元上右击，在弹出的图 4.3.12 所示的快捷菜单中选择 编辑直径值 命令。

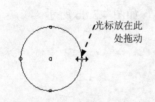

图 4.3.11　更改圆直径

图 4.3.12　快捷菜单

Step2. 在系统 输入直径的值 的提示下，输入所需的直径大小，单击 按钮完成操作。

2．构造圆（ ）

默认线型为双点画线，主要用于作参照，其绘制方法与圆相同。单击"圆"命令按钮 中的 ，再单击按钮 ，就可以在绘图区绘制构造圆。

3．通过确定长轴和短轴绘制椭圆（ ）

通过确定长轴和短轴绘制椭圆的方法有三种。

方法一

Step1. 单击"圆"命令按钮 中的 ，再单击 按钮。

Step2. 在绘图区单击一点，放置椭圆的一个顶点，这时移动鼠标可以看到一条长度随光标十字线移动而变化的线段，如图 4.3.13a 所示。

　　Step3. 再在绘图区单击一点，生成椭圆的一条轴，这时随鼠标的移动会生成一个形状变化的椭圆，如图 4.3.13b 所示。

　　Step4. 将椭圆调整到合适大小，单击鼠标完成椭圆的绘制，如图 4.3.13c 所示。

　　　　a）确定第一个端点　　　　　　　b）确定第二个端点　　　　　　　c）绘制完成

图 4.3.13　绘制椭圆

方法二

　　Step1. 单击"圆"命令按钮 ⬤ 中的 ▾，再单击 ⬤ 按钮。

　　Step2. 在绘图区单击一点，放置椭圆的一个顶点。

　　Step3. 右击鼠标，在弹出的快捷菜单中选择适当的命令来确定椭圆长轴（或短轴）的长度，如图 4.3.14 所示。

　　Step4. 在绘图区再单击一点或右击鼠标选择适当的命令来确定第三点的参数，方法参照 Step3，完成椭圆的绘制。

方法三

　　Step1. 单击"圆"命令按钮 ⬤ 中的 ▾，再单击 ⬤ 按钮。

　　Step2. 在绘图区单击一点，放置椭圆的第一个顶点，然后确定椭圆的第二个顶点，这样就确定了椭圆的一条轴。

　　Step3. 选择 草绘 ➡ ✚ 草绘器首选项 命令，用捕捉工具（如捕捉与参照相切约束）确定椭圆的大小，如图 4.3.15 所示，捕捉相切约束确定椭圆大小。

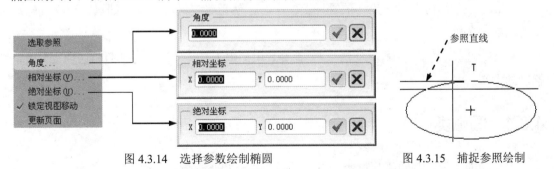

　　　图 4.3.14　选择参数绘制椭圆　　　　　　　图 4.3.15　捕捉参照绘制

4．通过确定中心和长轴绘制椭圆（⬤）

用这种方法绘制椭圆，首先确定中心位置，再指定一点作为长轴的一个端点，最后确定短轴，操作方法有如下三种。

方法一

Step1. 单击"圆"命令按钮 中的 ，再单击 按钮。

Step2. 在绘图区单击一点，放置椭圆的中心，这时移动鼠标可以看到一条长度随光标的十字线移动而变化的线段，如图 4.3.16a 所示。

Step3. 再单击一点，生成椭圆的一条轴，这时随鼠标的移动会生成一个形状变化的椭圆，如图 4.3.16b 所示。

Step4. 将椭圆调整到合适大小，单击鼠标完成椭圆的绘制，如图 4.3.16c 所示。

a) 确定中心   b) 确定第一个端点   c) 绘制完成

图 4.3.16　绘制椭圆

方法二

Step1. 单击"圆"命令按钮 中的 ，再单击 按钮。

Step2. 在绘图区单击一点，放置椭圆的中心。

Step3. 单击右键，在弹出的快捷菜单中选择适当的命令确定椭圆长轴的长度。

Step4. 将椭圆调整到合适的大小，单击鼠标完成椭圆的绘制，或者右击鼠标选择适当的命令来确定第三点的参数，方法参照 Step3。

方法三

Step1. 单击"圆"命令按钮 中的 ，再单击 按钮。

Step2. 在绘图区单击一点，放置椭圆的中心，然后确定椭圆的一个端点，这样就确定了椭圆的一条轴。

Step3. 选择 草绘 ➡ ╋ 草绘器首选项 命令，用捕捉工具（如捕捉与参照相切约束）确定椭圆的大小。

4.3.4　圆弧类

主要功能用于绘制圆弧，可绘制三点圆弧、指定圆心画弧。

1. 绘制三点圆弧 （ ）

选出三个点确定圆弧，其中前两个点为圆弧端点，第三个点用于确定圆弧半径。绘制方法有三种。

方法一

Step1. 单击"圆弧"命令按钮 ⌒▾ 中的 ▾，再单击 ⌒ 按钮。

Step2. 在绘图区单击一点，放置圆弧的第一个端点，这时移动鼠标可以看到一条长度随光标的十字线移动而变化的线段，如图 4.3.17a 所示。

Step3. 在合适位置单击，生成圆弧的另一个端点，这时随鼠标的移动会生成一个形状变化的圆弧，如图 4.3.17b 所示。

Step4. 将圆弧调整到合适形状，单击鼠标完成圆弧的绘制，如图 4.3.17c 所示。

图 4.3.17　绘制椭圆

方法二

Step1. 单击"圆弧"命令按钮 ⌒▾ 中的 ▾，再单击 ⌒ 按钮。

Step2. 在绘图区单击一点，放置圆弧的第一个端点。

Step3. 右击鼠标，在弹出的快捷菜单中选择适当的命令来确定第二个点的位置。

Step4. 将圆弧调整到合适形状，单击鼠标完成圆弧的绘制，或者右击鼠标，在弹出的快捷菜单中选择适当的命令来确定第三点的参数，完成圆弧的绘制。

方法三

Step1. 单击"圆弧"命令按钮 ⌒▾ 中的 ▾，再单击 ⌒ 按钮。

Step2. 在绘图区单击一点，放置圆弧的第一个端点，再确定圆弧的另外一个端点。

Step3. 选择 草绘 ➡ ✛ 草绘器首选项 命令，用捕捉工具（如捕捉参照中点）确定圆弧的大小。

2. 指定圆心画弧（⌒）

选出三个点确定圆弧，其中第一个点为圆心，第二个和第三个点为圆弧端点，绘制方法有三种。

方法一

Step1. 单击"圆弧"命令按钮 ⌒▾ 中的 ▾，再单击 ⌒ 按钮。

Step2. 在绘图区单击一点确定圆心，这时移动鼠标可以看到一个大小随光标的十字线移动而变化的圆，其圆心固定，半径是圆心到鼠标指针的距离，如图 4.3.18a 所示。

　　Step3. 圆大小合适后单击鼠标左键，生成圆弧的一个端点，这时随鼠标的移动会生成一条长度变化的圆弧，如图 4.3.18b 所示。

　　Step4. 将圆弧调整到合适形状，单击鼠标完成圆弧的绘制，如图 4.3.18c 所示。

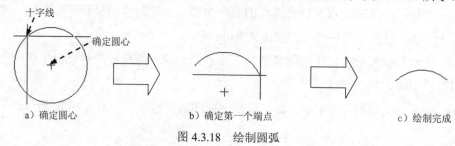

a）确定圆心　　　　　b）确定第一个端点　　　　　c）绘制完成

图 4.3.18　绘制圆弧

方法二

　　Step1. 单击"圆弧"命令按钮 中的 ，再单击 按钮。

　　Step2. 在绘图区单击一点确定圆心，这时移动鼠标可以看到一个大小随光标的十字线移动而变化的圆，其圆心固定，半径是圆心到鼠标指针的距离。

　　Step3. 右击鼠标，在弹出的快捷菜单中选择适当的命令来确定第二点的位置。

　　Step4. 将圆弧调整到合适形状，单击鼠标完成圆弧的绘制，或者右击鼠标，在弹出的快捷菜单中选择适当的命令来确定第三点的参数，方法参照 Step3，完成圆弧的绘制。

方法三

　　Step1. 单击"圆弧"命令按钮 中的 ，再单击 按钮。

　　Step2. 在绘图区单击一点，放置圆弧的圆心，再确定圆弧的第一个端点。

　　Step3. 选择 草绘 ➡ 草绘器首选项 命令，用捕捉工具，选取直线为参照对象，如捕捉直线上的点，确定圆弧的大小。

　　说明：对于圆弧，也可以改变其直径的长度，修改方法与圆相同，在此不再赘述。

4.3.5　倒圆角

倒圆角工具的主要功能是绘制两线段的圆形倒角（ ），其操作的一般过程如下。

　　Step1. 将工作目录设置至 D:\proewf5.7\work\ch04.03.05，打开工程图文件 round.drw。

　　Step2.单击工具栏中的"绘制圆角"按钮 。

　　Step3. 在系统 选取草绘图元或模型边以用作圆角参照。 的提示下，按住 Ctrl 键选取要倒圆角的第一条边和第二条边，如图 4.3.19a 所示。

　　Step4. 单击中键，系统弹出图 4.3.19b 所示的"圆角属性"对话框，在 半径值 文本框中输入值 5，在 修剪造型 下拉列表中选取 完全修剪 选项，单击 确定 按钮，完成后如图 4.3.19c 所示。

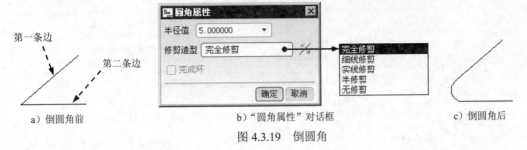

a）倒圆角前　　　　　　b）"圆角属性"对话框　　　　c）倒圆角后

图 4.3.19　倒圆角

4.3.6　倒角

倒角工具的主要功能是绘制倒角（ ），其操作的一般过程如下。

Step1. 将工作目录设置至 D:\proewf5.7\work\ch04.03.06，打开图 4.3.20 所示的工程图文件 chamfer.drw。

Step2. 单击工具栏中的"绘制圆角"按钮 ，在 选取草绘图元或模型边以用作倒角参照。 的提示下，按住 Ctrl 键选取图 4.3.20 中的两直线，单击中键，此时系统弹出图 4.3.21 所示的"倒角属性"对话框。在 类型 下拉列表中有四种创建倒角的方式。

① 在 类型 下拉列表中选取 45 x D 选项，在 D 文本框中输入倒角尺寸 8，在 修剪造型 下拉列表中选取 完全修剪 选项，单击 确定 按钮。倒角结果如图 4.3.22 所示。

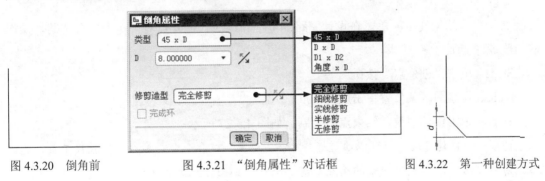

图 4.3.20　倒角前　　　图 4.3.21　"倒角属性"对话框　　　图 4.3.22　第一种创建方式

② 在 类型 下拉列表中选取 D x D 选项，在 D 文本框中输入倒角尺寸 8，在 修剪造型 下拉列表中选取 完全修剪 选项，单击 确定 按钮。倒角结果如图 4.3.23 所示。

③ 在 类型 下拉列表中选取 D1 x D2 选项，在 D1 文本框中输入倒角尺寸 4，在 D2 文本框中输入倒角尺寸 8，在 修剪造型 下拉列表中选取 完全修剪 选项，单击 确定 按钮。倒角结果如图 4.3.24 所示。

④ 在 类型 下拉列表中选取 角度 x D 选项，在 角 文本框中输入倒角角度 60，在 D 文本框中输入倒角尺寸 8，在 修剪造型 下拉列表中选取 完全修剪 选项，单击 确定 按钮。倒角结果如图 4.3.25 所示。

说明：倒角尺寸 *D* 和角度 *Ang* 所代表的尺寸如上述各图中所示。

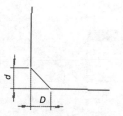
图 4.3.23　第二种创建方式

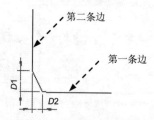
图 4.3.24　第三种创建方式

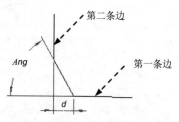
图 4.3.25　第四种创建方式

4.3.7　样条曲线

样条曲线（〜）是通过任意多个中间点的平滑曲线，其操作的一般过程如下。

Step1. 单击"样条曲线"按钮〜。

Step2. 单击一系列点，可观察到一条平滑的曲线附在鼠标指针上。

Step3. 单击鼠标中键，结束样条曲线的绘制，如图 4.3.26 所示。

注意：当编辑样条曲线时，只需选中样条曲线，拖动各个控制点即可对样条曲线进行编辑。

4.3.8　点

点（ˣ）的创建很简单。在设计管路和电缆布线时，创建点对工作十分有帮助，操作的一般过程如下。

Step1. 单击"创建点"按钮ˣ。

Step2. 在绘图区某位置单击放置该点。

Step3. 单击鼠标中键，结束点的绘制，如图 4.3.27 所示。

注意：在创建点时，还可以通过选择 草绘 ➡ ╋草绘器首选项 命令，用捕捉工具，选取曲线为参照对象，如捕捉曲线的端点创建一个点，如图 4.3.28 所示。

图 4.3.26　样条曲线　　　　图 4.3.27　直接创建点　　　　图 4.3.28　根据参照创建点

4.3.9　偏移类

偏移类主要分为使用边和曲线偏移。

1. 使用边（▫）

使用边操作的一般过程如下。

Step1. 将工作目录设置至 D:\proewf5.7\work\ch04.03.09，打开工程图文件 border_copy.drw。

Step2. 单击"偏移类"命令按钮 中的，再单击 按钮。

Step3. 在系统 选取要使用的边。的提示下，选取图 4.3.29a 所示的边线，单击中键，完成图元的创建，如图 4.3.29b 所示。

Step4. 单击 Step3 中生成的边线并拖动，如图 4.3.29c 所示，说明使用边操作完成。

a）操作前　　　　　　　　b）生成图元　　　　　　　c）拖动生成的边

图 4.3.29　使用边操作

2. 曲线偏移（ ）

曲线偏移操作的一般过程如下。

Step1. 将工作目录设置至 D:\proewf5.7\work\ch04.03.09，打开工程图文件 curver_excursion.drw。

Step2. 单击"偏移类"命令按钮 中的，再单击 按钮，系统弹出图 4.3.30 所示的 OFFSET OPER（偏移操作）菜单和图 4.3.31 所示的"选取"对话框。

图 4.3.30　"偏移操作"菜单　　　　　图 4.3.31　"选取"对话框

Step3. 在系统 选取图元。的提示下，选取图 4.3.32a 所示的边线，选中后边线显示如图 4.3.32b 所示。

Step4. 在系统 于箭头方向输入偏移[退出] 的提示下，输入偏距值 2，单击 按钮，结果如图 4.3.32c 所示。

Step5. 单击"选取"对话框中的 确定 按钮，再单击中键，关闭 OFFSET OPER（偏移操作）菜单。

a）操作前　　　　　　　b）选中偏移对象后　　　　　　c）操作后

图 4.3.32　曲线偏移操作

4.3.10 镜像

镜像操作（ 镜像 ）用于作某个图元关于镜像中心线的对称图元，其操作的一般过程如下。

Step1. 将工作目录设置至 D:\proewf5.7\work\ch04.03.10，打开工程图文件 mirror_image.drw。

Step2. 选择 草绘 ➡ 排列 ▾ ➡ 镜像 命令。

Step3. 在系统 选取 2d 图元。 的提示下，框选图 4.3.33a 所示的整个图形，单击中键完成。

Step4. 在系统 选取直图元（拔模线、基准平面、轴、捕捉线、模型边）进行镜像。 的提示下，选取图 4.3.33a 所示的中心线为镜像的中心线，完成镜像操作后的结果如图 4.3.33b 所示。

图 4.3.33 镜像操作

注意：在镜像操作时，如果没有可用的中心线，可以用"绘制中心线"命令绘制一条中心线。

4.4 连续图元的绘制与链

在工程图模块中，当绘制连续图元时，可以启用"链草绘"命令。在草绘的过程中，当启用了"链草绘"命令后，前一个图元的终点会自动充当下一个图元的起点。下面以图 4.4.1 所示的连续图元为例，说明绘制连续图元的过程。

Step1. 将工作目录设置至 D:\proewf5.7\work\ch04.04，打开工程图文件 chain.drw。

Step2. 选择下拉菜单 草绘 ➡ 草绘器首选项 命令，系统弹出图 4.4.2 所示的"草绘首选项"对话框，在草绘工具区域中选中 ☑ 链草绘 复选框，单击 关闭 按钮。

说明：在草绘面板中单击 链 按钮，也可以启用"链草绘"功能。

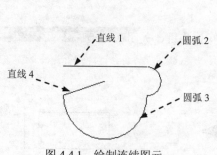

图 4.4.1 绘制连续图元

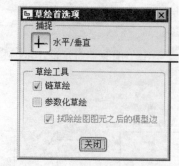

图 4.4.2 "草绘首选项"对话框

Step3. 首先单击 按钮绘制直线 1，接着单击 按钮，在系统 选取弧的起点。 的提示下，选取直线 1 的终点为圆弧 2 的起点，绘制圆弧 2；然后绘制圆弧 3 和直线 4（选取圆弧 2 的终点为圆弧 3 的起点，圆弧 3 的终点为直线 4 的起点）。

Step4. 单击鼠标中键完成连续图元的绘制。

说明：

- 链创建完毕后，可分别删除或编辑单独的图元。如果不启动链，用户只能绘制单个的图元，例如单个的直线、圆或圆弧。
- 如果圆和椭圆中心相同，也可将其链接起来。建立了链的第一个椭圆或圆中心后，系统将把它用于随后的每个圆或椭圆，直到终止命令。

4.5　参数化关联

在工程图的草绘过程中，可以启用"参数化关联"命令。其功能是指：在创建某个草绘图元时，可以用其他图元作为参照，将欲绘制的图元与参照图元进行参数化关联，被参照的对象成为"父项"，关联后的图元只能随父项的移动而移动，即关联图元不能在不受参照图元约束的情况下移动。

下面以图 4.5.1 所示的参数化关联图元为例，详细说明创建参数化关联图元的基本过程。

Step1. 将工作目录设置至 D:\proewf5.7\work\ch04.05，打开工程图文件 associate.drw。

Step2. 选择 草绘 ➡ ┼草绘器首选项 命令，系统弹出图 4.5.2 所示的"草绘首选项"对话框，在 草绘工具 区域中选中 ☑ 参数化草绘 复选框，单击 关闭 按钮，启动"参数化草绘"功能。

说明：在草绘面板中按下 参数化草绘 按钮，也可以启用"参数化草绘"功能。

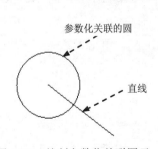

图 4.5.1　绘制参数化关联图元

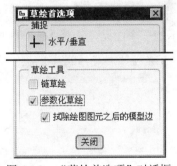

图 4.5.2　"草绘首选项"对话框

Step3. 选择"圆"命令按钮 ◯。

Step4. 选取关联参照图元。单击图 4.5.3 所示的"参照"对话框中的"选取"按钮 ，系统弹出图 4.5.4 所示的"选取"对话框，选取直线，再单击中键。

说明：该直线成为当前的关联参照图元，也同时成为捕捉参照图元。

Step5. 绘制关联圆。绘制图 4.5.1 中所示的圆。

Step6. 单击中键，结束图元的绘制。

图 4.5.3　"参照"对话框

图 4.5.4　"选取"对话框

Step7. 验证关联性。单击刚才绘制的关联圆，无法移动此圆；单击直线，将鼠标指针置于直线上，待其以四箭头的形式显示时，按住鼠标左键并移动鼠标，则圆随着直线的移动而移动。

说明： 关联图元必须连接到参照图元或互相之间相连。可使用任何图元（包括视图中零件的边线）作为关联的参照。

4.6　绘制图元组

几何图元创建后，可以选取和移动。要想让绘制的图元彼此间保持相对位置，可以通过创建一个独立的图元组来实现。如图 4.6.1 所示，可以使圆弧和直线成为一个图元组。操作的一般过程如下。

Step1. 将工作目录设置至 D:\proewf5.7\work\ch04.06，打开工程图文件 group.drw。

Step2. 选择下拉菜单 编辑(E) ➡ 绘制组(G) 命令，系统弹出 ▼ DRAFT GROUP（绘制组） 菜单。

Step3. 选择 Create（创建） 命令，在系统 ➡ 选取草图图元来创建组。的提示下，按住 Ctrl 键选取图 4.6.1 中所示的三个图元，选择 Done/Return（完成/返回） 命令。

Step4. 在系统 ➡ 输入组名[退出] 的提示下，输入 "group"，单击 "完成" 按钮 ☑。

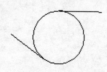

图 4.6.1　图元成组

4.7　编辑草绘图元

在绘图初步结束后，对草绘图的编辑是很必要的。在 草绘 面板中，如图 4.7.1 所示，可以看到常用的编辑工具，本节将详细介绍各个工具的用法。

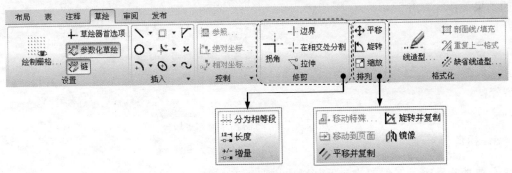

图 4.7.1　草绘编辑工具

4.7.1　修剪

1. 在相交处分割

主要功能是在两图元的交点处将图元分割开，操作步骤如下。

Step1. 将工作目录设置至 D:\proewf5.7\work\ch04.07.01，打开工程图文件 prune.drw。

Step2. 选择 草绘 ➡ 在相交处分割 命令（或者选中一个图元后右击，在弹出的图 4.7.2 所示的快捷菜单中选择 在相交处分割(I) 命令）。

Step3. 在系统 选取两个图元。 的提示下，按住 Ctrl 键选取图 4.7.3a 所示的两个图元（两直线）。

Step4. 单击中键完成分割，此时图元已经被分成四个部分，如图 4.7.3b 所示，可分别移动这四个部分。

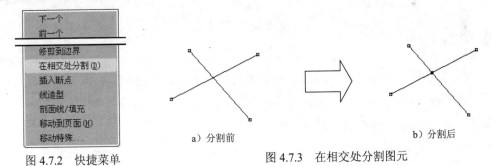

图 4.7.2　快捷菜单　　　　　　a）分割前　　　　　　　　b）分割后

图 4.7.3　在相交处分割图元

2. 分为相等段

主要功能是将图元分为相等的数段，操作步骤如下。

Step1. 将工作目录设置至 D:\proewf5.7\work\ch04.07.01，打开工程图文件 part.drw。

Step2. 选择下拉菜单 草绘 ➡ 修剪 ▼ ➡ 分为相等段 命令。

Step3. 在系统 选取要分割的图元。 的提示下，选取图元，单击中键完成选取，如图 4.7.4a 所示。

Step4. 在系统 输入相同线段的数目［退出］ 的提示下，输入值 8，单击"完成"按钮 ☑。完成后的结果如图 4.7.4b 所示。

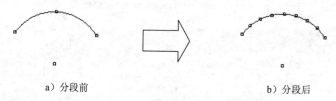

a）分段前　　　　　　　　　　　　　　b）分段后

图 4.7.4　将图元分为相等段

3. 拐角

主要功能是用于拐角的修剪，其操作步骤如下。

Step1. 将工作目录设置至 D:\proewf5.7\work\ch04.07.01，打开工程图文件 conner.drw。

Step2. 选择 草绘 ➡ 拐角 命令。

Step3. 在系统 选取要修整的两个图元。的提示下，按住 Ctrl 键选取图 4.7.5a 所示的两个图元，单击鼠标中键完成操作，如图 4.7.5b 所示。

注意： 在选取图元时，要注意选取图元的部位，修剪完成后，图元上被选中的部分将被保留，其余部分被裁剪。

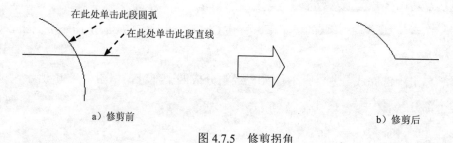

a）修剪前　　　　　　　　　　　　　　b）修剪后

图 4.7.5　修剪拐角

4. 边界

主要功能是以一个图元作为边界，对其他选中的图元进行修剪。被修剪的图元如果与作为边界的图元相交，则被修剪到图元上；如果被修剪图元与作为边界的图元不相交，则被自动延伸至图元上，操作的一般过程如下。

Step1. 将工作目录设置至 D:\proewf5.7\work\ch04.07.01，打开工程图文件 borderline.drw。

Step2. 选择 草绘 ➡ 边界 命令。

Step3. 在系统 选取一个裁剪至的边界实体或点。的提示下，选取图 4.7.6a 所示的圆弧作为边界。

Step4. 在系统 选择要修整的实体。的提示下，选取图 4.7.6a 所示的第一条直线进行修剪。

注意： 在选取被修剪图元时，要注意选取图元的部位，修剪完成后，图元上被选中的部分将被保留。

Step5. 在系统 选择要修整的实体。的提示下，选取图 4.7.6a 所示的第二条直线进行修剪。

Step6. 完成修剪后，单击鼠标中键完成修剪，如图 4.7.6b 所示。

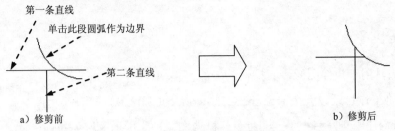

图 4.7.6　边界修剪

5．长度

长度工具用于修剪图元的长度，如果修剪前图元长度大于输入长度，图元则自动修剪至输入长度；如果修剪前图元长度小于输入长度，图元则自动延伸至输入长度，操作步骤如下。

Step1. 将工作目录设置至 D:\proewf5.7\work\ch04.07.01，打开工程图文件 length.drw。

Step2. 选择 草绘 ➡ 修剪 ▼ ➡ 12-1 长度 命令。

Step3. 在系统 输入所需的长度 [退出] 的提示下，输入值 120，单击"完成"按钮 ✓。

Step4. 选取图 4.7.7a 所示的图元端点，单击鼠标中键完成修剪，修剪后如图 4.7.7b 所示。

注意：在选取图元时，要注意选取图元的部位，鼠标指针选中的一端将被修剪，而另一端保持不变。

图 4.7.7　修剪长度

6．增量

增量工具也是用于修剪图元的长度，其和长度工具的区别在于，它以增量的形式给出所需修剪的图元的长度，操作步骤如下。

Step1. 将工作目录设置至 D:\proewf5.7\work\ch04.07.01，打开工程图文件 increment.drw。

Step2. 选择 草绘 ➡ 修剪 ▼ ➡ +/- 增量 命令。

Step3. 在系统 输入增量的长度 [退出] 的提示下，输入值 50，单击"完成"按钮 ✓。

Step4. 选取图 4.7.8a 所示的图元端点，单击鼠标中键完成修剪，如图 4.7.8b 所示。

图 4.7.8　修剪增量

注意： 在选取图元时，要注意选取图元的部位，鼠标指针选中的一端将被延伸，而另一端保持不变。

7．拉伸

拉伸工具用于拉伸图元，其操作的一般步骤如下。

Step1. 将工作目录设置至 D:\proewf5.7\work\ch04.07.01，打开工程图文件 extend.drw。

Step2. 选择 草绘 ➡ 拉伸命令，框选图 4.7.9a 所示区域为拉伸图元。

Step3. 系统弹出 ▼ GET VECTOR（得到向量）菜单，选择 Horiz（水平）命令，在系统 ⇨ 输入值［退出］的提示下，输入值 30，单击 ✔ 按钮，如图 4.7.9b 所示。

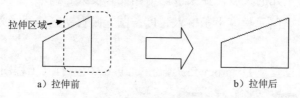

拉伸区域

a）拉伸前   b）拉伸后

图 4.7.9　图元的拉伸

4.7.2　变换

1．平移、平移并复制

（1）平移。平移工具用于移动 2D 图元、注释和标注。平移可以使用参数来精确地移动对象，其操作过程如下。

Step1. 将工作目录设置至 D:\proewf5.7\work\ch04.07.02，打开工程图文件 move.drw。

Step2. 选择 草绘 ➡ 平移命令，选取图 4.7.10 所示的圆弧作为平移对象，单击鼠标中键，系统弹出图 4.7.11 所示的 ▼ GET VECTOR（得到向量）菜单。

要平移的圆弧

图 4.7.10　选取要平移图元

图 4.7.11　"得到向量"菜单

图 4.7.11 所示"得到向量"菜单中部分命令的功能说明如下。

● Horiz（水平）：选取该命令后，图元水平移动，在系统 ⇨ 输入值［退出］的提示下，输入值 20，单击鼠标中键完成移动，如图 4.7.12 所示。

● Vert（竖直）：选取该命令后，图元垂直移动。在系统 ⇨ 输入值［退出］的提示下，输入值

20，单击鼠标中键完成移动，如图 4.7.13 所示。

- Ang/Length (角/长度)：选取该命令后，图元以极坐标的形式旋转，初始选择点为极坐标的零点。在系统 ⇨ 输入逆时针方向的旋转角[退出]的提示下，输入值-45，单击鼠标中键，然后在系统 ⇨ 在指明方向上偏距[退出]的提示下，输入值 20，单击鼠标中键完成移动，如图 4.7.14 所示。

图 4.7.12　水平移动图元　　　图 4.7.13　垂直移动图元　　　图 4.7.14　角、长度移动图元

- From - To (起始-终止)：选取该命令后，用菜单给定的方法指定起始点和终点移动图元。在系统 ⇨ 定义平移向量。选出第一个点。的提示下，选取图 4.7.15a 所示的第一点为起点，然后在系统 ⇨ 选出最终目标点。的提示下，选取图 4.7.15a 所示的第二点作为终点，完成后，如图 4.7.15b 所示。

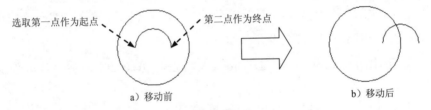

a）移动前　　　　　　　　　　　　　b）移动后

图 4.7.15　指定起始与终点移动图元

（2）平移并复制。平移并复制工具与平移工具的操作相似，不同点在于平移后，图元在指定移动方向上生成所需数量的图元。在此仅以水平移动为例介绍该操作的用法。

Step1. 将工作目录设置至 D:\proewf5.7\work\ch04.07.02，打开工程图文件 move_copy.drw。

Step2. 选择 草绘 ➡ 排列 ▾ ➡ 平移并复制命令，选取图 4.7.16a 所示的圆弧作为平移对象，单击鼠标中键，系统弹出 ▼ GET VECTOR (得到向量) 菜单。

Step3. 选择 Horiz (水平) 命令，在系统 ⇨ 输入值[退出]的提示下，输入值 20，单击 ✓ 按钮。

Step4. 在系统 ⇨ 输入复制数[退出]的提示下，输入值 2，单击 ✓ 按钮，完成后图元如图 4.7.16b 所示。

说明：在 ▼ GET VECTOR (得到向量) 菜单中除选择 Horiz (水平) 命令外，还可以选择 Vert (竖直)、Ang/Length (角/长度) 和 From - To (起始-终止) 命令，进行图元的平移并复制操作，其操作方法类似平移中的操作，在此不再赘述。

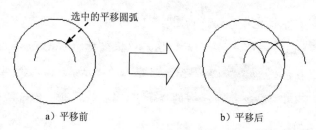

a）平移前   b）平移后

图 4.7.16   平移并复制图元

2. 旋转、旋转并复制

旋转。 旋转 工具用于将选中图元进行旋转，其一般操作过程如下。

Step1. 将 工 作 目 录 设 置 至 D:\proewf5.7\work\ch04.07.02 ， 打 开 工 程 图 文 件 circumgyrate.drw。

Step2. 选择 草绘 ➡ 旋转 命令，选取图 4.7.17a 所示的圆弧作为旋转对象，单击鼠标中键，系统弹出 ▼ GET POINT（获得点）菜单。

Step3. 选取图 4.7.17a 所示的端点为旋转的中心点，然后在 输入逆时针方向的旋转角［退出］的提示下，输入值 90，单击 按钮完成旋转，旋转后如图 4.7.17b 所示。

旋转并复制。 旋转并复制 与旋转工具的操作相似，不同点在于旋转后，图元在指定移动方向上生成所需数量的图元，其一般操作步骤如下。

Step1. 将 工 作 目 录 设 置 至 D:\proewf5.7\work\ch04.07.02 ， 打 开 工 程 图 文 件 circumgyrate_copy.drw。

Step2. 选择 草绘 ➡ 排列 ▼ ➡ 旋转并复制 命令，选取图 4.7.18a 所示的圆弧作为旋转对象，单击鼠标中键，系统弹出 ▼ GET POINT（获得点）菜单。

Step3. 在系统 选取旋转的中心点。的提示下，选取图 4.7.18a 所示的端点为旋转的中心点，然后在系统 输入逆时针方向的旋转角［退出］的提示下，输入值 90，单击 按钮。

Step4. 在系统 输入复制数［退出］的提示下，输入值 3，单击 按钮完成旋转，旋转后如图 4.7.18b 所示。

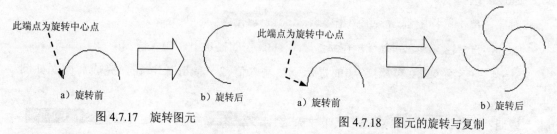

此端点为旋转中心点   此端点为旋转中心点

a）旋转前   b）旋转后   a）旋转前   b）旋转后

图 4.7.17   旋转图元   图 4.7.18   图元的旋转与复制

3. 重定比例

缩放 工具用于对 2D 图元进行缩放，其操作的一般步骤如下。

Step1. 将 工 作 目 录 设 置 至　D:\proewf5.7\work\ch04.07.02，打 开 工 程 图 文 件 proportion.drw。

Step2. 选择 草绘 ➡ ⊡缩放 命令，选取图 4.7.19a 所示的圆为缩放图元，单击鼠标中键。

Step3. 在系统 ▷为缩放选择源点. 的提示下，选取图 4.7.19a 所示的直线交点为缩放原点。

Step4. 在系统 ▷输入比例[退出] 的提示下，输入值 0.5，单击 ☑ 按钮，完成后如图 4.7.19b 所示。

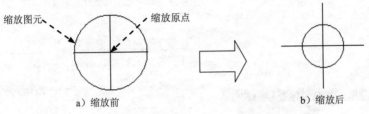

a）缩放前　　　　　　　　　　　　b）缩放后

图 4.7.19　重定图元的比例

4．镜像

🔘镜像 工具主要用于镜像 2D 图元，其功能与草绘工具中的"镜像"工具作用相同。可以通过选择 草绘 ➡ 排列 ▾ ➡ 🔘镜像 命令进行操作，在此不再赘述。

4.7.3　修改线体

工程图通常都具有许多图元，因此当图元创建完毕后，为了满足不同的要求，需要对各线型或者样式进行修改，使图元容易辨别、清晰美观。

修改线体操作的一般步骤如下。

Step1. 将 工 作 目 录 设 置 至　D:\proewf5.7\work\ch04.07.03，打 开 工 程 图 文 件 modify_line_style.drw。

Step2. 双击图 4.7.20a 所示的图元，系统弹出图 4.7.21 所示的"修改线造型"对话框，其中包含 复制自 和 属性 两个区域。

- 在 复制自 区域中包含两个选项。
  - ☑ 样式 可以使用"样式"下拉列表中已有的线体类型进行设置，线体中内容如图 4.7.21 所示。
  - ☑ 绘图 其后的"选取线"按钮可以将工程图中已有的其他图元的线型复制至选中的图元上。
- 在 属性 区域中包含三个选项。
  - ☑ 线型：从下拉列表中选取所需线型，线型的部分内容如图 4.7.21 所示。
  - ☑ 宽度：设置线宽。

☑ 颜色：设置颜色，颜色中的内容如图 4.7.21 所示。

Step3. 按照图 4.7.21 所示的"修改线造型"对话框中的参数来设置，单击 应用 按钮，则图 4.7.20a 中的图元线型被修改成图 4.7.20b 所示的线型。

a）修改前　　　　　　　　　　b）修改后

图 4.7.20　修改线体

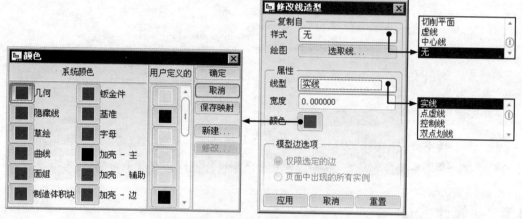

图 4.7.21　"修改线造型"对话框

4.8　草绘图的填充（剖面线）

在工程图的草绘模式下，草绘图填充的主要功能是为封闭区域的图元创建剖面线，其创建过程如下。

Step1. 将工作目录设置至 D:\proewf5.7\work\ch04.08，打开文件 hatched.drw。

Step2. 框选图 4.8.1a 所示的整个图元，然后选择 草绘 ➡ 剖面线/填充 命令。

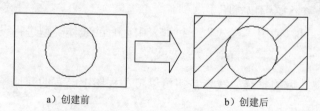

a）创建前　　　　　　　　　　b）创建后

图 4.8.1　为图元创建剖面线

Step3. 在系统 ⇨输入横截面 的提示下，输入"sect"，单击 ☑ 按钮，系统弹出 ▼ MOD XHATCH（修改剖面线）菜单。

Step4. 选择 `Spacing (间距)` ➡ `Value (值)` 命令，在系统 ⬛输入间距值 的提示下，输入值 20，单击 ☑按钮，即可看到已创建的剖面线，如图 4.8.1b 所示。

Step5. 选择 `Done (完成)` 命令，关闭 ▼ `MOD XHATCH (修改剖面线)` 菜单。

说明：在 `Spacing (间距)` 下拉菜单中，还可选择 `Half (一半)` 或 `Double (加倍)` 来修改剖面线的间距，如图 4.8.2 所示。

a）剖面线间距减半　　　　　　b）剖面线原间距　　　　　　c）剖面线间距加倍

图 4.8.2　　修改剖面线

4.9　工程图的二维草绘范例

4.9.1　范例 1

范例概述

本范例是一个简单的初步草绘，其中应用到了"线""圆弧""镜像"等命令，其创建过程如下。

Stage1. 新建一个草绘文件

Step1. 将工作目录设置至 D:\proewf5.7\work\ch04.09.01。

Step2. 在工具栏中单击"新建"按钮 ⬛，系统弹出"新建"对话框。

Step3. 在"新建"对话框中进行下列操作。

（1）在该对话框中选中 ◉ ⬛ 绘图 单选项。

（2）在 名称 文本框中输入工程图名称 example1。

（3）取消选中 ⬛ 使用缺省模板 复选框。

（4）单击该对话框中的 确定 按钮。

Step4. 在系统弹出的"新建绘图"对话框中进行如下操作。

（1）在 缺省模型 区域中设置为 无。

（2）在 指定模板 区域中选中 ◉ 空 单选项。

（3）在 方向 区域中选取"横向"。

（4）在 大小 区域中选取纸张大小为 C。

Step5. 单击该对话框中的 确定 按钮，进入工程图环境。

Stage2. 绘图前的准备（设置栅格）

Step1. 选择 视图(V) ➡️ 绘制栅格(G)... 命令，系统弹出 ▼ GRID MODIFY（栅格修改）菜单。

Step2. 选择 Show Grid（显示栅格）命令，在绘图区显示栅格（若网格间距太密，系统会提示 ▣网格太密而不能显示。）。

Step3. 修改网格参数。上下滚动中键，栅格会随之缩小或放大显示，如图 4.9.1 所示，但实际栅格参数并未发生变化，修改栅格参数需进行如下操作。

（1）修改栅格间距。在 ▼ GRID MODIFY（栅格修改）菜单中选择 Grid Params（栅格参数）命令，再选择 X&Y Spacing（X&Y坐标单位）命令，在系统提示 输入新的栅格间距 下，输入新的间距值 1，单击 ✓ 按钮。

（2）选择 ▼ CART PARAMS（直角坐标系参数）菜单中的 Done/Return（完成/返回）命令，然后单击中键，退出该菜单。

Stage3. 绘制草图

Step1. 绘制交叉构造线。

（1）选择 草绘 ➡️ ➕草绘器首选项 命令，打开"草绘首选项"对话框，单击"水平/垂直"按钮 ➕、"栅格交点"按钮 ◥ 和"顶点" ◿ 按钮，如图 4.9.2 所示；然后单击"草绘首选项"对话框中的 关闭 按钮，关闭"草绘首选项"对话框。

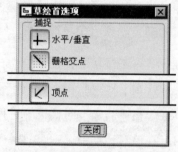

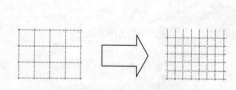

图 4.9.1　向上滚动中键栅格变化　　　　图 4.9.2　"草绘首选项"对话框

（2）单击工具栏中"创建直线"命令按钮 ╲˙ 中的 ˙，再单击创建"交叉构造线"按钮 ✕ 。

（3）在绘图区中部的栅格交点上单击放置交叉构造线的交点，再单击放置另一点（使直线自动捕捉水平方向，且第二个端点也自动捕捉到栅格交叉点上），单击中键。交叉构造线绘制完成。

说明：显示栅格后，应上下滚动中键，调整栅格的疏密到合适的程度；显示栅格后，工程图页面的边框、交叉构造线和栅格线容易混淆，注意辨别。

Step2. 绘制圆弧。

（1）单击工具栏中"创建弧"命令按钮 ⌒˙ 中的 ˙，再单击"通过选取圆弧中心和端点来创建弧"按钮 。

（2）在系统 选取弧的中心. 的提示下，在距离交叉构造线中心点左侧四个网格的位置选取一点作为圆弧中心。

（3）在系统 选取弧的起点. 的提示下，在圆弧中心点上方三个网格的位置选取一点作为圆弧起点。

（4）在系统 选取弧的终止点. 的提示下，在距离圆弧中心点左侧三个网格的位置选取一点作为圆弧终点。

（5）单击鼠标中键，结束圆弧的绘制。

Step3. 绘制直线段。

（1）单击"创建直线"命令按钮 。

（2）选取 Step2 中所绘制的圆弧的起点作为直线段的起点，再在以直线段的起点水平向右四个栅格的位置选取一点作为直线段的终点。

（3）单击中键，结束直线段的绘制，到此完成初步绘制，如图 4.9.3 所示。

Step4. 镜像图元（一）。

（1）选择 草绘 ➡ 排列 ▼ ➡ 镜像 命令。

（2）框选前面绘制的图元。

（3）单击"选取"对话框中的 确定 按钮。

（4）在系统 选取直图元（修模线、基准平面、轴、捕捉线、模型边）进行镜像. 的提示下，选取水平的构造线为镜像中心线，即可看到所选图元被镜像到镜像中心线下方，如图 4.9.4 所示。

Step5. 镜像图元（二）。

（1）选择 草绘 ➡ 排列 ▼ ➡ 镜像 命令。

（2）框选图 4.9.4 所示的整个图元区域，单击中键。

（3）选取竖直的构造线为镜像中心线，则图元被镜像到镜像中心线右侧，如图 4.9.5 所示。

Step6. 选择 视图(V) ➡ 绘制栅格(G)...命令，系统弹出 ▼ GRID MODIFY （栅格修改）菜单，选择 Hide Grid （隐藏栅格）命令，将视图中栅格隐藏，如图 4.9.6 所示，单击中键退出该菜单。

 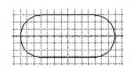 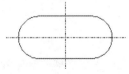

图 4.9.3　初步绘制　　图 4.9.4　镜像图元（一）　　图 4.9.5　镜像图元（二）　　图 4.9.6　隐藏栅格

Stage4. 保存文件

选择下拉菜单 文件(F) ➡ 🖫 保存(S)命令（或单击工具栏中的"保存"按钮 🖫），保存完成的文件。

4.9.2　范例 2

范例概述

　　本范例应用到"创建圆""创建直线"命令，主要体现的是"旋转与复制"命令，其创建过程如下。

Stage1．新建一个草绘文件

Step1. 将工作目录设置至 D:\proewf5.7\work\ch04.09.02。

Step2. 新建一个名为 example2 的工程图文件，取消选中 ▢ 使用缺省模板 复选框，不使用默认模板，单击 确定 按钮；系统弹出"新建绘图"对话框，将 缺省模型 设置为 无 ，在 指定模板 区域中选中 ◉ 空 单选项，在 方向 区域中选取"横向"，幅面大小选取 C ；单击 确定 按钮，进入工程图环境。

Stage2．绘制草图

Step1. 绘制圆。

（1）单击工具栏中"创建圆"命令按钮 O 。

（2）在空白区域选取一点作为圆的中心点，以任意半径绘制圆。

（3）单击鼠标中键结束绘制圆，如图 4.9.7 所示。

Step2. 绘制直线段。

（1）单击工具栏中的"创建直线"命令按钮 \ 。

（2）在系统弹出的图 4.9.8 所示的"捕捉参照"对话框中单击 按钮，选取 Step1 中所绘制的圆为参照，单击鼠标中键。

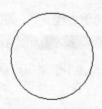

图 4.9.7　绘制圆

图 4.9.8　"捕捉参照"对话框

（3）选取圆心为直线起点，再在空白处右击；系统弹出图 4.9.9 所示的快捷菜单，选择 角度... 命令，在弹出的角度文本框后输入角度值 0，单击 ✓ 按钮；然后在圆上的参照点处单击鼠标左键。

（4）单击鼠标中键，完成直线的绘制，如图 4.9.10 所示。

Step3. 圆内直线的旋转与复制。

（1）选择 草绘 ➡ 排列 ▼ ➡ 旋转并复制 命令。

（2）选取图 4.9.10 所示的直线为变换对象，单击"选取"对话框中的 确定 按钮，在系统弹出 ▼ GET POINT（获得点）菜单中选择 Vertex（顶点）命令，选取圆心为旋转中心点。

（3）在系统 ⇨输入逆时针方向的旋转角[退出] 提示后的文本框中输入值 60，单击 ✓ 按钮。

（4）在系统 ⇨输入复制数[退出]: 提示后的文本框中输入值 5，单击 ✓ 按钮，完成直线的旋转与复制，最终效果如图 4.9.11 所示。

图 4.9.9　快捷菜单

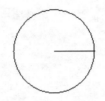
图 4.9.10　绘制圆内直线

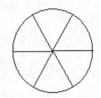
图 4.9.11　最终效果图

Stage3．保存文件

选择下拉菜单 文件(F) ➡ 🖫 保存(S) 命令（或单击工具栏中的"保存"按钮 🖫 ），保存完成的文件。

4.9.3　范例 3

范例概述

本范例应用到在已有工程图中"从边创建绘制图元""生成图元组"命令，主要体现的是"平移"命令，其创建过程如下。

Step1．将工作目录设置至 D:\proewf5.7\work\ch04.09.03，打开工程图文件 example3.drw。

Step2．使用边创建绘制图元。

（1）单击工具栏中的 🞏 按钮。

（2）在系统 ⇨选取要使用的边。的提示下，按住 Ctrl 键选取图 4.9.12a 所示的边线（右半部分内轮廓），单击"选取"对话框中的 确定 按钮，如图 4.9.12b 所示。

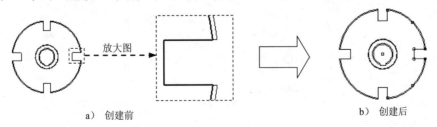

a）创建前　　　　　　　　　　　　　　　　b）创建后

图 4.9.12　创建绘制图元

Step3．生成图元组。

（1）选择下拉菜单 编辑(E) ➡ 绘制组(G) 命令，系统弹出 ▼ DRAFT GROUP（绘制组）菜单。

（2）在该菜单中选择 `Create (创建)` 命令，在系统 `选取草图图元来创建组。` 的提示下，按住 Ctrl 键选取 Step2 中刚创建的图元，选择 `Done/Return (完成/返回)` 命令。

（3）在系统 `输入组名[退出]` 的提示下，输入 "group"，单击 ✓ 按钮，完成后如图 4.9.13 所示。

Step4. 平移图元组。

（1）选择 `草绘` ➡ `平移` 命令，选取 Step3 中生成的图元组作为平移对象，单击鼠标中键，系统弹出 ▼ `GET VECTOR (得到向量)` 菜单。

（2）在该菜单中选择 `Horiz (水平)` 命令，在系统 `输入值[退出]` 的提示下，输入平移值 20，单击鼠标中键，完成后如图 4.9.14 所示。

Step5. 保存文件。

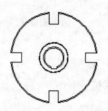

图 4.9.13　生成图元组

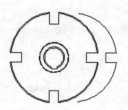

图 4.9.14　平移图元组

第 5 章　工程图标注

本章提要　标注在工程图中占有重要的地位。本章把标注分成尺寸标注、注解标注、基准标注、公差标注与符号标注几个部分来讲述，并配以适当的范例来让读者巩固所学知识。主要内容包括：

- 尺寸的标注与编辑。
- 注解的标注与编辑。
- 基准、公差的标注。
- 符号的标注。

5.1　工程图标注概述

在工程图中，标注的重要性是不言而喻的。工程图作为设计者与制造者之间交流的语言，重在向其用户反映零部件的各种信息，这些信息中的绝大部分是通过工程图中的标注来反映的。因此一张高质量的工程图必须具备充分合理的标注。

工程图中的标注种类很多，如尺寸标注、注解标注、基准标注、公差标注、表面粗糙度标注、焊接符号标注等。

- 尺寸标注：对于刚创建完视图的工程图，习惯上先添加其尺寸标注。由于在

  Pro/ENGINEER 系统中存在着两种不同类型的尺寸，添加尺寸标注一般有两种方法：

  其一是通过选择 注释 ➡️ 显示模型注释 命令来显示存在于零件模型的尺寸信息；其二是通

  过选择下拉菜单 注释 ➡️ ↦⊣ （或者 注释 ➡️ ↤⊣ ）命令手动创建尺寸。在标

  注尺寸的过程中，要注意国家制图标准中关于尺寸标注的具体规定，以免所标注

  出的尺寸不符合国标的要求。

　说明：在本书中，为了使用同一个模型的工程图来统一介绍尺寸标注的各种方法，有的方法标注的尺寸在该工程图中不一定符合国家标准，但是在其他的工程图中则可满足国标。

- 注解标注：作为加工图样的工程图很多情况下需要使用文本方式来指引性地说明零部件的加工、装配体的技术要求，这可通过添加注解来实现。Pro/ENGINEER 系统提供了多种不同的注解标注方式，可据具体情况加以选取。

- 基准标注：在 Pro/ENGINEER 系统中，基准的标注可分为模型基准和绘制基准。选择下拉菜单 注释 ➡ 插入 ▾ ➡ 🗆 模型基准平面 ▾ 命令，可创建基准面或基准轴，所创建的基准面或基准轴主要用于作为创建几何公差时公差的参照。选择下拉菜单 注释 ➡ 🗆 ▾ 命令可创建"绘制基准面""绘制基准轴""绘制基准目标"，创建的绘制基准主要用于对工程图中某些必要的内容作补充说明。

- 公差标注：公差标注主要用于对加工所需要达到的要求作相应的规定。公差包括尺寸公差和几何公差两部分：尺寸公差可通过尺寸编辑来使其显示，也可以通过设置配置文件调整尺寸公差；几何公差需通过选择下拉菜单 注释 ➡ ▦ 命令来创建。

- 表面粗糙度标注：对于零件表面有特殊要求说明的需标注表面粗糙度（光洁度）。在 Pro/ENGINEER 系统中，表面粗糙度有各种不同的符号，应根据要求选取。

- 焊接符号标注：对于有焊接要求的零件或装配体，还需要添加焊接符号。由于有不同的焊接形式，具体的焊接符号也不一样，在添加焊接符号时需要用户自己先定制一种符号，再添加到工程图中。

工程图中的各种标注都应该遵守国家标准的相关规定，养成遵守国标的习惯是成为一个优秀机械工程师的基本要求。

5.2 尺 寸 标 注

5.2.1 尺寸标注的特点与要求

1. 概述

在工程图的各种标注中，尺寸标注是最重要的一种，它有着自身的特点与要求。首先尺寸是反映零件几何形状的重要信息（对于装配体，尺寸是反映连接配合部分、关键零部件尺寸等的重要信息）。在具体的工程图尺寸标注中，应力求尺寸能全面地反映零件的几何形状，不能有遗漏的尺寸，也不能有重复的尺寸（在本书中，为了便于介绍某些尺寸的操作，并未标注出能全面反映零件几何形状的全部尺寸）；其次由于尺寸标注属于机械制图的一个必不可少的部分，标注应符合制图标准中的相关要求。

在 Pro/ENGINEER 系统中，工程图中的尺寸被分为两种类型：一是存在于系统内部数据库中的尺寸信息，它们来源于零件的三维模型的尺寸；二是用户根据具体的标注需要手动创建的尺寸。这两类尺寸的标注方法不同，功能与应用也不同。通常先显示出存在于系统内部数据库中的某些重要的尺寸信息，再根据需要手动创建某些尺寸。

2. 尺寸标注的要求

在具体标注尺寸时，应结合制图标准中的相关规定，注意相应的尺寸标注要求，以使尺寸能充分合理地反映零件的各种信息，下面简要介绍一些常见的尺寸标注的要求。

- 合理选择尺寸基准。
  - ☑ 在标注尺寸时，为了满足加工的需要，常以工件的某个加工面为基准，将各尺寸以此基准面为基准标注（即便于实现设计基准和工序基准的重合，便于安排加工工艺规程），但要注意在同一方向内，同一加工表面不能作为两个或两个以上非加工表面的基准。
  - ☑ 对于孔等具有轴线的位置标注时，应以轴线为基准标注出轴线之间的距离。
  - ☑ 对于具有对称结构的尺寸标注时，应以对称中心平面或中心线为基准标注出对称尺寸（若对称度要求高时，还应注出对称度公差）。
- 避免出现封闭的尺寸链：标注尺寸时，不能出现封闭的尺寸链，应留出其中某个封闭环。对于有参考价值的封闭环尺寸，可将其作为"参照尺寸"标注出。
- 标注的尺寸应是便于测量的尺寸：在标注尺寸时，应考虑到其便于直接测量，即便于使用已有的通用测量工具进行测量。
- 标注尺寸要考虑加工所使用的工具及加工可能性。
  - ☑ 标注尺寸时，要考虑加工所使用的工具。例如，在用端面铣刀铣端面时，在边与边的过渡处应标注出铣刀直径。
  - ☑ 所标注的尺寸应是加工时用于定位等直接可以读取的尺寸数值。
- 尺寸布局要合理。

如果在视图中有较多的尺寸时，其布局应做到清晰合理并力求美观。在标注有内孔的尺寸时，应尽量将尺寸布置在图形之外；在有几个平行的尺寸线时，应使小尺寸在内，大尺寸在外，内外形尺寸尽可能分开标注。

5.2.2　自动生成尺寸

在 Pro/ENGINEER 中，工程图视图是利用已经创建的零件模型投影生成的，因此视图中零件的尺寸来源于零件模块中的三维模型的尺寸，它们源于统一的内部数据库。由于这些尺寸受零件模型的驱动，并且也可反过来驱动零件模型，这些尺寸也常被称为驱动尺寸。

这些尺寸是保存在模型自身中的尺寸信息，在默认情况下，将模型或组件输入到 2D 工程图时，这些尺寸是不可见的。在工程图环境下，可以利用 注释 ➡ 显示模型注释 命令将这些尺寸在工程图中自动地显现出来，因此可以将这些尺寸称为自动生成尺寸。

自动生成尺寸与零件或组件具有双向关联性，在三维模型上修改模型的尺寸，在工程图中，这些尺寸随着变化，反之亦然。这里有一点要注意：在工程图中可以修改自动生成尺寸值的小数位数，但是舍入之后的尺寸值不驱动几何模型。

1. 显示尺寸

在工程图环境中，当视图创建之后，应先显示自动生成尺寸，这样可以避免添加不必要的尺寸，减少不必要的工作。显示自动生成尺寸有如下两种方法。

（1）使用"显示模型注释"对话框。下面以图 5.2.1 所示的零件 base 为例，说明创建自动生成尺寸的一般操作过程。

Step1. 将工作目录设置至 D:\proewf5.7\work\ch05.02.02，打开工程图文件 base_drw_1.drw。

Step2. 选择 注释 ➡ 显示模型注释 命令。

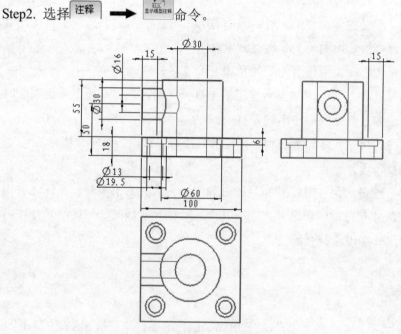

图 5.2.1 创建驱动尺寸

Step3. 在系统弹出的图 5.2.2 所示的对话框中进行下列操作。

1）单击对话框顶部的 ⊢⊣ 选项卡。

2）选择显示类型。在对话框的 类型 下拉列表中选择 全部 选项。

3）选取显示尺寸的视图。按住 Ctrl 键，选择主视图和左视图。

4）单击 按钮，然后单击对话框底部的 确定 按钮。

在进行自动生成尺寸显示操作时，请注意下面几点。

- 图 5.2.1 所示的尺寸未经过手动整理，故较为凌乱。通常在正式出图之前都需要经过手动整理尺寸，这将在后面的章节中讲到，在未讲尺寸的整理之前，本节中视图所显示的尺寸都未经过整理。

- 使用图 5.2.2 所示的"显示模型注释"对话框，不仅可以显示三维模型中的尺寸，还可以显示在三维模型中创建的几何公差、基准、表面粗糙度（光洁度）等，这些知识将在后面的章节中讲到。

- 如果要在工程图的等轴测视图中显示模型的尺寸，应先将工程图设置文件 drawing.dtl 中的选项 allow_3d_dimensions 设置为 yes。

- 工程图中显示尺寸的位置取决于视图定向，对于模型中拉伸或旋转特征的截面尺寸，在工程图中显示在草绘平面与屏幕垂直的视图上。

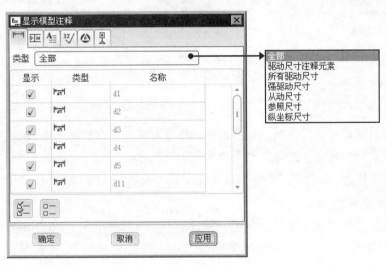

图 5.2.2　"显示模型注释"对话框

图 5.2.2 所示的"显示模型注释"对话框中各选项卡说明如下。

：显示（或隐藏）尺寸

：显示（或隐藏）几何公差

：显示（或隐藏）注解

：显示（或隐藏）粗糙度（光洁度）

：显示（或隐藏）定制符号

：显示（或隐藏）基准

⬚: 全部选取

⬚: 全部取消选取

（2）使用模型树。可以在模型树中通过选取某个具体的特征或零件来显示其尺寸。

下面先介绍其操作步骤，在给出操作步骤的过程中，给出其显示效果。

➢ 在零件工程图环境中选取某个具体的特征来显示其尺寸。

Step1. 将工作目录设置至 D:\proewf5.7\work\ch05.02.02，打开工程图文件 base_drw_2.drw。

Step2. 单击 注释 选项卡，然后右击图 5.2.3 所示模型树中的特征 拉伸 2，系统弹出图 5.2.4 所示的快捷菜单。

Step3. 在快捷菜单中选择 显示模型注释 命令，则在主视图中显示出特征 拉伸 2 的尺寸，如图 5.2.5 所示。

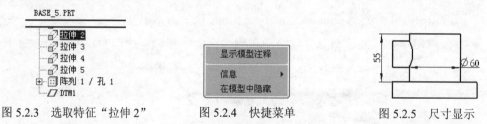

图 5.2.3 选取特征"拉伸 2"　　图 5.2.4 快捷菜单　　　　图 5.2.5 尺寸显示

注意：在显示特征尺寸时，必须先进入 注释 选项卡，否则无法显示 显示模型注释 命令。以后这个步骤不再提示。

说明：选择 显示模型注释 命令时，所选取特征的尺寸一般先在主视图中显示出来，当主视图中不能表达特征的某些尺寸时，这些尺寸会根据需要分布在其他视图上。

➢ 在装配体工程图环境中选取某个零件来显示其尺寸。

Step1. 将工作目录设置至 D:\proewf5.7\work\ch05.02.02，打开工程图文件 connecting_drw_3.drw。

Step2. 在模型树中选取零件 SHAFT_3.PRT，右击，系统弹出图 5.2.6 所示的快捷菜单。

Step3. 在快捷菜单中选择 显示模型注释 命令，则在主视图和左视图中显示出零件 shaft_2.prt 的尺寸，如图 5.2.7 所示。

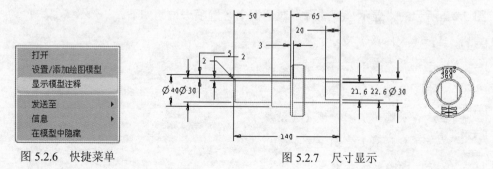

图 5.2.6 快捷菜单　　　　　　图 5.2.7 尺寸显示

Step4. 在"显示模型注释"对话框中单击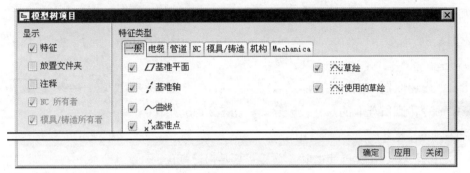按钮，完成零件 SHAFT_3.PRT 尺寸的显示。

说明：

● 选择 显示模型注释 命令时，零件的尺寸会根据系统的设定，分布在不同的视图上。

● 在装配体工程图环境中也可以只显示某个零件上的某个特征的尺寸（这需要先通过设置"树过滤器"来显示各个零件的特征），其操作方法和在零件工程图环境中显示某个特征的尺寸类似，先在模型树上方单击 按钮，在弹出的下拉列表中选中 树过滤器(F)... 命令，系统弹出图 5.2.8 所示的"模型树项目"对话框，在对话框中的 显示 区域选中 ☑ 特征 复选框，然后单击 确定 按钮，模型树中即显示零件特征。

图 5.2.8　"模型树项目"对话框

2. 拭除尺寸

"拭除尺寸"是暂时使尺寸处于不可见的状态，还可以通过"取消拭除"操作使其显示出来。

Step1. 将工作目录设置至 D:\proewf5.7\work\ch05.02.02，打开工程图文件 base_drw_3.drw。

Step2. 选取图 5.2.9 所示的尺寸，然后右击，系统弹出图 5.2.10 所示的快捷菜单。

Step3. 在快捷菜单中选择 拭除 命令，再在图形区的空白处单击一下，此时所选尺寸不可见，如图 5.2.11 所示。

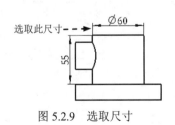

图 5.2.9　选取尺寸　　　　　图 5.2.10　快捷菜单

说明：

● 使用右击弹出的快捷菜单来拭除尺寸是一种比较快捷的方法，特别适用于单个不必要尺寸的拭除；也可以按住 Ctrl 键连续选取多个尺寸再右击。

- 如果在绘图树中右击拭除的尺寸 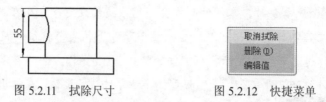，在弹出的图 5.2.12 所示的快捷菜单中选择"取消拭除"命令，可以将尺寸重新显示出来。

图 5.2.11 拭除尺寸   图 5.2.12 快捷菜单

3．删除尺寸

"删除尺寸"指去掉多余的或错误的尺寸标注，被删除的自动生成的尺寸可以使用"显示模型注释"对话框重新显示出来。下面结合例子介绍"删除尺寸"的操作。

Step1. 将工作目录设置至 D:\proewf5.7\work\ch05.02.02，打开工程图文件 base_drw_4.drw。

Step2. 先选取图 5.2.13a 所示的尺寸，然后选择下拉菜单 编辑(E) ➡ 删除(D) ➡ 删除(D) Del 命令，则所选取的尺寸被删除，如图 5.2.13b 所示。

说明：

- 可以按住 Ctrl 键连续选取多个尺寸后再同时删除。
- 删除尺寸还有其他方法，如下所述。
  - ☑ 选取所要删除的尺寸，再右击，在弹出的快捷菜单中选择 删除(D) 命令。
  - ☑ 选取所要删除的尺寸，再单击工具栏中的 ✕ 删除 按钮。
  - ☑ 选取所要删除的尺寸，再按键盘上的 Delete 键。
- 对于 Pro/ENGINEER 5.0 之前的软件版本，自动生成的尺寸只能被拭除，而不能被删除，只有手动标注的尺寸才能被删除。新版本软件在这方面做了调整，自动生成的尺寸既能被拭除，又能被删除。

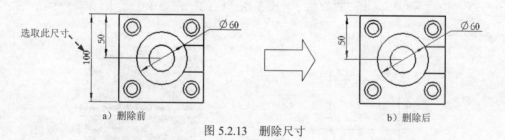

a）删除前   b）删除后

图 5.2.13 删除尺寸

5.2.3 手动创建尺寸

当自动生成尺寸不能全面地表达零件的结构或在工程图中需要增加一些特定的标注时，就需要通过手动操作来创建尺寸。这类尺寸受零件模型所驱动，所以又常被称为从动尺寸。手动创建的尺寸与零件或组件具有单向关联性，即这些尺寸受零件模型所驱动，当零件模型的尺寸改变时，工程图中的尺寸也随之改变；但这些尺寸的值在工程图中不能被修改。

在工程图环境下，可选择 注释 ➡ 🔲 （或者 注释 ➡ 🔲 ）命令，来手动创建尺寸。

1. 创建"尺寸"

选择下拉菜单 注释 ➡ 🔲 （或者 注释 ➡ 🔲 ）命令创建尺寸，是在工程图中添加必要尺寸的最主要的方法，但应注意，由于手动创建的尺寸的单向关联性，使其不能驱动原零件模型，如果在工程图环境中发现模型尺寸标注不符合设计的意图（如标注的基准不对），最佳的方法是进入零件模块环境，重定义截面草绘图的标注，而不是简单地在工程图中创建"尺寸"来满足设计意图。

草绘图可以与某个视图相关，也可以不与任何视图相关，因此"尺寸"的值有两种情况。

（1）当草绘图元不与任何视图相关时，草绘尺寸的值与草绘比例（由绘图设置文件 drawing.dtl 中的选项 draft_scale 指定）有关，例如假设某个草绘圆的半径为 5。

- 如果草绘比例为 1.0，该草绘圆半径尺寸显示为 5。
- 如果草绘比例为 2.0，该草绘圆半径尺寸显示为 10。
- 如果草绘比例为 0.5，在绘图中出现的图元就为 2.5。

注意：

- 改变选项 draft_scale 的值后，应该进行再生，方法为选择下拉菜单 视图(V) ➡ 更新(U) ▸ ➡ 绘制(D) 命令。
- 虽然草绘图的"尺寸"的值随草绘比例变化而变化，但草绘图的显示大小不受草绘比例的影响。
- 配置文件 config.pro 中的选项 create_drawing_dims_only 用于控制系统如何保存从动尺寸。该选项设置为 no（默认）时，系统将从动尺寸保存在相关的零件模型（或装配模型）中；设置为 yes 时，仅将从动尺寸保存在绘图中。所以用户正在使用 Intralink 时，如果自动生成尺寸或"尺寸"被存储在模型中，则在修改时要对此模型进行标记，并且必须将其重新提交给 Intralink，为避免绘图中每次参照模型时都进行此操作，可将选项设置为 yes。

（2）当草绘图元与某个视图相关时，草绘图的"尺寸"值不随草绘比例而变化，草绘图的显示大小也不受草绘比例的影响，但草绘图的显示大小随着与其相关的视图的比例变化而变化。

根据"尺寸"菜单，可以按照四种方式创建"尺寸"，下面结合例子分别介绍它们的操作。

a. 通过 ⬚ 命令创建"尺寸"

Step1. 将工作目录设置至 D:\proewf5.7\work\ch05.02.03，打开工程图文件 base_drw_1.drw。

Step2. 选择 注释 ➡ ⬚ 命令，系统弹出图 5.2.14 所示的 ▼ ATTACH TYPE (依附类型) 菜单，并且系统默认选择 On Entity (图元上) 命令。

Step3. 选取图 5.2.15 所示的边线 1，再选取图 5.2.15 所示的边线 2，接着在图 5.2.15 所示的位置单击中键，此时在视图中显示出此两边线之间的距离，如图 5.2.16 所示。

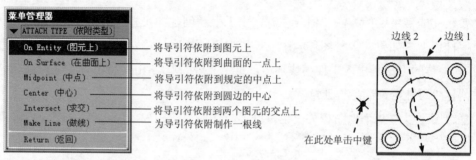

图 5.2.14 "依附类型"菜单　　　　　图 5.2.15 选取边线

说明：如果还需插入尺寸，可以按照 Step3 的操作继续创建其他尺寸。

Step4. 单击"选取"对话框中的 确定 按钮（或单击中键）。

说明：在 Step3 中可以根据不同的尺寸标注方式和要求，选取不同的操作方法，下面对其进行展开叙述。

➢ 标注图 5.2.16 所示的尺寸，还可以按照如下的方法操作。

Step1. 将工作目录设置至 D:\proewf5.7\work\ch05.02.03，打开工程图文件 base_drw_2.drw。

Step2. 选择 注释 ➡ ⬚ 命令。

Step3. 在弹出的 ▼ ATTACH TYPE (依附类型) 菜单中选择 On Entity (图元上) 命令，选取图 5.2.17 所示的边线，在图 5.2.17 所示的位置单击中键，此时视图中显示尺寸，如图 5.2.16 所示。

Step4. 单击"选取"对话框中的 确定 按钮（或单击中键）。

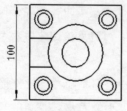

图 5.2.16 尺寸显示

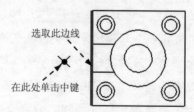

图 5.2.17 选取边线

说明：上述标注尺寸的方法常被称为"对齐尺寸标注"，它可用于任意线段的长度标注，而不论它们是倾斜的、竖直的还是水平的。

➤ 标注图 5.2.19 所示的半径尺寸，可以按照如下的方法操作。

Step1. 将工作目录设置至 D:\proewf5.7\work\ch05.02.03，打开工程图文件 base_drw_3.drw。

Step2. 选择 注释 ➡ 命令。

Step3. 在弹出的 ▼ ATTACH TYPE (依附类型) 菜单中选择 On Entity (图元上) 命令，选择图 5.2.18 所示的圆弧，在图 5.2.18 所示的位置单击中键，此时在视图中显示所选圆弧的半径尺寸。

Step4. 单击"选取"对话框中的 确定 按钮（或单击中键）。

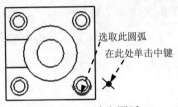

图 5.2.18　选取圆弧

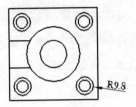

图 5.2.19　标注半径尺寸

➤ 标注图 5.2.21 所示的直径尺寸，可以按照如下的方法操作。

Step1. 将工作目录设置至 D:\proewf5.7\work\ch05.02.03，打开工程图文件 base_drw_4.drw。

Step2. 选择 注释 ➡ 命令。

Step3. 在弹出的 ▼ ATTACH TYPE (依附类型) 菜单中选择 On Entity (图元上) 命令，先将鼠标指针移至图 5.2.20 所示的图元上，待其加亮显示时，双击，然后在图 5.2.20 所示的位置单击中键，此时在视图中显示直径尺寸。

Step4. 单击"选取"对话框中的 确定 按钮（或单击中键）。

说明：标注半径尺寸和直径尺寸的不同之处在于，标注半径尺寸时只需单击所要标注的图元，而标注直径尺寸时需要双击所要标注的图元。

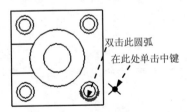

图 5.2.20　选取圆弧

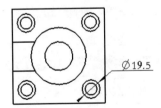

图 5.2.21　标注直径尺寸

➤ 标注图 5.2.22 所示的倾斜尺寸，可以按照如下的方法操作。

Step1. 将工作目录设置至 D:\proewf5.7\work\ch05.02.03，打开工程图文件 base_drw_5.drw。

Step2. 选择 注释 ➡ 命令。

Step3. 在弹出的 ▼ ATTACH TYPE (依附类型) 菜单中选择 Center (中心) 命令，选取图 5.2.23 所示

的圆弧；再在 ▼ ATTACH TYPE (依附类型) 菜单中选择 Midpoint (中点) 命令，选取图 5.2.23 所示的边线，单击中键，系统弹出图 5.2.24 所示的 ▼ DIM ORIENT (尺寸方向) 菜单。

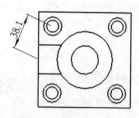

图 5.2.22　标注倾斜尺寸

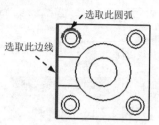

图 5.2.23　选取圆弧

说明：通过在 ▼ ATTACH TYPE (依附类型) 菜单管理器中选择不同的命令可以有效地选取所要标注尺寸的对象，另外，本节使用同一个模型来标注尺寸，为了介绍和说明各种尺寸标注的技巧及方法，可能有些尺寸的标注对于该模型来说并没有实际意义，但可以说明标注中遇到的问题，特此说明。

图 5.2.24　"尺寸方向"菜单

Step4. 在 ▼ DIM ORIENT (尺寸方向) 菜单中选择 Slanted (倾斜) 命令，此时在视图中显示尺寸，如图 5.2.22 所示。

Step5. 单击"选取"对话框中的 确定 按钮（或单击中键）。

说明：如果在 ▼ DIM ORIENT (尺寸方向) 菜单中选择不同的命令将会得到不同标注方向的尺寸，承接上面的 Step4，将选择不同命令时的效果和步骤介绍如下。

- 在 ▼ DIM ORIENT (尺寸方向) 菜单中选择 Horizontal (水平) 命令，此时在视图中显示尺寸，如图 5.2.25 所示。
- 在 ▼ DIM ORIENT (尺寸方向) 菜单中选择 Vertical (垂直) 命令，此时在视图中显示尺寸，如图 5.2.26 所示。

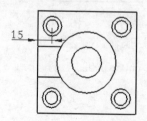

图 5.2.25　标注水平尺寸

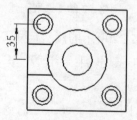

图 5.2.26　标注竖直尺寸

- 在 ▼ DIM ORIENT (尺寸方向) 菜单中选择 Parallel (平行) 命令，再选取图 5.2.27 所示的边线，此时在视图中显示尺寸，如图 5.2.28 所示。

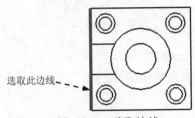

图 5.2.27　选取边线

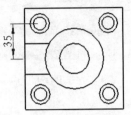

图 5.2.28　标注平行尺寸

- 在 ▼ DIM ORIENT (尺寸方向) 菜单中选择 Normal (法向) 命令，再选取图 5.2.29 所示的边线，此时在视图中显示尺寸，如图 5.2.30 所示（可见以上两种方法所创建的尺寸标注是一样的，即可以通过不同的方法来创建所需要的尺寸）。

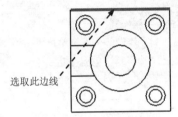

图 5.2.29　选取边线

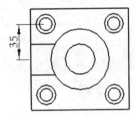

图 5.2.30　标注法向尺寸

➤ 标注图 5.2.31 所示的尺寸，可以按照如下的方法操作。

Step1. 将工作目录设置至 D:\proewf5.7\work\ch05.02.03，打开工程图文件 base_drw_6.drw。

Step2. 选择 注释 ➡ ⊢⊣ 命令。

Step3. 此时系统弹出 ▼ ATTACH TYPE (依附类型) 菜单，选择 Intersect (求交) 命令，按住 Ctrl 键选取图 5.2.32 所示的两条边线，再在 ▼ ATTACH TYPE (依附类型) 菜单中选择 Center (中心) 命令，选取图 5.2.32 所示的圆弧，单击中键。

Step4. 此时系统弹出 ▼ DIM ORIENT (尺寸方向) 菜单。在该菜单管理器中选择 Slanted (倾斜) 命令，此时在视图中显示尺寸，如图 5.2.31 所示。

Step5. 单击"选取"对话框中的 确定 按钮（或单击中键）。

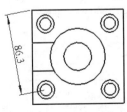

图 5.2.31　尺寸显示

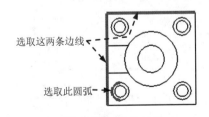

选取这两条边线

选取此圆弧

图 5.2.32　选取边线

➤ 标注图 5.2.33 所示的尺寸，可以按照如下的方法操作。

Step1. 将工作目录设置至 D:\proewf5.7\work\ch05.02.03，打开工程图文件 base_drw_7.
drw。

Step2. 选择 注释 ➡ ⊢•⊣命令。

Step3. 此时系统弹出 ▼ ATTACH TYPE (依附类型)菜单，选择 Make Line (做线)命令，此时系统弹
出图 5.2.34 所示的 ▼ MAKELINE (做线)下拉菜单，在该菜单中选择 2 Points (2 点)命令，按住 Ctrl
键选取图 5.2.35 所示的两顶点，在图 5.2.36 所示的位置单击中键，此时在视图中显示尺寸，
如图 5.2.33 所示。

Step4. 先单击中键，再在 ▼ ATTACH TYPE (依附类型)菜单中选取 Return (返回)命令。

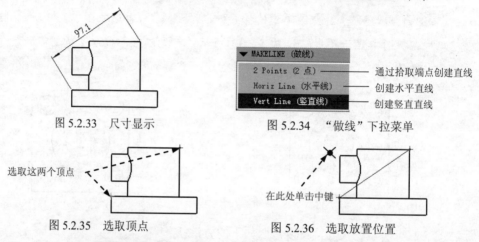

图 5.2.33　尺寸显示

▼ MAKELINE （做线）
2 Points (2 点) ——— 通过拾取端点创建直线
Horiz Line (水平线) ——— 创建水平直线
Vert Line (竖直线) ——— 创建竖直直线

图 5.2.34　"做线"下拉菜单

选取这两个顶点

图 5.2.35　选取顶点

在此处单击中键

图 5.2.36　选取放置位置

说明：如果在 ▼ MAKELINE (做线)下拉菜单中选择不同的命令会有不同的作线方式，从而得
到不同的尺寸标注，接上面的 Step3，将选择不同命令时的步骤和效果介绍如下。

● 在 ▼ MAKELINE (做线)下拉菜单中选择 Horiz Line (水平线)命令，选取图 5.2.37 所示的顶
  点，此时视图如图 5.2.38 所示，选取图 5.2.38 所示的顶点，此时视图如图 5.2.39
  所示，在图 5.2.39 所示的位置单击中键，此时视图中显示尺寸，如图 5.2.40 所示。

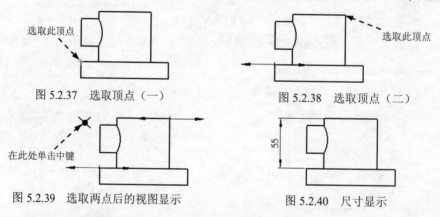

选取此顶点

图 5.2.37　选取顶点（一）

选取此顶点

图 5.2.38　选取顶点（二）

在此处单击中键

图 5.2.39　选取两点后的视图显示

55

图 5.2.40　尺寸显示

● 在 ▼ MAKELINE (做线)下拉菜单中选择 Vert Line (竖直线)命令，选取图 5.2.41 所示的顶点，
  此时视图如图 5.2.42 所示。选取图 5.2.42 所示的顶点，此时视图如图 5.2.43 所示。

在图 5.2.43 所示的位置单击中键，此时在视图中显示尺寸，如图 5.2.44 所示。

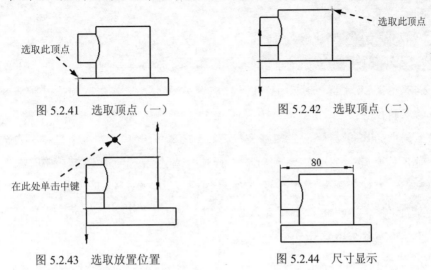

图 5.2.41　选取顶点（一）　　　　图 5.2.42　选取顶点（二）

图 5.2.43　选取放置位置　　　　图 5.2.44　尺寸显示

➤ 标注图 5.2.45 所示的尺寸，可以按照如下的方法操作。

Step1. 将工作目录设置至 D:\proewf5.7\work\ch05.02.03，打开工程图文件 base_drw_8.drw。

Step2. 选择 注释 ➡ ⊢⊣ 命令。

Step3. 此时系统弹出 ▼ ATTACH TYPE (依附类型) 菜单，采用系统默认的 On Entity (图元上) 命令，选取图 5.2.46 所示的两段圆弧，在图 5.2.46 所示的位置单击中键。

Step4. 此时系统弹出图 5.2.47 所示的 ▼ ARC PNT TYPE (弧/点类型) 菜单，选择 Center (中心) 命令。

Step5. 此时系统弹出 ▼ DIM ORIENT (尺寸方向) 菜单，选择 Horizontal (水平) 命令，此时在视图中显示尺寸，如图 5.2.45 所示。

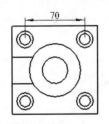
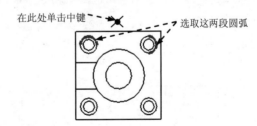

图 5.2.45　尺寸显示　　　　图 5.2.46　选取圆弧和放置位置

图 5.2.47　"弧/点类型"菜单

Step6. 单击"选取"对话框中的 确定 按钮（或单击中键）。

说明：

● 如果在 ▼ ARC PNT TYPE (弧/点类型) 菜单管理器中选择 Tangent (相切) 命令，再在 ▼ DIM ORIENT (尺寸方向) 菜单中选择 Horizontal (水平) 命令，则视图中的尺寸显示如图 5.2.48 所示，尺寸标注时尺寸界线相切于哪一侧取决于在选取圆弧时所选取的圆弧上的点的位置。

● 在上例中的 ▼ ARC PNT TYPE (弧/点类型) 菜单管理器中，"同心"命令显示为灰色，表明此时不能创建"同心"方式的尺寸标注，当在 ▼ ATTACH TYPE (依附类型) 菜单中选中 On Entity (图元上) 命令，在绘图区选取图 5.2.49 所示的两圆弧后，单击中键，Concentric (同心) 命令处于可选状态，选取 Concentric (同心) 命令，最后单击中键，尺寸显示结果如图 5.2.50 所示。

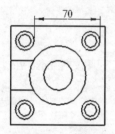

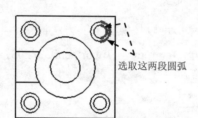
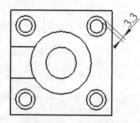

图 5.2.48　尺寸显示　　　图 5.2.49　选取圆弧　　　图 5.2.50　尺寸显示

➤ 标注图 5.2.51 所示两直线间的角度，可以按照如下的方法操作。

Step1. 将工作目录设置至 D:\proewf5.7\work\ch05.02.03，打开工程图文件 bracket_drw.drw。

Step2. 选择 注释 ➡ ⌐⌐ 命令。

Step3. 此时系统弹出 ▼ ATTACH TYPE (依附类型) 菜单管理器，采用系统的默认选择（ On Entity (图元上) 命令），选取图 5.2.52 所示的两条边线，在图 5.2.52 所示的位置单击中键，此时在视图中显示角度尺寸，如图 5.2.51 所示。

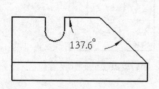
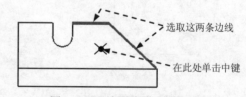

图 5.2.51　角度显示（一）　　　图 5.2.52　选取边线和放置位置

Step4. 单击"选取"对话框中的 确定 按钮（或单击中键）。

说明：放置位置选取的不同会出现不同的标注方式，例如在图 5.2.53 所示的位置单击中键，则会出现图 5.2.54 所示的角度标注。

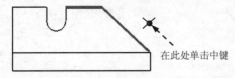
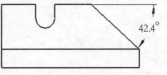

图 5.2.53　选取放置位置　　　　　　　图 5.2.54　角度显示（二）

➢ 标注图 5.2.55 所示的圆弧的角度，可以按照如下的方法操作。

Step1. 将工作目录设置至 D:\ proewf5.7\work\ch05.02.03，打开工程图文件 angle_drw.drw。

Step2. 选择 注释 ⟶ ⬚ 命令。

Step3. 此时系统弹出 ▼ ATTACH TYPE(依附类型) 菜单，采用系统的默认选择（即 On Entity (图元上) 命令），先选取图 5.2.56 所示的二维草绘图元，再选取图 5.2.57 所示的两个端点，在图 5.2.57 所示的位置单击中键。

Step4. 此时系统弹出图 5.2.58 所示的 ▼ ARC DIM TYPE (弧尺寸类型) 菜单，在其中选择 Angular (角度) 命令，此时在视图中显示角度，如图 5.2.55 所示。

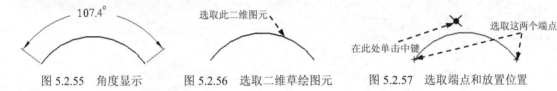

图 5.2.55　角度显示　　　　图 5.2.56　选取二维草绘图元　　　　图 5.2.57　选取端点和放置位置

Step5. 单击"选取"对话框中的 确定 按钮（或单击中键）。

说明：如果在 ▼ ARC DIM TYPE (弧尺寸类型) 菜单中选择 Arc Length (弧长) 命令，则在视图中显示弧的长度，如图 5.2.59 所示。

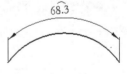

图 5.2.58　"弧尺寸类型"菜单　　　　　　　图 5.2.59　弧长显示

➢ 标注图 5.2.60 所示的尺寸，可以按照如下的方法操作。

Step1. 将工作目录设置至 D:\ proewf5.7\work\ch05.02.03，打开工程图文件 base_drw_9.drw。

Step2. 选择 注释 ⟶ ⬚ 命令。

Step3. 此时系统弹出 ▼ ATTACH TYPE (依附类型) 菜单，选择 On Surface (在曲面上) 命令，先选取图 5.2.61 所示主视图上的曲面，再选取图 5.2.62 所示俯视图上的曲面，在图 5.2.61 所示的位置单击中键。

Step4. 在系统弹出的 ▼ ARC PNT TYPE (弧/点类型) 菜单中选择 Center (中心) 命令,此时在视图中显示尺寸，如图 5.2.60 所示。

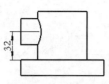

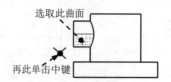

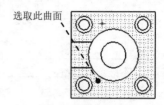

图 5.2.60　尺寸显示　　　图 5.2.61　选取曲面（一）　　图 5.2.62　选取曲面（二）

Step5. 单击"选取"对话框中的 确定 按钮（或单击中键）。

b. 通过 命令创建"尺寸"

Step1. 将工作目录设置至 D:\proewf5.7\work\ch05.02.03，打开工程图文件 base_drw_10.drw。

Step2. 选择 注释 ➡ 命令。

Step3. 此时系统弹出 ▼ ATTACH TYPE（依附类型）菜单，采用系统默认的 On Entity（图元上）命令，选取图 5.2.63 所示的边线，再选取图 5.2.63 所示的圆弧，在图 5.2.63 所示的位置单击中键。

Step4. 此时系统弹出 ▼ ARC PNT TYPE（弧/点类型）菜单，选择 Center（中心）命令，此时在视图中显示尺寸，如图 5.2.64 所示。

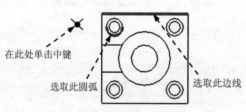

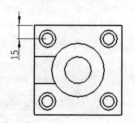

图 5.2.63　选取边线和圆弧　　　　图 5.2.64　尺寸显示（一）

Step5. 在 ▼ ATTACH TYPE（依附类型）菜单中选择 On Entity（图元上）命令，选取图 5.2.65 所示的圆弧，在图 5.2.65 所示的位置单击中键，此时在视图中显示尺寸，如图 5.2.66 所示。

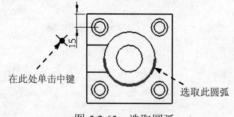

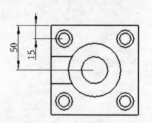

图 5.2.65　选取圆弧　　　　　图 5.2.66　尺寸显示（二）

Step6. 在 ▼ ATTACH TYPE（依附类型）菜单管理器中选择 On Entity（图元上）命令，选取图 5.2.67 所示的边线，在图 5.2.67 所示的位置单击中键，此时在视图中显示尺寸，如图 5.2.68 所示。

Step7. 单击"选取"对话框中的 确定 按钮（或单击中键）。

说明：使用某个参照进行标注后，可以以此参照为公共参照，连续进行多个尺寸的标注，系统一般以第一次选取的参照为公共参照。

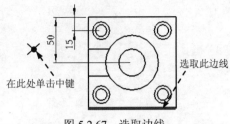

图 5.2.67　选取边线

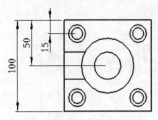

图 5.2.68　尺寸显示（三）

c. 通过 $\frac{-\circ}{12}$ 命令创建"尺寸"

Step1. 将工作目录设置至 D:\proewf5.7\work\ch05.02.03，打开工程图文件 base_drw_11.drw。

Step2. 选择 注释 ➡ $\frac{-\circ}{12}$ 命令。

Step3. 此时系统弹出 ▼ ATTACH TYPE（依附类型）菜单，接受系统默认的 On Entity（图元上）命令，依次选取图 5.2.69 所示的边线和圆弧，在图 5.2.69 所示的位置单击中键，在弹出的 ▼ ARC PNT TYPE（弧/点类型）菜单中选择 Center（中心）命令，此时视图中显示图 5.2.70 所示的尺寸。

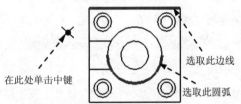

图 5.2.69　选取边线和圆弧

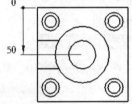

图 5.2.70　显示尺寸（一）

Step4. 在 ▼ ATTACH TYPE（依附类型）菜单中选择 On Entity（图元上）命令，选取图 5.2.71 所示的边线，在图 5.2.71 所示的位置单击中键，此时在视图中显示尺寸，如图 5.2.72 所示。

Step5. 单击"选取"对话框中的 确定 按钮（或单击中键）。

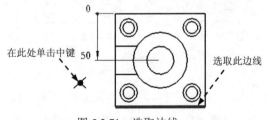

图 5.2.71　选取边线

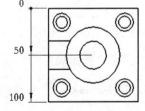

图 5.2.72　显示尺寸（二）

说明：

● 在图 5.2.73 所示的一般尺寸标注中，可在图形区先选取尺寸，然后在尺寸文本上右击，在弹出图 5.2.74 所示的快捷菜单中选择 切换纵坐标/线性（L）命令，然后选取基线，如图 5.2.73 所示，将一般标注转换为纵坐标标注。

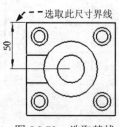

图 5.2.73　选取基线　　　　　　　　　图 5.2.74　快捷菜单

d．通过 ⊣⬚ 命令创建"尺寸"

Step1. 将工作目录设置至 D:\proewf5.7\work\ch05.02.03，打开工程图文件 base_drw_12.drw。

Step2. 选择 注释 ⟶ ⊣⬚ 命令。

Step3. 此时系统弹出"选取"对话框，并提示 ⇨为创建纵向标注拾取一个或多个曲面(彼此平行)。，选取图 5.2.75 所示的曲面，单击"选取"对话框中的 确定 按钮（或单击中键）。

注意：系统要求选取的曲面必须属于该工程图的同一视图，以便正确表达尺寸。

Step4. 此时系统弹出 ▼ AUTO ORDINATE（自动纵坐标）菜单，且系统默认选择 Select Base Line（选取基线）命令，在系统 ⇨选取一条垂直于屏幕参照的边、曲线或基准平面用于尺寸创建。的提示下，选取图 5.2.76 所示的边线，此时在视图中显示尺寸，如图 5.2.77 所示。

Step5. 选择 ▼ AUTO ORDINATE（自动纵坐标）菜单中的 Done/Return（完成/返回）命令，关闭菜单，单击工具栏区中的"重画当前视图"按钮 □，可更清楚地查看尺寸标注。

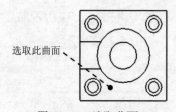
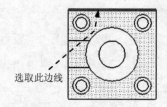
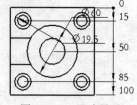

图 5.2.75　选取曲面　　　图 5.2.76　选取边线　　　图 5.2.77　尺寸显示

2．创建"参照尺寸"

选择 注释 ⟶ ⬚ （或者 注释 ⟶ ⬚）命令，可以将两个草绘图元间、草绘图元与模型对象间以及模型对象本身的尺寸标注成参照尺寸，参照尺寸是手动所创建的尺寸中的一个分支，所有的参照尺寸一般都带有符号 REF，从而与其他尺寸相区别。如果配置文件选项 parenthesize_ref_dim 设置为 yes，系统则将参照尺寸放置在括号中。注意当标注草绘图元与模型对象间的参照尺寸时，应提前将草绘图元与模型对象关联起来。

由"参照尺寸"菜单可看出参照尺寸的创建方式和"尺寸"的创建方式类似，故在此不再赘述创建参照尺寸的操作，读者可参考创建"尺寸"的方法来创建参照尺寸。

3. 创建"坐标尺寸"

选择 注释 ➡ 📇 命令，可以创建"坐标尺寸"，下面结合例子介绍其操作。

Step1. 将工作目录设置至 D:\proewf5.7\work\ch05.02.03，打开工程图文件 base_drw_13.drw。

说明：本例是将工程图"base_drw_13.drw"中俯视图中心孔的纵向尺寸和横向尺寸用纵横坐标的形式标注出来，即"坐标尺寸"，俯视图如图 5.2.78 所示，该中心孔的纵向尺寸和横向尺寸已提前创建。

Step2. 选择 注释 ➡ 📇 命令。

Step3. 在系统 ➪选取一个边，一个基准点，一个轴心，一曲线，一项点 或一修饰草绘图元。的提示下，选取图 5.2.79 所示的圆弧。

Step4. 此时在鼠标指针上附着一个方框，在图 5.2.79 所示的位置单击。

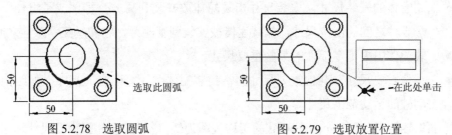

图 5.2.78 选取圆弧 　　　　　图 5.2.79 选取放置位置

Step5. 在系统 ➪为xdim 选取尺寸。的提示下，选取图 5.2.80 所示的横向尺寸。

Step6. 在系统 ➪为ydim 选取尺寸。的提示下，选取图 5.2.81 所示的纵向尺寸，此时在视图中显示"坐标尺寸"，如图 5.2.82 所示。

注意：在选取纵向和横向尺寸时，应注意对应关系，否则容易出错。

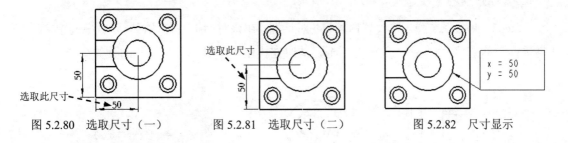

图 5.2.80 选取尺寸（一）　　　图 5.2.81 选取尺寸（二）　　　图 5.2.82 尺寸显示

5.2.4 装配体的尺寸标注

装配体工程图与单个零件工程图的尺寸标注，在创建的方法上是类似的。可以通过选择 注释 ➡ 📇显示模型注释 命令，在弹出的"显示模型注释"对话框中选择不同的显示方式来对所

需的尺寸（即驱动尺寸）进行显示，也可以通过选择 注释 ➡ ⊢⊣（或 ⊢⊣、 ⊞）命令来

创建所需要的从动尺寸。但需要注意的是，在装配体中没必要、也不可能将所有的尺寸标

注出来。

　　装配体工程图作为工程技术文件，重在反映产品及其组成部分的连接装配关系，其尺寸标注不需要像单个零件的工程图那么详细，其只需要标注与装配关系、运动关系等有关的尺寸，具体有如下几类尺寸。

- 装配体的外形尺寸。装配体的外形尺寸包括装配体的总长、总宽和总高。
- 装配体中各个零件的相对位置尺寸。相对位置尺寸指装配体中各个零件之间的尺寸，如在减速器中大、小齿轮的中心距即为相对位置尺寸。
- 装配体的安装尺寸。安装尺寸指装配体被安装到另一个零件或是组件上，与另一个零件之间的衔接尺寸，如减速器被安装到基座上，它和基座、螺栓之间的尺寸。
- 装配体中关键零部件的某些重要尺寸。
- 其他重要尺寸。其他重要尺寸通常指装配体经计算确定的尺寸，如结构特征、运动件的运动范围尺寸等。

　　下面以连接器装配体 connecting 的工程视图为例，说明装配体工程图尺寸标注的一般操作过程。

　　Step1. 将工作目录设置至 D:\proewf5.7\work\ch05.02.04，打开装配体工程图文件 connecting_asm_drw.drw，如图 5.2.83 所示。

　　Step2. 单击图 5.2.84 所示导航选项卡的 🏠▾ 选项（模型树上方），在弹出的下拉菜单中选择 🔹▾ 树过滤器(F). 命令。

　　Step3. 此时系统弹出"模型树项目"对话框，在该对话框左侧的 显示 区域中选中 ☑特征 复选框，单击 确定 按钮，关闭对话框，此时在模型树中显示各个零件的具体特征。

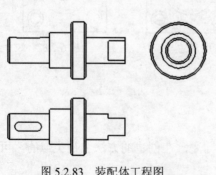

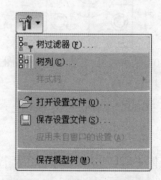

图 5.2.83　装配体工程图　　　　　　图 5.2.84　　"设置"下拉菜单

　　Step4. 在模型树中展开 ⊞ 🔲 SHAFT.PRT，选取特征 📄拉伸 1，右击，在系统弹出的快捷菜单

中选择 显示模型注释 命令，则在主视图和左视图中显示特征 拉伸 1 的尺寸，如图 5.2.85 所示。

Step5. 在"显示模型注释"对话框中单击 按钮，完成特征 拉伸 1 尺寸的显示。

Step6. 选择 注释 ➡ 命令。

Step7. 此时系统弹出 ▼ ATTACH TYPE (依附类型) 菜单，接受系统默认的 On Entity (图元上) 命令，依次选取图 5.2.86 所示主视图中的两条边线，在图 5.2.86 所示的位置单击中键，此时在主视图中显示尺寸，如图 5.2.87 所示。

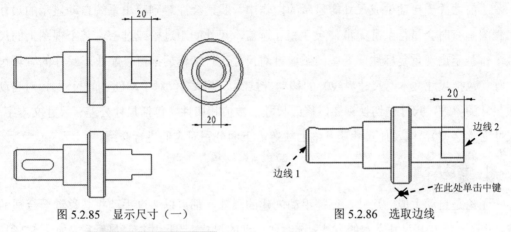

图 5.2.85　显示尺寸（一）　　　　　　　　　图 5.2.86　选取边线

Step8. 不退出 ▼ ATTACH TYPE (依附类型) 菜单，在主视图中创建图 5.2.88 所示的尺寸。

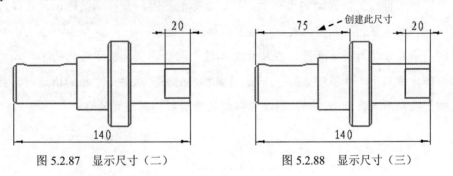

图 5.2.87　显示尺寸（二）　　　　　　　　　图 5.2.88　显示尺寸（三）

Step9. 不退出 ▼ ATTACH TYPE (依附类型) 菜单，在左视图中创建图 5.2.89 所示的尺寸，标注对象为外径。

Step10. 不退出 ▼ ATTACH TYPE (依附类型) 菜单，在俯视图中创建图 5.2.90 所示的尺寸。

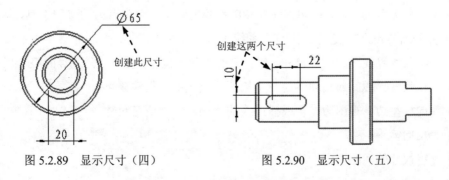

图 5.2.89　显示尺寸（四）　　　　　　　　　图 5.2.90　显示尺寸（五）

　　说明：在完整的装配体工程图中往往还需要创建表达公差与配合要求的标注，它们一般被插在对应的尺寸后面，关于此方面标注插入的操作将在"注解标注"中讲到。

　　Step11. 单击"选取"对话框中的 确定 按钮（或单击中键）。

5.2.5　编辑尺寸

　　从前面关于自动生成尺寸的显示的操作中，我们会注意到，由系统自动显示的尺寸在工程图上有时会显得杂乱无章，尺寸相互遮盖，尺寸间距过松或过密，某个视图上的尺寸太多，甚至出现重复标注，这些问题通过对尺寸进行编辑后都可以解决。尺寸的编辑包括尺寸（包括尺寸文本、尺寸界线）的移动、拭除、删除（仅对手动创建的尺寸），对自动生成尺寸的整理，尺寸的切换视图，修改尺寸的数值和属性（包括尺寸公差、尺寸文本字高、尺寸文本字型），以及使尺寸避开剖面线等。下面分别对它们进行介绍。

　　1．移动尺寸

　　无论是自动生成的尺寸，还是手动创建的尺寸，都可以通过手动将其移动至合适的位置。移动尺寸及其尺寸文本的方法：选取要移动的尺寸，当尺寸加亮显示后，如图 5.2.91 所示，再将鼠标指针放到要移动的尺寸上，按住鼠标的左键，并移动鼠标，尺寸及尺寸文本会随着鼠标移动，移到所需的位置后，松开鼠标的左键。

　　说明：当尺寸被加亮显示后，在尺寸文本的中间及两侧、尺寸线的两端、尺寸界线的两端均以小方框显示，如图 5.2.91 所示；当鼠标指针移至这些小方框的附近时，指针以双箭头或四箭头的形式显示，拖动此箭头可以对尺寸进行不同形式的移动。

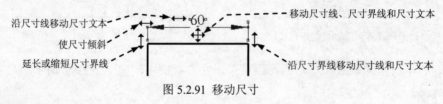

图 5.2.91　移动尺寸

　　2．清除尺寸

　　对于杂乱无章的尺寸，Pro/ENGINEER 系统提供了一个强有力的整理工具，这就是"清除尺寸（clean Dims）"。通过该工具，系统可以完成以下工作。

- 在尺寸界线之间居中尺寸（包括带有螺纹、直径、符号、公差等的整个尺寸文本）。
- 在尺寸界线间或尺寸界线与草绘图元交截处，创建断点。
- 向模型边、视图边、轴或捕捉线的一侧，放置所有尺寸。
- 反向箭头。
- 将尺寸的间距调到一致。

下面以零件模型 base_1 为例，说明"清除尺寸"的一般操作过程。

Step1. 将工作目录设置至 D:\proewf5.7\work\ch05.02.05，打开工程图文件 base_drw_1.drw。

Step2. 选择 注释 ➡ 清除尺寸 命令，系统弹出"清除尺寸"对话框。

Step3. 此时系统显示提示 选取要清除的视图或独立尺寸，在图形区选取主视图,然后单击"选取"对话框中的 确定 按钮（或单击中键）。

Step4. 完成上步操作后，"清除尺寸"对话框被激活，依次单击对话框中的 应用 和 关闭 按钮，主视图的尺寸由系统自动整理完成，如图 5.2.92 b 所示。

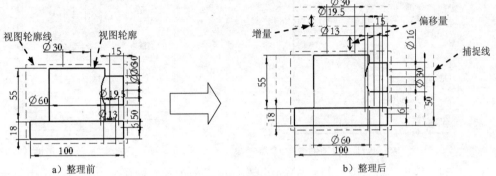

图 5.2.92　清除尺寸

"清除尺寸"对话框各选项的功能说明如下。

● 放置 选项卡，如图 5.2.93 所示。

　　☑　选中 ☑分隔尺寸 复选框后，在其下方的文本框中调整尺寸线的偏距值和增量值。

　　☑　偏移 是视图轮廓线（或所选基准线）与视图中最靠近它的尺寸（第一尺寸）间的距离，如图 5.2.92 b 所示，输入偏距值，单击 应用 按钮，可预览偏移值更改后的效果。

　　☑　增量 是两相邻尺寸的间距，如图 5.2.92b 所示。

　　☑　偏移参照 区域中，选中 ⦿视图轮廓 单选项后，尺寸将以视图轮廓为参照进行偏移（注意图 5.2.92 a 所示的"视图轮廓线"与"视图轮廓"的区别）；选中 ⦿基线 单选项后，须在当前视图中选取"偏移参照"（如平面、基准平面、捕捉线、轴线或视图轮廓线），单击 反向箭头 按钮，可反转尺寸相对于"偏移参照"的偏移方向。

　　☑　选中 ☑创建捕捉线 复选框后，工程图中便显示捕捉线。捕捉线是表示水平或垂直尺寸位置的一组虚线，单击对话框中的 应用 按钮,可看到屏幕中立即显示这些虚线。

　　☑　选中 ☑破断尺寸界线 复选框后，在尺寸界线与其他草绘图元相交处，尺寸界线会自动产生破断。

-  修饰 选项卡，如图 5.2.94 所示。

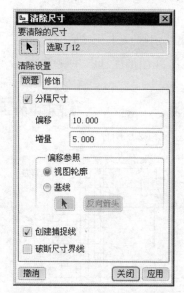

图 5.2.93　"清除尺寸"对话框（一）

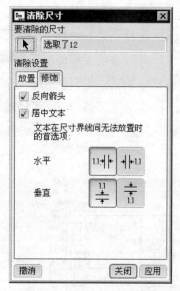

图 5.2.94　"清除尺寸"对话框（二）

- ☑　选中 反向箭头 复选框后，如果视图中某个尺寸的尺寸界线内放不下箭头，该尺寸的箭头自动反向到外面。
- ☑　选中 居中文本 复选框后，每个尺寸的文本自动居中。
- ☑　当视图中某个尺寸的文本太长，在尺寸界线间放不下时，系统可自动将它们移到尺寸线的外部，不过应该预先在 水平 和 垂直 区域单击相应的方位按钮，来设置文本的移出方向。

3．尺寸界线的破断

尺寸界线的破断是将尺寸界线的一部分断开，如图 5.2.95 所示。而删除破断的作用是将尺寸线断开的部分恢复，其操作方法是选择下拉菜单 注释 ➡ 命令，在要破断的尺寸界线上选取两点，"破断"即可形成。如果选取破断尺寸，然后在尺寸界线破断的点上右击，在弹出的图 5.2.96a 所示的快捷菜单中选取 删除 命令，可将断开的部分恢复；另外一种方法是将鼠标指针置于破断的尺寸界线上右击，在弹出的图 5.2.96b 所示的快捷菜单中选取 移除全部断点(B) 命令，则可以恢复完整的尺寸界线。

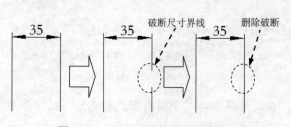

图 5.2.95　尺寸界线的破断与恢复

a)

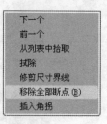

b)

图 5.2.96　快捷菜单

4. 使尺寸文本断开剖面线

在剖视图中标注尺寸时，有时尺寸会和剖面线重叠，这样尺寸文本就不太容易看清楚，因此有必要对此作相应的设置，使当尺寸和剖面线重叠时能够清楚地看出尺寸文本。

使尺寸文本断开剖面线的效果如图 5.2.97b 所示，其一般操作方法如下。

Step1. 将 工 作 目 录 设 置 至 D:\proewf5.7\work\ch05.02.05，打 开 工 程 图 文 件 base_drw_2.drw。

Step2. 选择下拉菜单 文件(F) ➡ 绘图选项(P)命令。

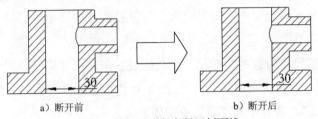

a）断开前　　　　　　　　　　　　b）断开后

图 5.2.97　尺寸文本断开剖面线

Step3. 此时系统弹出图 5.2.98 所示的"选项"对话框，在"选项"对话框左侧的配置文件列表中找到配置文件"def_xhatch_break_around_text"并单击选取它（可选择按字母排序后再查找）。

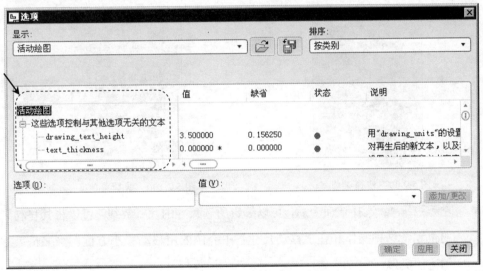

图 5.2.98　"选项"对话框

Step4. 此时在"选项"对话框中配置文件 def_xhatch_break_around_text 一栏反白显示，并且系统在"选项"对话框下部的 选项(O): 和 值(V): 文本框中自动添加有关配置文件 def_xhatch_break_around_text 的项目，如图 5.2.98 所示。

Step5. 单击 值(V): 文本框右侧的 ▼，在弹出的选项中选取 yes 选项，单击 添加/更改 按钮。

Step6. 单击"选项"对话框下部的 确定 按钮，关闭对话框。

Step7. 选择 注释 ➡️ ⊢⊣ 命令，创建图 5.2.97 b 所示的尺寸，可见尺寸文本断开了剖面线。

说明： 通过在"选项"对话框中更改相应配置文件的设置，可以对视图中的所有新建或已显示的尺寸作相应的格式改变，这也常被称为对尺寸作"全局性格式化"。

5．其他方面的尺寸编辑

如果要对尺寸进行其他方面的编辑，可以这样操作：选取要编辑的尺寸，当尺寸加亮显示后，右击，此时系统会依照右击时鼠标指针位置的不同弹出不同的快捷菜单，具体有以下几种情况。

第一种情况：当尺寸为自动生成尺寸时，如果右击在尺寸标注位置线或尺寸文本上，则弹出图 5.2.99 所示的快捷菜单（一），当尺寸为手动创建的尺寸时，系统弹出图 5.2.100 所示的快捷菜单（二），其各主要选项的说明如下。

- 拭除 ：选择该命令，系统会拭除所选尺寸（包括尺寸文本、尺寸线和尺寸界线）。
- 删除(D) ：选择该命令后，系统会删除所选尺寸。

说明： 当尺寸为手动创建的尺寸时，右击弹出的快捷菜单中也有 拭除 命令，若将手动创建的尺寸"拭除"，则这些被拭除的尺寸还存在于系统的数据库中。

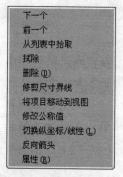
图 5.2.99　快捷菜单（一）

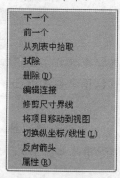
图 5.2.100　快捷菜单（二）

- 修剪尺寸界线 ：选择该命令后，可以编辑所选尺寸的尺寸界线，可以将其移动到合适的位置，这种操作和在"移动尺寸"中介绍的用移动"小方框"来编辑尺寸界线的方法类似。

- 将项目移动到视图 该命令的功能是将尺寸从一个视图移动到另一个视图，其操作方法为：选择该选项后，接着选取要移动到的目的视图。

下面说明在工程图中将尺寸从"主视图"移动到"放大图"的一般操作过程。

Step1. 将工作目录设置至 D:\proewf5.7\work\ch05.02.05，打开工程图文件 base_drw_3.drw。

Step2. 在图 5.2.101a 所示的主视图中选取尺寸"φ13"，然后右击，从弹出的快捷菜单中选择 将项目移动到视图 命令。

Step3. 在系统 ➡选取模型视图或窗口 的提示下，选取图 5.2.101a 所示的放大图，此时"主视图"中的尺寸"φ13"被移动到"放大图"中，如图 5.2.101b 所示。

Step4. 参照 Step2 和 Step3，将"主视图"中的尺寸"φ19.5"移动到"放大图"中，结果如图 5.2.101b 所示。

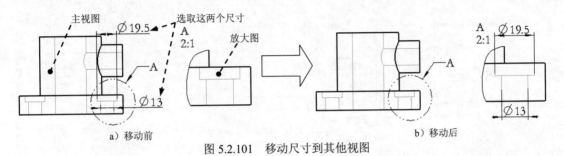

图 5.2.101　移动尺寸到其他视图

- 修改公称值：该选项的功能是修改工程图中自动生成尺寸的尺寸值（即尺寸的大小），从图 5.2.99 所示的快捷菜单中可以看出，对于手动创建的尺寸，其快捷菜单中没有 修改公称值 命令，说明不能修改其公称值，对于自动生成的尺寸，在此修改了公称值后，可以驱动原三维模型，使原三维模型中相应的尺寸值也发生变动；在修改完公称值后，请选择下拉菜单 视图(V) ➡ 更新(U) ➡ 绘制(D) 命令，更新模型。

说明：还可以先单击选中某尺寸，将鼠标指针移至尺寸文本上，双击，在弹出的文本框中输入新的尺寸值，按 Enter 键或单击中键；对于手动创建的尺寸，双击后系统不会弹出文本框。

- 切换纵坐标/线性(L)：该命令的功能是将线性尺寸转换为纵坐标尺寸或将纵坐标尺寸转换为线性尺寸。
- 反向箭头：选取该选项即可切换所选尺寸的箭头方向，如图 5.2.102 所示。
- 属性(R)：选取该选项后，系统弹出图 5.2.103 所示的"尺寸属性"对话框，该对话框有三个选项卡，即 属性、显示 和 文本样式 选项卡，通过在"尺寸属性"对话框中添加相应设置是编辑尺寸最主要的一种方法，还可以通过双击某尺寸来进入"尺寸属性"对话框，通过在"尺寸属性"对话框中作相应设置来编辑尺寸还常被称为"单独格式化尺寸"。下面对其中各功能进行简要介绍。

① 属性 选项卡，如图 5.2.103 所示。

a）在 名称 文本框中显示的是所选取尺寸在系统中已存在的编号或是名称，这个名称一般无法修改，且要注意其和尺寸值的差别。

b）在 值和显示 区域中，可单独设置所选尺寸的值以及小数位数。

c）在 公差 区域中，可单独设置所选尺寸的公差，设置项目包括公差显示模式、尺寸的公称值和尺寸的上下公差值。

d）在 格式 区域中，可选取尺寸显示的格式，即尺寸是以小数形式显示还是分数形式显示，角度单位是度还是弧度。

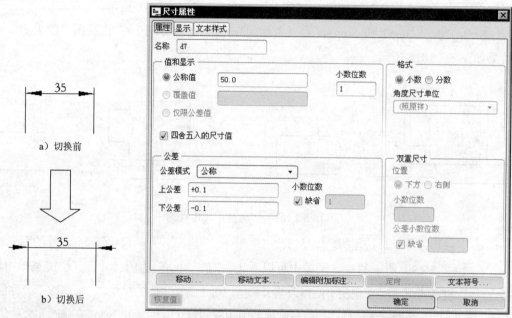

图 5.2.102　切换箭头方向　　　　图 5.2.103　"尺寸属性"对话框的"属性"选项卡

e）在 双重尺寸 区域中，用来指定双重尺寸的位置，可以指定第二尺寸放置在主尺寸的下方，或指定第二尺寸放置在主尺寸的右侧，若尺寸以小数形式显示，还可以指定小数的位数。

说明：

● 双重尺寸显示即视图中的尺寸同时以米制和英制单位显示，这样的双重标注形式可以细化模型。

● 可以通过对绘图设置文件作相应的设置来控制尺寸显示的格式，即是否使用双重尺寸以及它们的显示方式；控制是否使用双重尺寸以及它们的显示方式的绘图配置文件是 dual_dimensioning，其值有如下几种选择。

☑ no* 针对尺寸显示单个值。

☑ primary [secondary] 以主单位（由模型建立，一般是米制单位，如 mm）和辅助单位（一般是英制单位，如 in）显示尺寸，即辅助单位作为第二尺寸。

☑ secondary [primary] 以辅助单位和主单位显示尺寸，即主单位作为第二尺寸。

☑ secondary 仅显示绘图的辅助尺寸，就好像辅助尺寸是主尺寸一样。

● 在"选项"对话框中修改相应配置文件的设置的操作可参见"使尺寸文本断开剖面线"的相关内容。如果尺寸没有以双重尺寸的格式显示，则在"尺寸属性"对话框的"属性"选项卡中"双重尺寸"选项组显示为灰色，即不可用，如图 5.2.103 所示。双重尺寸的显示效果如图 5.2.104 所示（在图 5.2.104 所示的双重尺寸中，第二尺寸的单位为 in，由于将配置文件的值设置为 primary [secondary]后，系统默认第二尺寸的单位也为 mm，这可以通过将配置文件 dual_secondary_units 的值设置为"in"来将第二尺寸单位改为 in）。

f）在对话框的下方单击 移动... 按钮后，可移动整个尺寸；单击 移动文本... 按钮，可将尺寸文本沿着尺寸线移动；单击 编辑附加标注... 按钮，可重新编辑尺寸的标注，但这个命令只对手动创建的尺寸有效；单击 定向... 按钮，系统弹出图 5.2.105 所示的"尺寸方向"菜单，在该菜单中可设置尺寸的标注方向（该按钮只针对标注两圆中心或切边间距的尺寸）；单击 文本符号...，系统会弹出图 5.2.106 所示的"文本符号"对话框，通过该对话框中选取的符号只显示在 显示 选项卡的文本框中，这将在下面介绍 显示 选项卡时讲到。

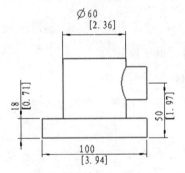

图 5.2.104　显示双重尺寸　　图 5.2.105　"尺寸方向"菜单　　图 5.2.106　"文本符号"对话框

② 显示 选项卡，如图 5.2.107 所示。

图 5.2.107　"显示"选项卡

　　a）在 显示 区域中，用户可以将工程图中零件的外形轮廓等基础尺寸按"基本"形式显示，将零件中重要的、需检验的尺寸按"检查"形式显示，另外在该区域中，还可以设置尺寸箭头的反向；在 前缀 文本框中可输入尺寸的前缀。例如，可将尺寸 φ 4 加上前缀 2×，变成 2×φ 4，也可以在 后缀 文本框内输入尺寸的后缀，还可以直接在空白文本框中加入尺寸的前缀和后缀。

　　b）在 尺寸界线显示 区域中，可以拭除所选取尺寸的某个选定的尺寸界线，也可以在拭除后将其显示出来，还可以使其以默认的状态显示。

　　由于一般手动创建的尺寸，系统不会增加相应的前缀和后缀，且有时某些标注的符号不确切或系统不能标注某些符号（如球面符号 S），因此需在 显示 选项卡中作相应的修改，下面结合例子介绍其操作过程。

　　Step1. 将 工 作 目 录 设 置 至　D:\proewf5.7\work\ch05.02.05，打 开 工 程 图 文 件 base_drw_4.drw。

　　Step2. 选择 注释 ➡ ⊢⊣ 命令，创建图 5.2.108a 所示的尺寸（此尺寸应为直径尺寸，但在尺寸文本前没有直径符号 φ，因此需在"尺寸属性"对话框中添加）。

　　Step3. 将鼠标指针置于上一步所创建的尺寸上，待其加亮显示时双击。

　　Step4. 此时系统弹出"尺寸属性"对话框，在 显示 选项卡中单击 前缀 文本框，然后单击对话框下方的 文本符号... 命令按钮。

　　说明：除了选取尺寸后右击，再选择 属性(R) 命令进入"尺寸属性"对话框外，还可以直接双击尺寸进入"尺寸属性"对话框，这是一种快捷的方法。

　　Step5. 此时系统弹出"文本符号"对话框，在其中单击 ⊘ 按钮，此时直径符号"φ"被插入到 前缀 文本框中。

　　Step6. 单击"文本符号"对话框中的 关闭 按钮，关闭"文本符号"对话框（也可以不关闭对话框，根据需要继续插入其他符号）。

　　Step7. 单击"尺寸属性"对话框中的 确定 按钮，关闭"尺寸属性"对话框，此时在视图中尺寸显示如图 5.2.108b 所示。

　　说明：添加球面符号 S 的效果如图 5.2.109b 所示。在这里应注意，在 Pro/ENGINEER 系统中，不能直接创建表达球面的尺寸标注，一般先以圆的半径或直径来标注，再在其尺寸数值前添加表示球面的符号 S。

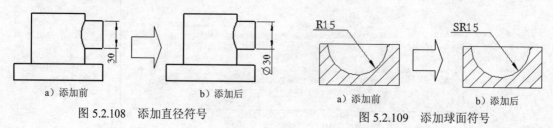

图 5.2.108　添加直径符号　　　　　　　　　图 5.2.109　添加球面符号

③ 文本样式 选项卡，如图 5.2.110 所示。

a）在 复制自 区域中，在 样式名称 后面的下拉列表中可以选取当前文本使用的样式，如果选取"Default"，则使用系统默认的文本样式；如果单击 选取文本... 按钮，再在图形区中选取其他文本，则系统会将所选文本的文本样式应用到当前尺寸文本上。

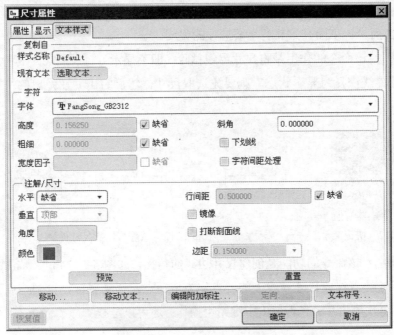

图 5.2.110　"文本样式"选项卡

b）在 字符 区域中，可以在 字体 后面的下拉列表中选取相应的文本格式和字体类型，取消 缺省 复选框可修改文本的字高、线粗和宽度因子，另外还可设置文本倾斜的角度、是否带下划线和字符间距处理。

c）在 注解/尺寸 区域中，可以设置注解或尺寸的对齐方式、行间距大小、是否打断剖面线等。如单击 颜色 命令按钮 ■，系统弹出图 5.2.111 所示的"颜色"对话框，可以先选取需改变颜色的项目，再选取所需的颜色，最后单击 确定 按钮，即可改变所选尺寸的颜色（包括尺寸文本和尺寸线），用户还可新建并自己定义新的颜色。

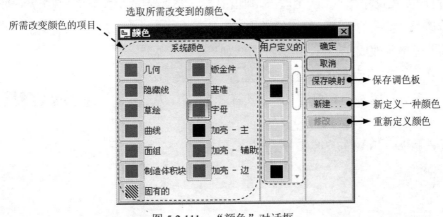

图 5.2.111　"颜色"对话框

但这些命令主要针对注解的编辑，在尺寸的编辑中很少用，且有些命令对于尺寸的编辑无效。

d）单击 预览 按钮可立即看到改变设置的效果，单击 重置 按钮可将设置恢复到初始状态。

第二种情况：在尺寸界线上右击，弹出图 5.2.112 所示的快捷菜单，拭除与恢复尺寸界线如图 5.2.113 所示。下面介绍其各主要选项的说明。

（1） 拭除 ：该命令的作用是将尺寸界线拭除（即不显示），如图 5.2.113 所示。如果要将拭除的尺寸界线恢复为显示状态，则要先选取尺寸，然后右击并在弹出的快捷菜单中选取 显示尺寸界线 命令。

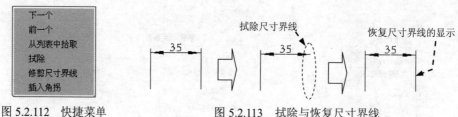

图 5.2.112　快捷菜单　　　　图 5.2.113　拭除与恢复尺寸界线

（2） 插入角拐 ：该命令的功能是创建尺寸边线的角拐，如图 5.2.114b 所示。操作方法为，选择该命令后，接着选取尺寸界线上的一点作为角拐点，移动鼠标，直到该点移到所希望的位置，然后再次单击左键，再单击中键结束操作。还可以选择 注释 ➡ 命令来插入角拐。

选中尺寸后，右击角拐点的位置，在弹出的快捷菜单中选取 删除 命令，即可删除角拐。

a）创建前　　　　　　　　　　　b）创建后

图 5.2.114　创建角拐

第三种情况：在尺寸线的箭头上右击，弹出图 5.2.115 所示的快捷菜单，其中 箭头样式(A)... 的功能是修改尺寸箭头的样式，箭头的样式可以是箭头、实心点、斜杠等，如图 5.2.116 所示，可以将尺寸箭头改成实心点，其操作方法如下。

Step1. 在图 5.2.115 所示的快捷菜单中选择 箭头样式(A)... 命令。

Step2. 系统弹出图 5.2.117 所示的"箭头样式"菜单，从该菜单中选取 Filled Dot（实心点） 命令。

Step3. 选择 Done/Return（完成/返回） 命令。

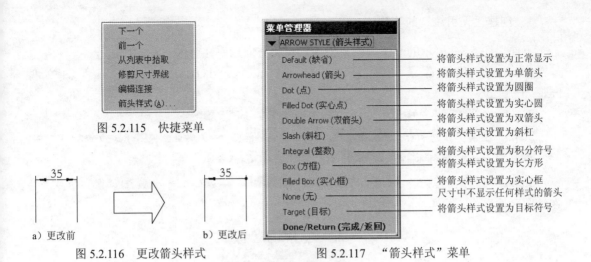

图 5.2.115　快捷菜单

图 5.2.116　更改箭头样式

图 5.2.117　"箭头样式"菜单

5.3　注　解　标　注

5.3.1　创建注解

在工程图中，除了尺寸标注外，还应有相应的文字说明，即技术要求，如工件的热处理要求、表面处理要求等。所以在创建完视图的尺寸标注后，还需要创建相应的注解标注。

选择 注释 ➡ A命令，系统弹出图 5.3.1 所示的 ▼ NOTE TYPES (注解类型) 菜单，在该菜单下，可以创建用户所要求的属性的注解，下面结合例子介绍创建一般注解的操作方法。

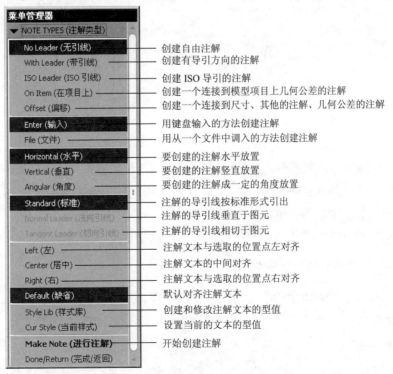

图 5.3.1　"注解类型"菜单

1. 创建"无引线"的注解

下面以图 5.3.2 所示的注解为例，说明创建无方向指引注解的一般操作过程。

Step1. 将工作目录设置至 D:\proewf5.7\work\ch05.03.01，打开工程图文件 base_drw_1.drw。

Step2. 选择 注释 ➡ A≡ 命令，系统弹出 ▼ NOTE TYPES (注解类型) 菜单。

Step3. 在菜单中选择 No Leader (无引线) ➡ Enter (输入) ➡ Horizontal (水平) ➡ Standard (标准) ➡ Default (缺省) ➡ Make Note (进行注解) 命令。

Step4. 在弹出的图 5.3.3 所示的 ▼ GET POINT (获得点) 菜单中选择 Pick Pnt (选出点) 命令，并在绘图区选取一点作为注解的放置点，系统弹出"文本符号"对话框。

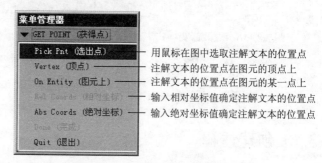

技术要求
1. 未注倒角为 C1.5。
2. 未注圆角半径为 R2。

图 5.3.2 "无引线"的注解　　　　　图 5.3.3 "获得点"菜单

Step5. 在系统 输入注解: 的提示下，输入文字"技术要求"，单击两次 ✓ 按钮完成操作。

说明：在操作 Step4 后，工程图中的尺寸数值及系统定义的参数，均自动转换成以符号表示的形式，如图 5.3.4 所示；还可以在"文本符号"对话框中选择相应的符号命令作为注解插入到视图中。

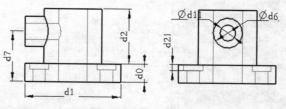

图 5.3.4 尺寸显示

Step6. 选择 Make Note (进行注解) 命令，在注解"技术要求"下面选取一点。

Step7. 在系统 输入注解: 的提示下，输入"1. 未注倒角为 C1.5。"，单击 ✓ 按钮，输入"2. 未注圆角半径为 R2。"，单击两次 ✓ 按钮。

Step8. 选择 Done/Return (完成/返回) 命令，结果如图 5.3.2 所示。

2. 创建"带引线"的注解

下面以图 5.3.5b 所示的注解为例，说明创建有方向指引注解的一般操作过程。

Step1. 将工作目录设置至 D:\proewf5.7\work\ch05.03.01，打开工程图文件 base_drw_2.drw。

Step2. 选择 注释 ➡ 命令，系统弹出 ▼ NOTE TYPES (注解类型) 菜单。

Step3. 在该菜单中选择 With Leader (带引线) ➡ Enter (输入) ➡ Horizontal (水平) ➡ Standard (标准) ➡ Default (缺省) ➡ Make Note (进行注解) 命令，系统弹出 ▼ ATTACH TYPE (依附类型) 菜单。

Step4. 定义注解导引线的起始点。在 ▼ ATTACH TYPE (依附类型) 菜单中选择 On Entity (图元上) ➡ Arrow Head (箭头) 命令，然后选取图 5.3.5a 所示的边线为引线的起始位置，再单击"选取"对话框中的 确定 按钮，选择 Done (完成) 命令。

说明：可以参照尺寸的标注方法，通过在 ▼ ATTACH TYPE (依附类型) 菜单中选择确切的命令来定义注解导引线的起始点；还可以在其中选取合适的起始端的形状。

Step5. 放置注解文本。在绘图区选取一点作为注解的放置点，如图 5.3.5a 所示。

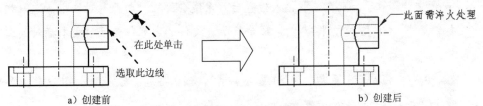

a) 创建前　　　　　　　　　　　　　　　　　　b) 创建后

图 5.3.5　创建"带引线"的注解

Step6. 在系统 输入注解: 的提示下，输入"此面需淬火处理"，按两次 Enter 键。

Step7. 选择 Done/Return (完成/返回) 命令。

说明：

● 在以上两例中，用到 ▼ NOTE TYPES (注解类型) 菜单中的 No Leader (无引线) 命令和 With Leader (带引线) 命令，还有 ISO Leader (ISO 引线)、On Item (在项目上) 和 Offset (偏移) 三种命令。其中 ISO Leader (ISO 引线) 命令的功能和 With Leader (带引线) 类似，当选择 On Item (在项目上) 或 Offset (偏移) 时，操作和效果会有所不同。

☑ 选择 On Item (在项目上) 命令后，在工程图中的图元上选取一个项目，注解文本将放置于该项目的位置上，其效果如图 5.3.6b 所示。

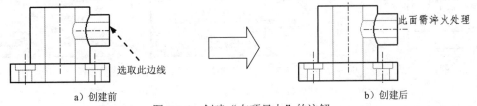

a) 创建前　　　　　　　　　　　　　　　　　　b) 创建后

图 5.3.6　创建"在项目上"的注解

☑ 选择 Offset (偏移) 命令后，在视图中选取一个尺寸、箭头、注解、几何公差、基准点或轴端点等，再选取一个放置位置来放置注解文本，其效果如图 5.3.7b 所示（添加的注解和选择 No Leader (无引线) 创建的注解效果是类似的）。

● 在以上两例中，只用到 ▼ NOTE TYPES (注解类型) 菜单中的 Standard (标准) 命令，当选择

With Leader (带引线)和 Normal Leader (法向引线)（或 Tangent Leader (切向引线)）命令时，选择 Make Note (进行注解)命令后弹出 ▼ LEADER TYPE（引线类型）菜单，在其中选取合适的命令来设置起始端的形状，其效果如图 5.3.8 所示。

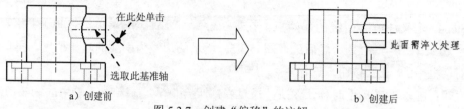

a）创建前   b）创建后

图 5.3.7 创建"偏移"的注解

- 在以上两例中，只用到 ▼ NOTE TYPES (注解类型) 菜单中的 Enter (输入) 命令，如果选择 File (文件) 命令，则在选取插入位置后，系统会弹出"打开"对话框，选取相应的文本文件（txt 格式文件），则系统会将所选文件的内容作为注解文本插入到工程图中。

- ▼ NOTE TYPES (注解类型) 菜单中的 Style Lib (样式库) 和 Cur Style (当前样式) 命令主要用来作注解文本样式方面的设置。

- 当选择 Style Lib (样式库) 命令时，系统会弹出图 5.3.9 所示的"文本样式库"对话框，在其中的 样式 栏中显示系统自带的三种样式，读者可以在此对话框中新建样式、对所选取的样式作修改，也可以删除某个样式（但不能删除系统自带的三种样式）。

- 当选择 Cur Style (当前样式) 命令时，系统弹出图 5.3.10 所示的"选取样式"菜单，读者可以选取相应的样式，以将其应用到当前的注解文本上；还可以先接受系统默认的文本样式，在创建完注解后再对其编辑，这将在注解的编辑中讲到。

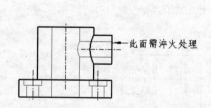  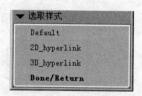

图 5.3.8 创建"法向引线"的注解   图 5.3.9 "文本样式库"对话框   图 5.3.10 "选取样式"菜单

5.3.2 手动创建球标

在装配体工程图中可以自动生成球标，但在某些情况下也需要手动创建球标。球标的创建和注解的创建是类似的，下面结合例子介绍球标创建的一般过程。

Step1. 将工作目录设置至 D:\proewf5.7\work\ch05.03.02，打开工程图文件 multi_view.drw。

Step2. 选择 注释 ➡ ⒶＡ命令，系统弹出 ▼ NOTE TYPES (注解类型) 菜单。

Step3. 从该菜单中依次选择 With Leader (带引线) ➡ Enter (输入) ➡ Horizontal (水平) ➡ Standard (标准) ➡ Default (缺省) ➡ **Make Note (进行注解)** 命令。

Step4. 此时系统弹出 ▼ ATTACH TYPE (依附类型) 菜单，依次选择 On Entity (图元上) ➡ Arrow Head (箭头) 命令，选取图 5.3.11a 所示的边线，单击中键。

Step5. 在提示 ⇨ 输入注释: 后面的文本框中输入 "1"，按两次 Enter 键，此时在视图中显示图 5.3.11b 所示的球标，选择 Done/Return (完成/返回) 命令。

　　a）创建前　　　　　　　　　　　　　　　　　　b）创建后

图 5.3.11　手动创建球标（一）

Step6. 重复上述步骤，创建图 5.3.12 所示的球标。

说明：

- 在简单的装配体工程图或多模型工程图中，可以用上述介绍的方法手动创建球标，但如果在复杂的装配体工程图中这样做很繁琐，因此可以用自动生成球标的方法，这将在后面的章节中讲到。

- 对球标的编辑和对注解的编辑操作也是类似的，故在后面的介绍中只讲解对注解的编辑操作，读者可参考其对球标进行相应的编辑操作。

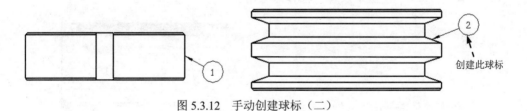

创建此球标

图 5.3.12　手动创建球标（二）

5.3.3　显示、拭除与删除注解

1. 显示注解

在有些零件中，含有系统自动添加的注解和用户在零件环境中添加的注解，一般这些注解存在于系统的数据库中，默认情况下，它们是不可见的，可以通过选择下拉菜单 注释 ➡ 显示模型注释 命令，在图 5.3.13 所示的 "显示模型注释" 对话框中做相应的操作来使数据库中的注解显示出来，如在零件 "base" 的工程图中显示全部注解后，结果如图 5.3.14 所示。显示注解的操作可参见"自动生成尺寸的显示"相关内容。

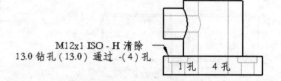

图 5.3.13　"显示模型注释"对话框　　　　　　　　图 5.3.14　显示注解

说明：如果用户需要在零件环境中为零件添加注解，可在零件环境中选择下拉菜单
插入(I) ➡ 注释(A) ➡ A 注解(N) 命令，在弹出的图 5.3.15 所示的"模型注解"菜单中选
择 New (新建) 命令，此时系统弹出图 5.3.16 所示的"注解"对话框。在对话框的 父项 区域的下
拉列表中设置需添加注解的项目类型，分为 零件 和 特征 两种选项，在图形区选取需添加注解
的零件或特征，然后在 文字 文本框中输入注解文字。单击 放置 区域中的 放置... 按钮，
在弹出的 ▼ NOTE TYPES(注解类型) 菜单中设置注解是否带引线和引线的类型，具体操作与在工程
图视图中添加注解相同。注解放置完成后，单击对话框中的 确定 按钮。通过此操作添加的
注解将在工程图环境中"显示注解"操作后自动显示。

图 5.3.15　"模型注解"菜单

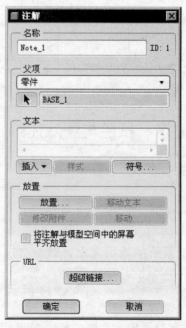

图 5.3.16　"注解"对话框

2．拭除注解

选取注解，右击，从弹出的快捷菜单中选择 拭除 命令来拭除注解，其详细操作可参见"自动生成尺寸的拭除"的相关内容。

说明：同手动创建的尺寸一样，如果是手动创建的注解，也可以将其拭除。拭除后，其还是存在于系统的数据库中，只是已不可见，当再次显示时，其会被显示出来。

3．删除注解

"删除注解"只可用于手动创建的注解，注解被删除后不可恢复，其操作方法同删除手动创建的尺寸一样，此处不再赘述。

5.3.4　编辑注解

1．移动注解

注解被显示或创建后，如果认为其放置位置不合适，可以通过移动操作将其移到合适的位置，由于创建注解有不同的方式，所以在移动不同形式的注解时，其操作方法也各有不同。

（1）选择 No Leader (无引线) 和 Offset (偏移) 创建的注解。这种注解无指引线，可以被移到工程图中任意的位置。移动时，可先选中它，当注解加亮显示后，将鼠标指针置于注解上，此时光标变为 ✥ ，按住左键，并移动鼠标，注解会随着鼠标移动，移到所需的位置后，松开鼠标的左键。

（2）选择 With Leader (带引线) 和 ISO Leader (ISO 引线) 创建的注解。这种注解有指引线，因此其移动操作较无指引线的复杂，移动时，可先选取它，如图 5.3.17 所示，同尺寸被选取后一样，在注解文本及其指引线的周围出现小方框。当鼠标指针移至这些小方框的附近时，指针以双箭头和四箭头的形式显示，拖动小方框可对注解作不同形式的移动。

如果创建的注解选择的是 Normal Leader (法向引线) 或 Tangent Leader (切向引线) 命令，则在移动注解时，系统仍会保持其对应的法向或切向约束关系，其移动的形式会因受到约束而有所不同。

说明：图 5.3.17 所示的工程图文件位于 D:\proewf5.7\work\ch05.03.04 中，文件名为 base_drw_01.drw，供读者参考。

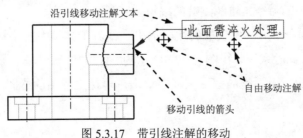

图 5.3.17　带引线注解的移动

（3）选择 `On Item (在项目上)` 创建的注解。由于此注解会依附于所选取的项目上，因此其无法移动。

2. 编辑注解属性

除了移动注解外，如果有需要还可对注解作进一步的编辑，如注解文本的内容、注解文本的样式、注解在视图间的移动等。当选取某手动创建的带引线的注解后，在注解文本上右击，系统弹出图 5.3.18 所示的快捷菜单（一）。

说明：对于自动显示出来的注解和用各种不同方式创建的注解，选中右击后会弹出不同的快捷菜单。如选中自动显示出来的注解，会弹出图 5.3.19 所示的快捷菜单（二）；选中后右击无引线的注解，会弹出图 5.3.20 所示的快捷菜单（三）；对于带有引线的注解，依据右击时鼠标指针位置的不同也会弹出不同的快捷菜单，如在注解文本上右击时会弹出图 5.3.18 所示的菜单，在指引线上右击时会弹出图 5.3.21 所示的快捷菜单（四），在箭头上右击时会弹出图 5.3.22 所示的快捷菜单（五）。

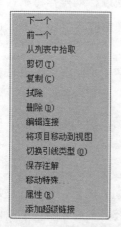

图 5.3.18 快捷菜单（一）

图 5.3.19 快捷菜单（二）

图 5.3.20 快捷菜单（三）

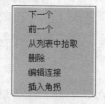

图 5.3.21 快捷菜单（四）

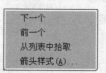

图 5.3.22 快捷菜单（五）

下面根据菜单中的命令来讲解注解的编辑。

（1）选择 剪切(T) 命令后，所选取的注解消失，此时工具栏中的"粘贴"按钮 显示为可用，单击 按钮，此时系统弹出图 5.3.23 所示的"剪贴板"对话框和 ▼ GET POINT (获得点) 菜单。先在"剪贴板"对话框的空白区域中单击，再在工程图的绘图区选取一点，则注解被粘贴到工程图中。

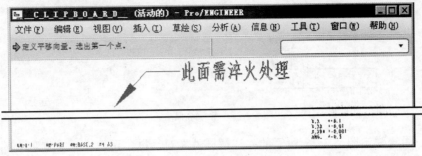

图 5.3.23 "剪贴板"对话框

（2） 复制(C) 命令也可以将注解粘贴到工程图中的其他位置上，**但选择** 复制(C) **命令后，原注解仍保留在工程图中。**

（3） 拭除 和 删除(D) 命令用来拭除和删除注解，其操作的效果可参照 5.3.3 节。

（4）在注解文本上右击，在弹出的快捷菜单中选择 编辑连接 后，**系统弹出图** 5.3.24 **所示的** ▼ MOD OPTIONS (修改选项) 菜单。选择其中相应的命令可以修改注解的依附类型；在指引线上右击，在弹出的快捷菜单中选择 编辑连接 命令后，系统弹出 ▼ ATTACH TYPE (依附类型) 菜单，可以在图元上选取一点，以重新定义箭头依附的图元。

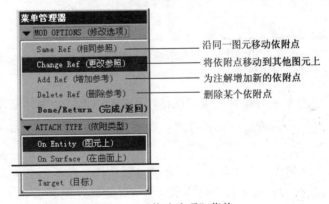

图 5.3.24 "修改选项"菜单

（5）选择 将项目移动到视图 命令，再选取所要移动到的视图，**可以将注解移动到所选取的视图上，**和尺寸的移动操作类似。

（6）只有在右击自动显示出来的注解的快捷菜单中才有 编辑值 命令，对于不同的注解，系统会显示出不同的操作，下面对其进行详细介绍。

Step1. 将 工 作 目 录 设 置 至 D:\proewf5.7\work\ch05.03.04，**打 开 工 程 图 文 件** base_drw.drw。

Step2. 选择 注释 ➡ 显示模型注释 命令，在"显示模型注释"对话框中单击 A≡ 按钮，再选中绘图区的主视图，显示图 5.3.25 所示的注解。

Step3. 选取图 5.3.25 所示的注解，右击，在弹出的快捷菜单中选择 编辑值 命令。

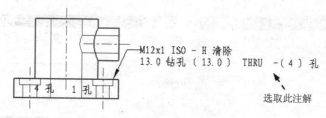

图 5.3.25   显示注解

Step4. 系统弹出图 5.3.26 所示的"注解属性"对话框，可以在 文本 选项卡的文本框中直接对文本内容进行修改（详细的修改方法见下面的说明）。

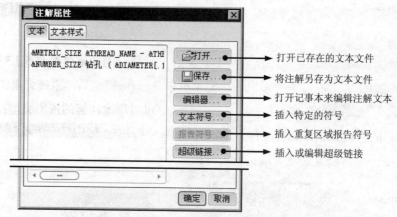

图 5.3.26   "注解属性"对话框

说明：

- 由于系统自动生成的注解中含有包括标准孔的信息，在文本框中有关于标准的不常用文本符号，读者可以先不考虑，在学完后面的高级应用后可以再对此作相应的理解和应用。

- 修改注解文本的另一种方法是，单击"注解属性"对话框中的 编辑器... 按钮，系统弹出图 5.3.27 所示的"记事本"窗口，可以在记事本中修改文本内容，修改并保存记事本，再单击"注解属性"对话框中的 确定 按钮，即可修改文本内容。

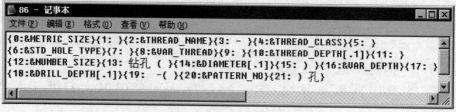

图 5.3.27   "记事本"窗口

- 从图 5.3.27 所示的"记事本"窗口中可看出，注解文本被系统分解成可独立于其余注解而单独处理的文本区域，每个文本区域以大括号与其他文本区域相隔开，并且在每个文本区域中，系统在之前加以整数标签。标签标明文本的起始顺序及该部分的所有属性。因此，如果要增加必要的文本，需要添加相应的大括号和整数标签；如果要更改原来文本的内容，需在大括号中作相应的修改。在记事本中的行数是显示在视图中注解的行数，因此通过在文本行中对行数的修改即可修改注解的行数（注意如果要删除注解中的文本行，需删除该行的所有文字内容，包括该行的大括号、整数标签及空行）。如果直接在"文本"选项卡的文本框中修改，其相应的规则和在记事本中的修改类似，只是在文本框中各个文本区域并没有被大括号隔开，且没有整数标签。

- 还可以通过在文本框或记事本中添加特定的符号来改变引线所指引到的文本行，在创建完多行注解后，系统默认将指引线指引到注解文本的第一行，如果要将指引线指引到其他行，可以在文本框或记事本中需指引到的那一行之前添加文本"@O"，即如果要作图 5.3.28 所示的修改，可以在文本行中添加图 5.3.29 所示的文本。

说明：图 5.3.28 所示的工程图文件位于 D: \proewf5.7\work\ch05.03.04 中，文件名依次为 base_drw_02.drw 和 base_drw_03.drw，供读者参考。

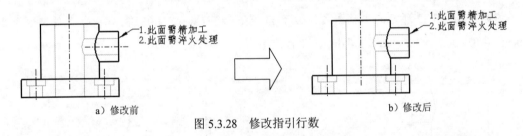

a) 修改前　　　　　　　　　　　　　　　　　　　　b) 修改后

图 5.3.28　修改指引行数

一般对于系统自动生成的注解，这种修改不起作用，即只可以在手动创建注解时，在输入文本时通过输入文本"@O"来改变引线的指引或在创建完成后在文本框或记事本中修改（由于手动创建的注解，右击后无 编辑值 命令，故需选择 属性⑧ 命令进入"注解属性"对话框）；如果在多行前均添加文本"@O"，则指引线将指引到这些文本行中的首行。

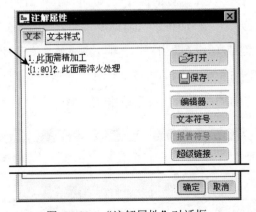

图 5.3.29　"注解属性"对话框

● 如果在 Step3 中选取图 5.3.30 所示的注解，右击选择 编辑值 命令后，系统在信息提示区显示图 5.3.31 所示的系统提示文本框，在其中的文本栏输入值后单击 ✓ 按钮，则视图中注解的值显示为被改变。

说明：图 5.3.30 所示的工程图文件位于 D:\proewf5.7\work\ch05.03.04 中，文件名为 base_drw_04.drw，供读者参考。

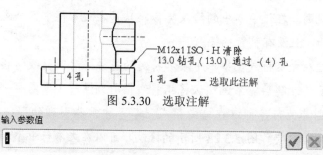

图 5.3.30　选取注解

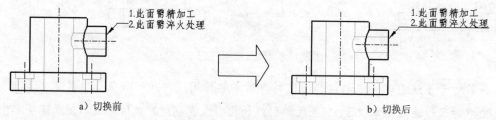

图 5.3.31　系统提示文本框

（7）切换引线类型 (O) 命令主要用来将引线类型切换为 ISO 或从 ISO 切换，选择切换引线类型 (O) 命令的效果如图 5.3.32 所示。

说明：图 5.3.32 所示的工程图文件位于 D:\proewf5.7\work\ch05.03.04 中，文件名依次为 base_drw_05.drw 和 base_drw_06.drw，供读者参考。

a）切换前　　　　　　　　　　　　　　　　b）切换后

图 5.3.32　切换引线类型

（8）移动特殊... 命令主要用来将注解文本移动到所需要的位置，选择 移动特殊... 命令后，系统弹出图 5.3.33 所示的"移动特殊"对话框（一），可见其中有四种移动方式。

● 系统默认按下 按钮，"移动特殊"对话框（一）如图 5.3.33 所示，输入 X 和 Y 坐标后，按 Enter 键或单击 确定 按钮，可以将注解文本移动到指定的位置。

● 单击 按钮，在图 5.3.34 所示的"移动特殊"对话框（二）中，分别输入注解文本在 X 方向和 Y 方向的偏移量，最后单击 确定 按钮。

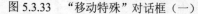

图 5.3.33　"移动特殊"对话框（一）

图 5.3.34　"移动特殊"对话框（二）

- 单击 按钮，此时"移动特殊"对话框（三）如图 5.3.35 所示，在绘图区选取某图元上的一点可以将注解文本移动到指定的位置。
- 单击 按钮，此时"移动特殊"对话框（四）如图 5.3.36 所示，在绘图区选取某图元上的一个顶点可以将注解文本移动到指定的位置。

图 5.3.35　"移动特殊"对话框（三）　　　　图 5.3.36　"移动特殊"对话框（四）

（9）选择 属性(R) 命令后，系统弹出"注解属性"对话框，在该对话框中对注解进行编辑，"注解属性"对话框有 文本 和 文本样式 两个选项卡，文本 选项卡如图 5.3.29 所示，在 文本 选项卡中主要作文本内容的修改，这在前面已做过介绍；文本样式 选项卡如图 5.3.37 所示，在其中的 复制自 、字符 和 注解/尺寸 三个区域中作相应的设置来改变注解文本的文本样式。

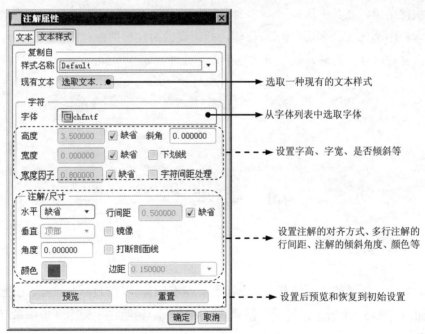

图 5.3.37　"文本样式"选项卡

（10）选择 添加超级链接 命令后，系统弹出图 5.3.38 所示的"编辑超级链接"对话框，在 键入URL或内部链接 下的文本框中输入所要链接到的文件夹或其他项目的地址，单击 确定(0) 按钮，即可创建超级链接，添加完超级链接后，在注解文本的下面出现下划线，此时选取注解后，在注解文本上右击，系统弹出图 5.3.39 所示的快捷菜单，在其中选择 超级链接(H) 命令可以重新编辑链接，选择 移除超级链接 命令可以删除超级链接，但删除后，注解文本下方的下划线仍存在，这需要在"注解属性"对话框中修改，添加完超级链接后，按住 Ctrl 键并单击注解文本，即可打开链接到的项目。

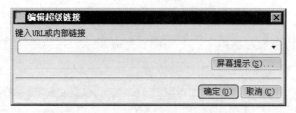
图 5.3.38　"编辑超级链接"对话框

图 5.3.39　快捷菜单

（11）选择 插入角拐 命令后，可以参照在编辑尺寸中的操作，在指引线上也插入角拐。

（12）选择 箭头样式(A)... 命令后，系统弹出"箭头样式"菜单管理器，可以在其中选取所需要的箭头样式。

5.3.5　保存注解

注解在创建和编辑后，需进行保存操作。选取某需要保存的注解，在注解文本上右击，系统弹出快捷菜单，在其中选择 保存注解 命令，此时系统弹出图 5.3.40 所示的系统提示文本框，在文本栏中输入文件名后单击 按钮，即可完成对注解的保存。

说明：也可以在"注解属性"对话框中保存注解。

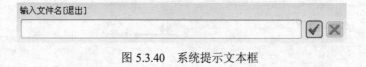
图 5.3.40　系统提示文本框

5.4　基 准 标 注

5.4.1　创建基准平面

在工程图中，经常需要标注基准（基准面、基准轴），以作为标注尺寸、公差等参数的参照。下面以在图 5.4.1 所示的视图中创建基准 A 为例，说明在工程图环境中基准标注的一般操作过程。

Step1. 将工作目录设置至 D:\proewf5.7\work\ch05.04.01，打开工程图文件 base_drw_1. drw。

Step2. 选择下拉菜单 注释 ➡ 插入 ▾ ➡ 模型基准平面 ▾ ➡ 模型基准平面 命令，系统弹出"基准"对话框。

Step3. 在"基准"对话框中进行下列操作。

（1）在"基准"对话框的 名称 文本框中输入基准名 A。

（2）单击该 定义 区域中的 ［ 在曲面上… ］ 按钮，然后选

取图 5.4.1 所示的边线。

说明：如果没有现成的平面可选取，可单击 定义 区域中的 ［ 定义… ］

按钮，此时系统弹出图 5.4.2 所示的菜单管理器，利用该菜单管理器可以定义所需要的基

准平面。

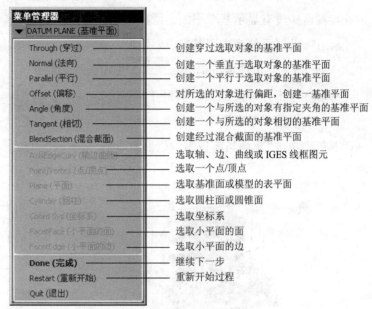

图 5.4.1　基准标注　　　　　　　图 5.4.2　"基准平面"菜单

（3）在 类型 区域中按下 ［ A◀ ］ 按钮，此时在视图中显示基准，如图 5.4.3 所示。

（4）在 放置 区域中选中 ◉ 在基准上 单选项，最后单击 ［ 确定 ］ 按钮。

说明：如果还需创建基准面，可单击 ［ 新建 ］ 按钮，再按以上步骤创建基准面。

Step4. 选取基准，按住鼠标左键，将基准符号移至合适的位置。

Step5. 视情况将其他视图中不需要的基准符号拭除，如拭除图 5.4.3 中所示的符号。

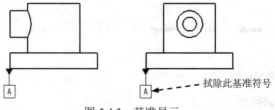

图 5.4.3　基准显示

说明：如果在模型中设置了基准平面，则可以选择下拉菜单 ［ 注释 ］ ➡ ［ 显示模型注释 ］ 命令，

将其自动显示出来（在"显示模型注释"对话框中单击 ［ ⛵ ］ 按钮）。

下面以模型"base"为例来说明在模型中创建基准平面的一般过程。

Step1. 将工作目录设置至 D:\proewf5.7\work\ch05.04.01，打开模型文件 base_2.prt。

Step2. 选择下拉菜单 插入(I) ➡ 注释(A) ➡ 几何公差(G) 命令，系统弹出 ▼ GEOM TOL (几何公差) 菜单。

Step3. 在 ▼ GEOM TOL (几何公差) 菜单中选择 Set Datum (设置基准) 命令。

Step4. 在系统 ➡选择参照基准. 的提示下，选取图 5.4.4 所示的基准平面"RIGHT"（如果此时在绘图区中没有显示基准平面，请在工具栏中单击 按钮，显示基准平面）。

Step5. 此时系统弹出"基准"对话框，在 类型 区域中单击 -A- 按钮，在 放置 区域中选中 ◉ 在基准上 单选项，单击 确定 按钮。

Step6. 单击打开按钮 ，打开工程图文件 base_drw_2.drw。

Step7. 单击"基准平面开/关"按钮 ，使其处于弹起状态（即不显示基准平面），再在工具栏中单击"重画当前视图"按钮 ，可见在工程图中显示基准平面 RIGHT，如图 5.4.5 所示。

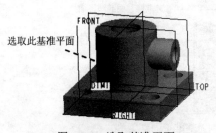

图 5.4.4 选取基准平面

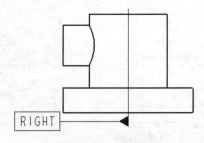

图 5.4.5 基准显示

5.4.2 创建基准轴

下面将在模型"**base**"的工程图中创建图 5.4.6 所示的基准轴 B，以此说明在工程图环境中创建基准轴的一般操作过程。

Step1. 将工作目录设置至 D:\proewf5.7\work\ch05.04.02，打开工程图文件 base_drw.drw。

Step2. 选择 注释 ➡ 插入 ▾ ➡ ▢ 模型基准平面 ▾ ➡ ✓ 模型基准轴 命令，系统弹出"轴"对话框。

Step3. 在此对话框中进行下列操作。

（1）在"轴"对话框的 名称 文本栏中输入基准名 B。

（2）单击该对话框中的 定义... 按钮，在弹出的图 5.4.7 所示的"基准轴"菜单中选取 Thru Cyl (过柱面) 命令，然后在图形区选取图 5.4.6 所示的圆柱面。

（3）在 类型 区域中单击 A◀ 按钮，在 放置 区域中选中 ◉ 在基准上 单选项。

（4）单击 确定 按钮，系统即在每个视图中都创建基准符号。

Step4. 选取基准，按住鼠标左键，将基准符号移至合适的位置。

Step5. 视情况将某个视图中不需要的基准符号拭除。

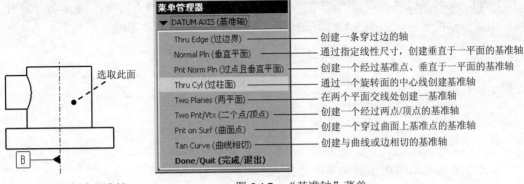

图 5.4.6 创建基准轴   图 5.4.7 "基准轴"菜单

5.4.3 创建基准目标

下面将在模型"base"的工程图中创建图 5.4.8 所示的基准目标，以此说明在工程图环境中创建基准目标的一般操作过程。

Step1. 将工作目录设置至 D:\proewf5.7\work\ch05.04.03，打开工程图文件 base_drw.drw。

Step2. 选择 注释 ➡ 🔲 ➡ 🅐 命令。

Step3. 在系统 ➡为目标选取设置基准平面或轴. 的提示下，选取图 5.4.9 所示的基准面，系统弹出图 5.4.10 所示的菜单管理器。

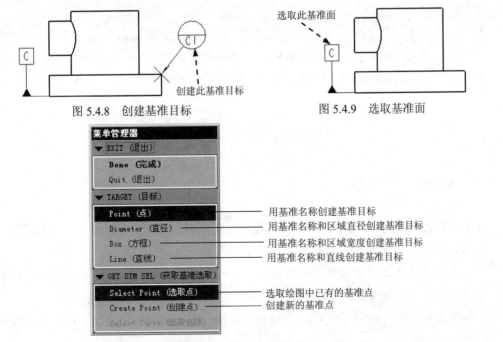

图 5.4.8 创建基准目标   图 5.4.9 选取基准面

图 5.4.10 菜单管理器

Step4. 选择 `Point (点)` ➡ `Create Point (创建点)` 命令，系统弹出"基准点"对话框。

Step5. 在图形区选取图 5.4.11 所示的点，单击"基准点"对话框中的 `确定` 按钮。

Step6. 此时系统弹出 `▼ GET POINT (获得点)` 菜单，在图 5.4.11 所示的位置单击，此时在视图中显示基准目标，如图 5.4.8 所示。

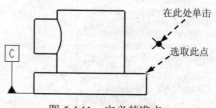

图 5.4.11　定义基准点

Step7. 在图 5.4.10 所示的菜单中选择 `Done (完成)` 命令。

说明： 也可以选择下拉菜单 `注释` ➡ `⬚▼` ➡ `⬚`（或 `⬚`）命令，创建基准平面或基准轴。

5.4.4　基准的拭除与删除

拭除基准的真正含义是在工程图环境中不显示基准符号，同自动生成尺寸的拭除一样（在工程图环境中只能拭除基准符号），而基准的删除是将其从模型中真正完全地去除，所以基准的删除要切换到零件模块中进行，其操作方法如下。

（1）切换到零件模块环境。

（2）从模型树中找到基准名称，并单击该名称，再右击，从弹出的快捷菜单中选择 `删除(D)` 命令。

注意：

- 一个基准被拭除后，系统还不允许重名，即再创建其他基准时不能使用先前的名称，因此只有切换到零件模块中，将其从模型中删除后才能给出同样的基准名。
- 如果一个基准被某个几何公差所使用，则只有先删除该几何公差，才能删除该基准。

5.5　尺 寸 公 差

5.5.1　显示尺寸公差

在 Pro/ENGINEER 系统下的工程图环境中，可以调节尺寸的显示格式，如只显示尺寸的公称值、以最大极限偏差和最小极限偏差的形式显示尺寸、以公称尺寸并带有一个上偏差和一个下偏差的形式显示尺寸和以公称尺寸之后加上一个正负号显示尺寸。在默认情况下，系统只显示尺寸的公称值，可以通过适当的设置和编辑来显示尺寸的公差。

在设置和编辑尺寸的公差之前，需对系统的相关配置文件作设置。下面介绍设置配置文件的一般操作过程。

Step1. 将工作目录设置至 D:\proewf5.7\work\ch05.05.01，打开工程图文件 base_drw.drw。

Step2. 选择下拉菜单 文件(F) ➡ 绘图选项(E) 命令，系统弹出图 5.5.1 所示的"选项"对话框（一）。

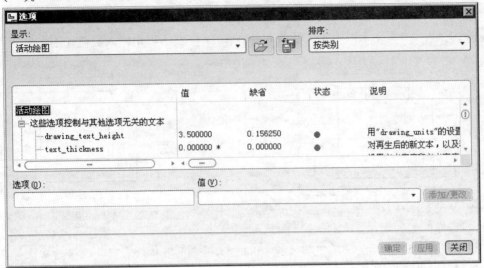

图 5.5.1　"选项"对话框（一）

Step3. 在"选项"对话框（一）左侧的配置文件列表中找到配置文件 tol_display 并单击选取它（可选择按字母排序后再查找）。

Step4. 此时在"选项"对话框（一）下部的 选项(O): 和 值(V): 文本框中自动添加有关配置文件"tol_display"的项目，如图 5.5.2 所示。

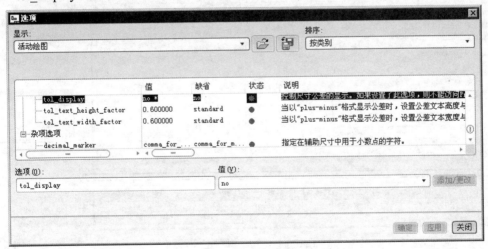

图 5.5.2　"选项"对话框（二）

Step5. 在 值(V): 下拉列表中选取 yes 选项，单击 添加/更改 按钮。

Step6. 单击 确定 按钮，关闭对话框。

说明：如果不对系统的配置文件作修改，则在视图中双击任意一个尺寸后，系统弹出

"尺寸属性"对话框的 公差模式 下拉列表显示为灰色，即不可修改尺寸在视图中的显示格式。在系统默认的情况下，配置文件的值被设置为"yes"，但在某些特殊情况下，其值为"no"，因此，如果要使尺寸在视图中显示不同形式的公差，可以先按上述介绍的方法对配置文件 tol_display 作设置。

Step7. 在视图中双击图 5.5.3a 所示的尺寸，系统弹出图 5.5.4 所示的"尺寸属性"对话框，在 值和显示 区域的 小数位数 文本框中输入数值 2，在 公差 区域的 公差模式 下拉列表中选取 加-减 选项，在 上公差 文本框中输入数值 0.40，在 下公差 文本框中输入数值-0.19。

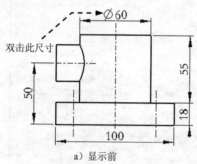

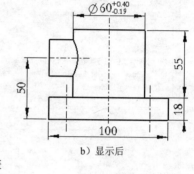

a）显示前   b）显示后

图 5.5.3   显示尺寸公差

说明：图 5.5.4 所示的"尺寸属性"对话框中 公差模式 下拉列表中各选项的功能将在后面的"编辑尺寸公差"一节中讲到。

Step8. 单击 确定 按钮，关闭对话框，此时被修改尺寸如图 5.5.3b 所示。

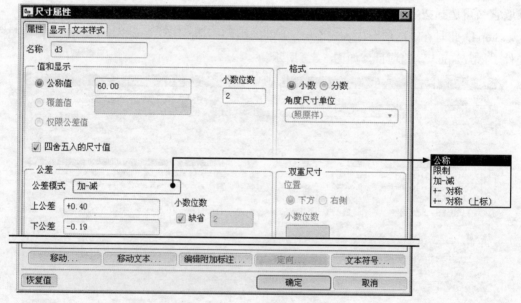

图 5.5.4   "尺寸属性"对话框

5.5.2 设置尺寸公差格式

在 Pro/ENGINEER 系统中，配置文件"tol_mode"用来设置尺寸的具体的公差显示格式，下面介绍设置尺寸公差格式的一般操作过程。

Step1. 将工作目录设置至 D:\proewf5.7\work\ch05.05.02，打开工程图文件 base_drw.drw（在此文件中已将配置文件"tol_display"的值设置为"yes"）。

Step2. 选择下拉菜单 工具(T) ➡ 选项(O) 命令。

Step3. 此时系统弹出图 5.5.5 所示的"选项"对话框（一），在 显示: 下拉列表中选取 当前会话 选项。

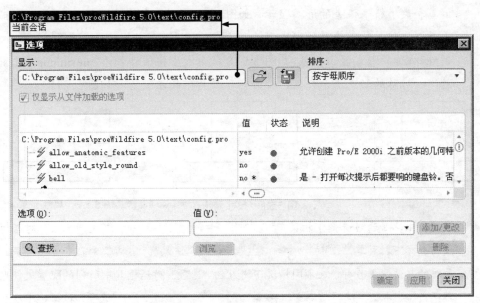

图 5.5.5 "选项"对话框（一）

Step4. 在"选项"对话框左侧的配置文件列表中选取配置文件 tol_mode，在对话框下部的 值(V): 下拉列表中选取 limits * 选项，如图 5.5.6 所示，单击 添加/更改 按钮。

Step5. 单击对话框下部的 确定 按钮，关闭对话框。

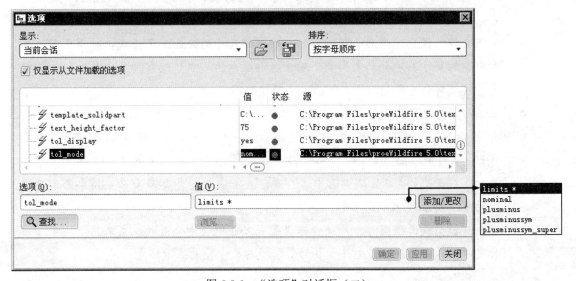

图 5.5.6 "选项"对话框（二）

Step6. 选择 注释 ➡ 命令，创建图 5.5.7 所示的尺寸标注，可见尺寸以带有公差的形式显示（尺寸显示为"17.9-18.1"）。

说明：

● 配置文件"tol_mode"的值有五种选择，它们分别是"nominal""limits""plusminus""plusminussym""plusminussym_super"。当将值设置为"nominal"时，尺寸只以公称值的形式显示，如图 5.5.7 所示；当将值设置为"limits"时，尺寸以最大极限偏差和最小极限偏差的形式显示，如图 5.5.8 所示；当将值设置为"plusminus"时，公差以上偏差和下偏差的形式显示，如图 5.5.9 所示；当将值设置为"plusminussym"时，以对称的形式显示公差，如图 5.5.10 所示；当将值设置为"plusminussym_super"时，以对称的形式显示公差，公差位于公称值的左上角，如图 5.5.11 所示。

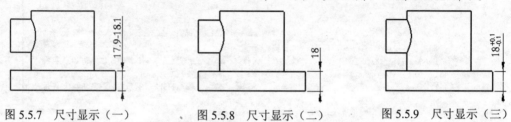

图 5.5.7　尺寸显示（一）　　图 5.5.8　尺寸显示（二）　　图 5.5.9　尺寸显示（三）

● 在本例中，是通过选择下拉菜单 工具(T) ➡ 选项(O) 命令进入"选项"对话框的，故与选择下拉菜单 文件(F) ➡ 绘图选项(P) 命令进入的"选项"对话框略有不同。根据系统的具体配置差异，在不同情况下进入的"选项"对话框其中所列的配置文件也会有不同，如在本例中选择 文件(F) ➡ 绘图选项(P) 命令进入的"选项"对话框中没有列出配置文件 tol_mode，所以需选择下拉菜单 工具(T) ➡ 选项(O) 命令进入"选项"对话框。在此还需注意一点的是，在选择下拉菜单 工具(T) ➡ 选项(O) 命令进入的"选项"对话框中对配置文件 tol_display 的修改是无效的。只有在选择 文件(F) ➡ 绘图选项(P) 命令进入的"选项"对话框中对配置文件 tol_display 的修改才是有效的。

● 配置文件的设置只会影响新增加的手动创建尺寸的公差显示格式，对于已有的手动创建的尺寸其不会产生影响；对于自动显示的尺寸只能在"尺寸属性"对话框中作修改其公差显示，这在下面一小节中将讲到。

● 在某些不同设置的 Pro/ENGINEER 系统中，可能在手动创建完尺寸后，系统并没有显示带有公差的尺寸。如果遇上这样的情况，可以选择下拉菜单 视图(V) ➡ 显示设置(Y)▶ ➡ 模型显示(M)... 命令，在弹出图 5.5.12 所示"模型显示"对话框的 显示 区域中选中 ☑ ±.01尺寸公差 复选框，如果有必要请单击工具栏中的重画按钮 来刷新屏幕。

● 在创建模型或工程图时，系统会根据配置文件中关于公差的设置来显示尺寸，因此可以根据需要将配置文件设置为最常用的尺寸公差显示格式。

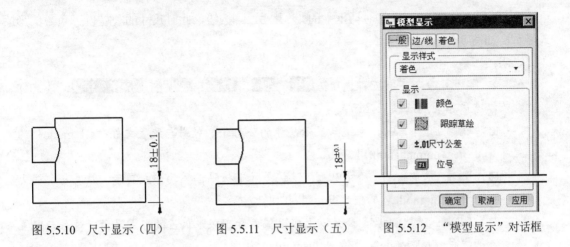

图 5.5.10　尺寸显示（四）　　　图 5.5.11　尺寸显示（五）　　　图 5.5.12　"模型显示"对话框

5.5.3　编辑尺寸公差

在 Pro/ENGINEER 系统中，当将配置文件"tol_display"的值设置为"yes"后，即可在"尺寸属性"对话框中对其尺寸公差的显示格式进行编辑。

Step1. 将工作目录设置至 D:\proewf5.7\work\ch05.05.03，打开工程图文件 base_drw.drw（在此文件中已将配置文件"tol_display"的值设置为"yes"）。

Step2. 双击图 5.5.13a 所示的尺寸，系统弹出图 5.5.14 所示的"尺寸属性"对话框（在此步中所双击的尺寸是手动创建的尺寸）。

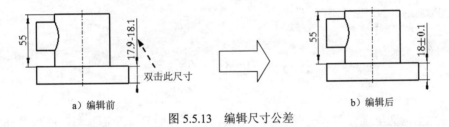

a）编辑前　　　　　　　　　　　　　　　　　　　　b）编辑后

图 5.5.13　编辑尺寸公差

Step3. 在"尺寸属性"对话框 公差 区域的 公差模式 下拉列表中选取 +-对称 选项（如果有必要还可以在 公差 文本栏中修改公差数值）。

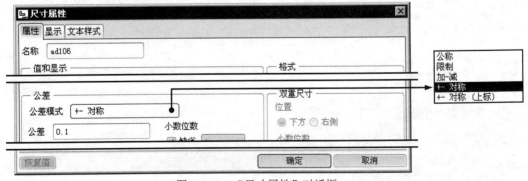

图 5.5.14　"尺寸属性"对话框

Step4. 单击"尺寸属性"对话框中的 ▢确定▢ 按钮，此时尺寸的公差以正负号的形式显示，如图 5.5.13b 所示。

说明：

- 在 公差模式 命令下有五种选项：公称、限制、加-减、+-对称 和 +- 对称（上标），读者可以选取不同的选项来显示尺寸。
  - ☑ 公称：选取 公称，系统只显示尺寸的公称值，效果与配置文件"tol_mode"的值"nominal"相同。
  - ☑ 限制：选取 限制，尺寸以上极限偏差和下极限偏差的形式显示，效果与配置文件"tol_mode"的值"limits"相同。
  - ☑ 加-减：选取 加-减，公差以上极限偏差和下极限偏差的形式显示，效果与配置文件"tol_mode"的值"plusminus"相同。
  - ☑ +-对称：选取 +-对称，以对称的形式显示公差，效果与配置文件"tol_mode"的值"plusminussym"相同。
  - ☑ +- 对称（上标）：选取 +- 对称（上标），以对称的形式显示公差，公差位于公称值的左上角，效果与配置文件"tol_mode"的值"plusminussym_super"相同。
- 修改自动生成尺寸与修改手动生成尺寸的不同之处在于，自动生成尺寸可修改公称值，且公差显示不受配置文件"tol_mode"影响，只能通过"尺寸属性"对话框修改。
- 在 Pro/ENGINEER 系统中，在零件环境、装配体环境和工程图环境的任一种环境下，都可以对尺寸的公差显示格式作修改，并且修改后，它会被反映到 Pro/ENGINEER 所有的模式中。

5.6　几何公差

几何公差包括形状公差和位置公差，用来指定零件的尺寸和形状与精确值之间所允许的最大偏差。

在工程图环境下，选择 注释 ➡ 铝M 命令，系统弹出"几何公差"对话框。在"几何公差"对话框左边可以看到几何公差的类型，本节将尺寸公差按形状公差和位置公差分为两节来讲解。

5.6.1　形状公差

1. 直线度、平面度（ ▭ 、 ▱ ）

标注直线度、平面度操作的一般过程如下。

Stage1. 标注"直线度"

Step1. 将工作目录设置至 D:\proewf5.7\work\ch05.06.01，打开工程图文件 tolerance_01.drw。

Step2. 选择 注释 ➡ 命令，系统弹出图 5.6.1 所示的"几何公差"对话框。

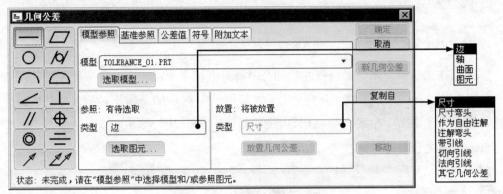

图 5.6.1　"几何公差"对话框

图 5.6.1 所示"几何公差"对话框的"模型参照"选项卡中各选项说明如下。

- 在 模型 下拉列表中可选取所需的参考模型，当工程图中只含一个模型时，该模型将被作为默认的参考模型，当工程图中含多个模型或组件时，可单击 选取模型… 按钮，在图形区中选取所需的参考模型。

- 参照：区域用来定义参照图元。在 类型 下拉列表中可定义参照图元的类型，该下拉列表的选项会根据所选几何公差类型的不同而有所变化；当参照图元的类型设置完成后，单击 选取图元… 按钮，可在图形区选取相应的参照图元。

- 放置 区域用来放置几何公差。在 类型 下拉列表中可定义几何公差的放置（附着）方式，单击 放置几何公差… 按钮后，在图形区放置几何公差；其中，类型 下拉列表各选项的功能说明如下。

  - ☑ 尺寸：将几何公差附着在尺寸上，该放置方法将在标注"圆柱度"中讲解。
  - ☑ 尺寸弯头：将几何公差附着在尺寸弯头（即尺寸线的水平部分）上，如图 5.6.2 所示。
  - ☑ 作为自由注解：几何公差不含引线，而且可以放置在图形区的任意位置。
  - ☑ 注解弯头：将几何公差附着在注解弯头（即注解引线的水平部分）上，如图 5.6.3 所示，其中，注解须是系统自动生成的注解或在零件模式中添加的注解。
  - ☑ 带引线：几何公差由一条引线引出。
  - ☑ 切向引线：几何公差由一条引线引出，且引线的引出端与所参照的图元相切。
  - ☑ 法向引线：几何公差由一条引线引出，且引线的引出端与所参照的图元垂直，该选项与上面的"带引线"选项在后面的几何公差讲解中多次用到，请读者留意。
  - ☑ 其它几何公差：将几何公差附着在其他几何公差上面，如图 5.6.4 所示。

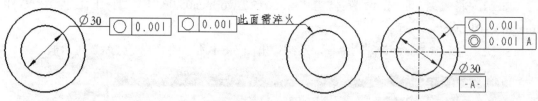

图 5.6.2 "尺寸弯头"选项　　　图 5.6.3 "注解弯头"选项　　　图 5.6.4 "其他几何公差"选项

Step3. 在"几何公差"对话框左侧的公差符号区域中单击"直线度"公差按钮 ▬ 。

Step4. 定义公差参照。在"几何公差"对话框 参照: 区域的 类型 下拉列表中选取 边 选项，单击 选取图元... 按钮，在系统 选取特征的边. 的提示下，选取图 5.6.5 所示的边线为公差参照。

Step5. 定义公差的位置。

（1）在对话框 放置 区域的 类型 下拉列表中选取 法向引线 选项，系统弹出 ▼ LEADER TYPE（引线类型） 菜单，选择 Arrow Head（箭头）命令。

说明：放置 区域的 类型 下拉列表中各选项的功能（除 其它几何公差）将在下面各种公差的添加中分别用到，在此不再作详细说明。对于 其它几何公差，选择后在系统 选择此公差将要依附的几何公差. 的提示下，选取其他已标注的几何公差，则系统自动在选取的标注下生成一个新的标注，形式与选取的标注相同。

（2）在系统 选取多边. 尺寸界线. 基准点. 多个轴线. 曲线 或顶点. 的提示下，选取图 5.6.5 所示边线为放置位置参照。

（3）在图 5.6.5 所示的位置单击中键，放置"直线度"公差符号，结果如图 5.6.6 所示。

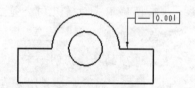

图 5.6.5 定义公差参照（一）　　　图 5.6.6 标注"直线度"

Step6. 在对话框 公差值 选项卡中接受系统默认的公差值 0.001，如图 5.6.7 所示。

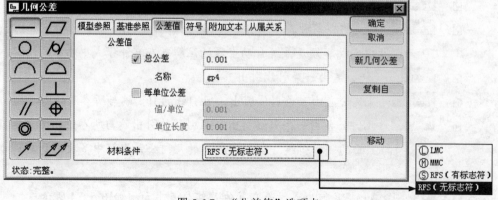

图 5.6.7 "公差值"选项卡

图 5.6.7 所示的"公差值"选项卡中各选项的功能说明如下。

● 公差值 区域：在该区域的 ☑总公差 后的文本框中可设置公差值；当几何公差的类型
为"直线度""平面度""面轮廓度""垂直度""平行度"时，☑每单位公差 复选框
处于可选状态，选中该复选框后，在 值/单位 和 单位长度 文本框后输入相应的数值，
如在 值/单位 后的文本框中输入数值 0.02，在 单位长度 后的文本框中输入数值 50，就
表示参考平面的平行度公差在任一方向上 50 单位长度以内的平行度误差不能超过
0.02 单位，如图 5.6.8b 所示。

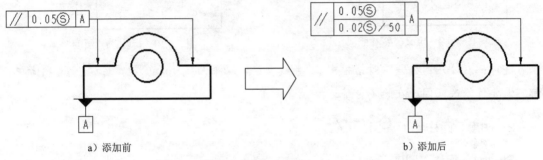

　　　　　a）添加前　　　　　　　　　　　　　　　　　　　b）添加后

图 5.6.8　添加"每单位公差"

● 材料条件 区域：在该区域下拉列表中选取的材料条件将应用于公差数值（显示在公
差数值之后）。

　☑ ⓛLMC：表示最小实体状态，其中 LMC 为 Least material condition 的缩写。

　☑ ⓜMMC：表示最大实体状态，其中 MMC 为 Maximum material condition 的缩写。

　☑ ⓈRFS（有标志符）：表示忽略材料尺寸状态，且在公差值所在框格内显示符号Ⓢ，
　　如图 5.6.9 所示。

　☑ RFS（无标志符）：表示忽略材料尺寸状态，且在公差值所在框格内不显示符号Ⓢ。

Stage2. 标注"平面度"

Step1. 在"几何公差"对话框的右侧按钮区单击 新几何公差 按钮，后面的操作过程与添
加"直线度"公差操作相似。

Step2. 在"几何公差"对话框左边公差符号区域中按下"平面度"公差符号 ▱ 。

Step3. 定义公差参照。在 参照: 区域的 类型 下拉列表中选取 曲面 选项，选取图 5.6.10 所
示曲面为公差参照。

Step4. 定义公差的位置。

（1）在对话框 放置 区域的 类型 下拉列表中选取 法向引线 选项，在弹出的
▼ LEADER TYPE（引线类型）菜单中选择 Arrow Head（箭头）命令。

（2）在系统 ⇨选取多边.尺寸界线.基准点.多个轴线.曲线 或顶点. 的提示下，选取图 5.6.9 所示面的
边线为放置位置参照。

注意：所选的面在该视图中显示仅是一条边线，此处选取的是面的边线，在操作过程中不能将面与它的边线混淆。

（3）在图 5.6.9 所示的位置单击中键，放置"平面度"公差符号。

Step5. 在 公差值 选项卡中接受系统默认的公差值 0.001。

Step6. 单击对话框中的 确定 按钮，完成"平面度"的标注，结果如图 5.6.10 所示。

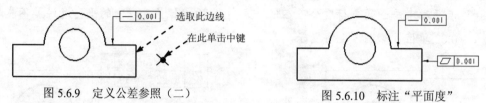

图 5.6.9　定义公差参照（二）　　　　　图 5.6.10　标注"平面度"

注意：在"几何公差"对话框中，"直线度"和"平面度"的 基准参照 和 符号 选项卡中，都不需要作修改，因此在此不再赘述。

2. 圆度、圆柱度（ O 、 ⁄⁄ ）

Stage1. 标注"圆度"

Step1. 将工作目录设置至 D:\proewf5.7\work\ch05.06.01，打开工程图文件 tolerance_02.drw。

Step2. 选择 注释 ➡ 命令，系统弹出"几何公差"对话框。

Step3. 在"几何公差"对话框左侧公差符号区域中按下"圆度"公差符号 O 。

Step4. 定义公差参照。在 参照: 区域的 类型 下拉列表中选取 曲面 选项，选取图 5.6.12 所示曲面为公差参照。

Step5. 定义公差的位置。

（1）在对话框 放置 区域的 类型 下拉列表中选取 带引线 选项，在弹出的 ▼ ATTACH TYPE (依附类型) 菜单中选择 On Entity (图元上) ➡ Arrow Head (箭头) 命令。

（2）在系统 ⇨ 选取多边. 尺寸界线. 基准点. 多个轴线. 曲线 或顶点. 的提示下，选取图 5.6.11 所示的边线为放置位置参照。

（3）在图 5.6.11 所示的位置单击中键，放置"圆度"公差。

Step6. 在 公差值 选项卡中接受系统默认的公差值 0.001，结果如图 5.6.12 所示。

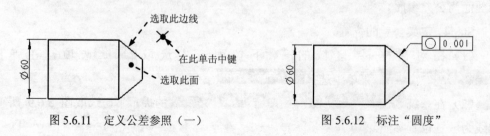

图 5.6.11　定义公差参照（一）　　　　　图 5.6.12　标注"圆度"

Stage2. 标注"圆柱度"

Step1. 在"几何公差"对话框的右侧按钮区单击 新几何公差 按钮，后面的操作过程与添加"圆度"公差操作相似。

Step2. 在"几何公差"对话框左侧公差符号区域中单击"圆柱度"公差符号 /o/ 。

Step3. 定义公差参照。在 参照: 区域的 类型 下拉列表中选取 曲面 选项，选取图 5.6.13 所示曲面为公差参照。

Step4. 定义公差的位置。

（1）在对话框中 放置 区域的 类型 下拉列表中选取 尺寸 选项。

（2）在系统 选择将要连接该公差的尺寸 的提示下，选取图 5.6.13 所示的尺寸，系统自动生成圆柱度的标注。

Step5. 在 公差值 选项卡中接受系统默认的公差值 0.001。

Step6. 单击对话框中的 确定 按钮，完成"圆柱度"的标注，结果如图 5.6.14 所示。

注意: 图 5.6.14 所示的"圆柱度"公差放置的位置为竖向放置，在一般应用中通常为横向放置，特此说明。

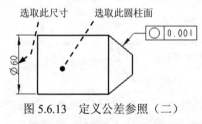

图 5.6.13　定义公差参照（二）　　　　　图 5.6.14　标注"圆柱度"

3. 线轮廓度、面轮廓度（ ⌒ 、 ⌒ ）

标注线轮廓度、面轮廓度操作的一般过程如下。

Stage1. 标注"线轮廓度"

Step1. 将工作目录设置至 D:\proewf5.7\work\ch05.06.01 ，打开工程图文件 tolerance_03.drw，该工程图所使用的零件模型如图 5.6.15 所示。

Step2. 选择 注释 ➡ 명 命令，系统弹出"几何公差"对话框。

Step3. 在"几何公差"对话框左侧公差符号区域中按下"线轮廓度"公差符号 ⌒ 。

Step4. 定义公差参照。在 参照: 区域的 类型 下拉列表中选取 边 选项，选取图 5.6.16 所示边线为公差参照。

Step5. 定义公差的位置。

（1）在对话框 放置 区域的 类型 下拉列表中选取 作为自由注解 选项。

（2）在系统 用左键选择标注位置，或中键中止 的提示下，在图 5.6.16 所示的位置单击，放置"线轮廓度"公差。

图 5.6.15　零件模型

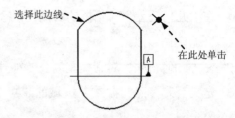

图 5.6.16　定义公差参照

Step6. 选取 基准参照 选项卡，在 首要 子选项卡的 基本 下拉列表中选取基准 A，如图 5.6.17 所示。

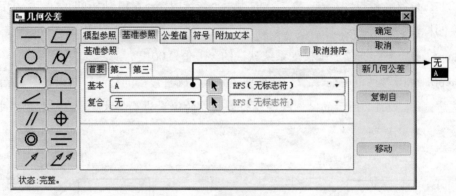

图 5.6.17　"基准参照"选项卡

Step7. 在 公差值 选项卡中接受系统默认的公差值 0.001。

注意："线轮廓度"的 基准参照 选项卡可以不进行修改，此时"线轮廓度"无基准要求，添加完成后标注的形式如图 5.6.18 所示；添加基准后，标注形式如图 5.6.19 所示。

Stage2．标注"面轮廓度"

Step1. 在"几何公差"对话框的右侧按钮区单击 新几何公差 按钮。

Step2. 在"几何公差"对话框左侧公差符号区域中按下"面轮廓度"公差符号 ⌒ 。

Step3. 定义公差参照。在 参照: 区域的 类型 下拉列表中选取 曲面 选项，选取图 5.6.20 所示的面为公差参照。

图 5.6.18　无基准参照

图 5.6.19　有基准参照

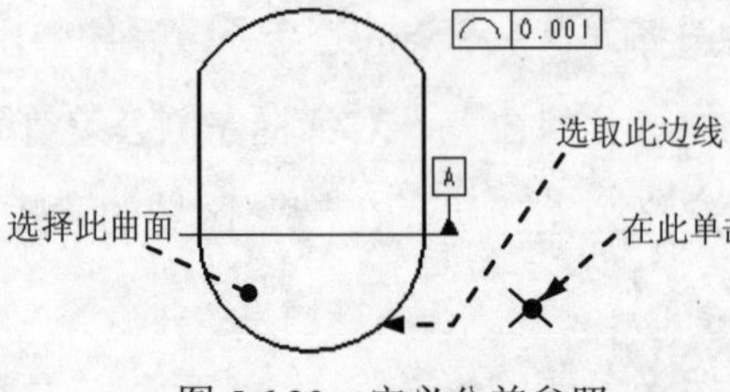

图 5.6.20　定义公差参照

Step4. 定义公差的位置。

（1）在对话框 放置 区域的 类型 下拉列表中选取 带引线 选项，在弹出的

▼ ATTACH TYPE (依附类型) 菜单中选择 Arrow Head (箭头) 命令。

（2）在系统 ⇨选取多边. 尺寸界线. 基准点. 多个轴线. 曲线 或顶点. 的提示下，选取图 5.6.20 所示的边线为放置位置参照，在 ▼ ATTACH TYPE (依附类型) 菜单中单击 Done (完成) 命令，系统弹出图 5.6.21 所示的 ▼ DIRECTION (方向) 菜单，且在视图中显示指引线方向，如图 5.6.22 所示。

（3）在 ▼ DIRECTION (方向) 菜单中选择 Okay (确定) 命令，然后在系统 ⇨选取放置位置. 的提示下，在图 5.6.20 所示的位置单击，放置"面轮廓度"公差。

Step5. 选取 基准参照 选项卡，在 首要 子选项卡的 基本 下拉列表中选取基准 A 。

Step6. 在 公差值 选项卡中接受系统默认的公差值 0.001。

Step7. 单击 确定 按钮（或单击中键），完成 "面轮廓度"的添加，结果如图 5.6.23 所示。

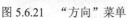
图 5.6.21 "方向"菜单

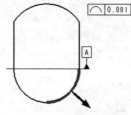
图 5.6.22 指引线方向

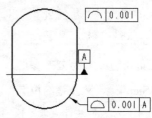
图 5.6.23 标注"面轮廓度"

5.6.2 位置公差

1. 倾斜度、垂直度、平行度（ ∠ 、 ⊥ 、 // ）

标注倾斜度、垂直度、平行度操作的一般过程如下。

Stage1. 标注"倾斜度"

Step1. 将工作目录设置至 D:\proewf5.7\work\ch05.06.02，打开工程图文件 tolerance_01.drw。

Step2. 选择 注释 ➡ 命令，系统弹出"几何公差"对话框。

Step3. 在"几何公差"对话框左侧公差符号区域中单击"倾斜度"公差符号 ∠ 。

Step4. 定义公差参照。在 参照: 区域的 类型 下拉列表中选取 曲面 选项，选取图 5.6.24 所示的面（边线）为公差参照。

Step5. 定义公差的位置。

（1）在对话框 放置 区域的 类型 下拉列表中选取 法向引线 选项，在弹出的 ▼ LEADER TYPE (引线类型) 菜单中选择 Arrow Head (箭头) 命令。

（2）在系统 ⇨选取多边. 尺寸界线. 基准点. 多个轴线. 曲线 或顶点. 的提示下，选取图 5.6.24 所示的边线。

（3）在系统 ⇨选取放置位置. 的提示下，在图 5.6.24 所示的位置单击中键，放置"倾斜度"

公差。

Step6. 选取 基准参照 选项卡，在 首要 子选项卡的 基本 下拉列表中选取基准 A 。

Step7. 在 公差值 选项卡中接受系统默认的公差值 0.001，结果如图 5.6.25 所示。

图 5.6.24　定义公差参照（一）

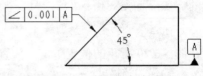

图 5.6.25　标注"倾斜度"

Stage2. 标注"垂直度"

Step1. 在"几何公差"对话框的右侧按钮区单击 新几何公差 按钮。

Step2. 在"几何公差"对话框左侧公差符号区域中按下"垂直度"公差符号 ⊥ 。

Step3. 定义公差参照。在 参照: 区域的 类型 下拉列表中选取 曲面 选项，选取图 5.6.26 所示的面（边线）为公差参照。

Step4. 定义公差的位置。

（1）在对话框 放置 区域的 类型 下拉列表中选取 法向引线 选项，在弹出的 ▼ LEADER TYPE （引线类型） 菜单中选择 Arrow Head （箭头）命令。

（2）在系统 选取多边，尺寸界线，基准点，多个轴线，曲线 或顶点. 的提示下，选取图 5.6.26 所示的边线。

（3）在图 5.6.26 所示的位置单击中键，放置"垂直度"公差。

Step5. 选取 基准参照 选项卡，在 首要 子选项卡的 基本 下拉列表中选取基准 A 。

Step6. 在 公差值 选项卡中接受系统默认的公差值 0.001。

Step7. 单击 确定 按钮（或单击中键），完成"垂直度"的添加，结果如图 5.6.27 所示。

图 5.6.26　定义公差参照（二）

图 5.6.27　标注"垂直度"

Stage3. 标注"平行度"

Step1. 在"几何公差"对话框的右侧按钮区单击 新几何公差 按钮。

Step2. 在"几何公差"对话框左侧公差符号区域中按下"平行度"公差符号 // 。

Step3. 定义公差参照。在 参照: 区域的 类型 下拉列表中选取 曲面 选项，选取图 5.6.28 所示的面（边线）为公差参照。

Step4. 定义公差的位置。

（1）在对话框 放置 区域的 类型 下拉列表中选取 法向引线 选项，在弹出的 ▼ LEADER TYPE（引线类型）菜单中选择 Arrow Head（箭头）命令。

（2）在系统 ➪ 选取多边. 尺寸界线. 基准点. 多个轴线. 曲线 或顶点. 的提示下，选取图 5.6.28 所示的边线。

（3）在图 5.6.28 所示的位置单击中键，放置"平行度"公差。

Step5. 将公差基准设置为 A ，其他参数采用系统默认值。

Step6. 单击对话框中的 确定 按钮（或单击中键），完成"平行度"的标注，结果如图 5.6.29 所示。

图 5.6.28　定义公差参照（三）　　　　　　　　图 5.6.29　标注"平行度"

2. 位置度、同轴度、对称度（ ⊕ 、 ◎ 、 ≡ ）

标注位置度、同轴度、对称度操作的一般过程如下。

Stage1. 标注"位置度"

Step1. 将工作目录设置至 D:\proewf5.7\work\ch05.06.02，打开工程图文件 tolerance_02.drw。

Step2. 选择 注释 ➡ 几何公差 命令，系统弹出"几何公差"对话框。

Step3. 在"几何公差"对话框左侧公差符号区域中按下"位置度"公差符号 ⊕ 。

Step4. 定义公差参照。在 参照: 区域的 类型 下拉列表中选取 曲面 选项，选取图 5.6.30 所示的面（边线）为公差参照。

Step5. 定义公差的位置。

（1）在对话框 放置 区域的 类型 下拉列表中选取 法向引线 选项，在弹出的 ▼ LEADER TYPE（引线类型）菜单中选择 Arrow Head（箭头）命令。

（2）在系统 ➪ 选取多边. 尺寸界线. 基准点. 多个轴线. 曲线 或顶点. 的提示下，选取图 5.6.30 所示的边线。

（3）在图 5.6.30 所示的位置单击中键，放置"位置度"公差。

Step6. 将公差基准设置为 B ，其他参数采用系统默认值，结果如图 5.6.31 所示。

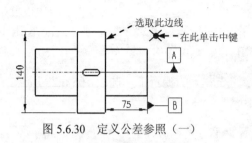

图 5.6.30 定义公差参照（一）

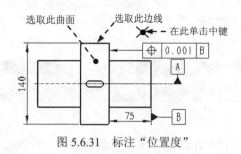

图 5.6.31 标注"位置度"

Stage2. 标注"同轴度"

Step1. 在"几何公差"对话框的右侧按钮区单击 新几何公差 按钮。

Step2. 在"几何公差"对话框左侧公差符号区域中按下"同轴度"公差符号 ◎ 。

Step3. 定义公差参照。在 参照: 区域的 类型 下拉列表中选取 曲面 选项，选取图 5.6.31 所示的曲面为公差参照。

Step4. 定义公差的位置。

（1）在对话框 放置 区域的 类型 下拉列表中选取 法向引线 选项，在弹出的 ▼ LEADER TYPE (引线类型) 菜单中选择 Arrow Head (箭头) 命令。

（2）在系统 ⇨选取多边、尺寸界线、基准点、多个轴线、曲线 或顶点。 的提示下，选取图 5.6.31 所示的边线。

（3）在图 5.6.31 所示的位置单击中键，放置"同轴度"公差。

Step5. 将公差基准设置为 A ，公差值采用系统默认值。

Step6. 在 符号 选项卡中选中 ☑ ∅ 直径符号 复选框，如图 5.6.32 所示。

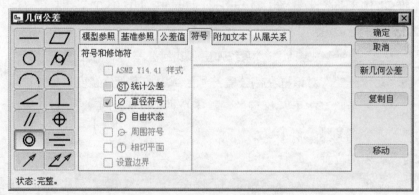

图 5.6.32 "符号"选型卡

Stage3. 标注"对称度"

Step1. 在"几何公差"对话框的右侧按钮区单击 新几何公差 按钮。

Step2. 在"几何公差"对话框左侧公差符号区域中单击"对称度"公差符号 ═ 。

Step3. 定义公差参照。在 参照: 区域的 类型 下拉列表中选取 特征 选项，选取图 5.6.33 所示的特征为公差参照。

Step4. 定义公差的位置。

（1）在对话框 放置 区域的 类型 下拉列表中选取 带引线 选项，在弹出的 ▼ ATTACH TYPE (依附类型) 菜单中选择 On Entity (图元上) ➡ Arrow Head (箭头) 命令。

（2）在系统 ➡ 选取多边. 尺寸界线. 基准点. 多个轴线. 曲线 或顶点. 的提示下，选取图 5.6.33 所示的边线为放置位置参照。

（3）在图 5.6.33 所示的位置单击中键，放置"对称度"公差。

Step5. 将公差基准设置为 A，其他参数采用系统默认值。

Step6. 单击对话框中的 确定 按钮，完成"对称度"的标注，结果如图 5.6.34 所示。

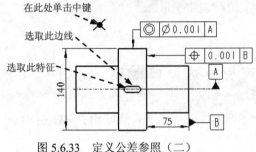

图 5.6.33　定义公差参照（二）

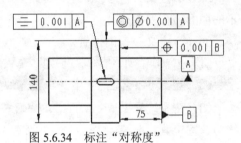

图 5.6.34　标注"对称度"

3．圆跳动、全跳动（ ↗ 、 ↗↗ ）

标注圆跳动、全跳动操作的一般过程如下。

Stage1．标注"圆跳动"

Step1. 将工作目录设置至 D:\proewf5.7\work\ch05.06.02，打开工程图文件 tolerance_03.drw。

Step2. 选择 注释 ➡ 命令，系统弹出"几何公差"对话框。

Step3. 在"几何公差"对话框左侧公差符号区域中单击选取"圆跳动"公差符号 ↗ 。

Step4. 定义公差参照。在 参照: 区域的 类型 下拉列表中选取 曲面 选项，选取图 5.6.35 所示的曲面为公差参照。

Step5. 定义公差的位置。

（1）在对话框 放置 区域的 类型 下拉列表中选取 法向引线 选项，在弹出的 ▼ LEADER TYPE (引线类型) 菜单中选择 Arrow Head (箭头) 命令。

（2）在系统 ➡ 选取多边. 尺寸界线. 基准点. 多个轴线. 曲线 或顶点. 的提示下，选取图 5.6.35 所示的边线为放置位置参照。

（3）在图 5.6.35 所示的位置单击中键，放置"圆跳动"公差。

Step6. 将公差基准设置为 A，其他参数采用系统默认值，结果如图 5.6.36 所示。

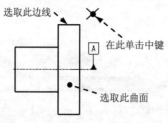

图 5.6.35　定义公差参照（一）

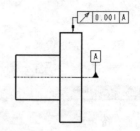

图 5.6.36　标注"圆跳动"

Stage2. 标注"全跳动"

Step1. 在"几何公差"对话框的右侧按钮区单击 新几何公差 按钮。

Step2. 在"几何公差"对话框左侧公差符号区域中单击"全跳动"公差符号 ⟡ 。

Step3. 定义公差参照。在 参照: 区域的 类型 下拉列表中选取 曲面 选项，选取图 5.6.37 所示的曲面为公差参照。

Step4. 定义公差的位置。

（1）在对话框 放置 区域的 类型 下拉列表中选取 法向引线 选项，在弹出的 ▼ LEADER TYPE (引线类型) 菜单中选择 Arrow Head (箭头) 命令。

（2）在系统 ➩选取多边, 尺寸界线, 基准点, 多个轴线, 曲线 或顶点. 的提示下，选取图 5.6.37 所示的边线为放置位置参照。

（3）在图 5.6.37 所示的位置单击中键，放置"全跳动"公差。

Step5. 将公差基准设置为 A ，其他参数采用系统默认值。

Step6. 单击对话框中的 确定 按钮，完成"全跳动"的标注，结果如图 5.6.38 所示。

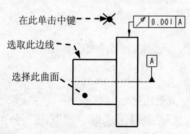

图 5.6.37　定义公差参照（二）

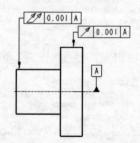

图 5.6.38　标注"全跳动"

5.7　焊接符号标注

　　金属焊接指的是采用适当的手段，使两个金属物体产生原子或分子间结合，从而连接成一体的加工方法。这种加工方法可使零部件连接紧密与牢固，而且可以使各种零件永久地连接在一起，因而被广泛应用到机械制造业、建筑业和造船业等领域中。所以焊接符号的标注也是工程图中的重要内容。要掌握在 Pro/ENGINEER 里标注焊接符号的技术，首先请读者回顾或熟悉焊接符号标注的有关内容（可参考机械设计手册、材料成形与工艺、加工工艺等书籍）。限于篇幅，本节只是简单介绍一些焊接常识，而把重点放在讲解如何使用 Pro/ENGINEER 来标注焊接符号上。

焊接接头是焊接结构的重要组成部分，它的性能好坏直接影响焊接结构整体的可靠性。焊接接头往往是焊接结构的几何形状与尺寸发生变化的部位，焊接接头的形式不同，其应力集中程度也不同，因此在设计焊接接头时，必须给予适当考虑，常见的焊接形式有角接形式、对接形式、搭接形式和 T 形接形式等。

在设计焊接结构时要遵循以下原则。

- 合理选择与利用材料，充分发挥材料的性能。
- 合理设计焊接结构的形式，即既保证结构强度，又使其方便焊接。
- 力求减少焊缝数量和填充金属量，以减少焊接应力和提高生产率。
- 要合理布置焊缝。
  - ☑ 轴对称的焊接构造，宜对称布置焊缝，以利于减少焊接变形。
  - ☑ 应该避免焊缝交汇，避免密集焊缝。
  - ☑ 保证重要的焊缝连续，使焊缝受力合理。
  - ☑ 尽可能避免焊缝出现在以下部位：高工作应力处、有应力集中处、待机械加工的表面等。

Pro/ENGINEER 的焊接符号库提供了类型丰富的焊接符号。Pro / ENGINEER 的焊接符号库的目录为 C:\Program Files\ProeWildfire 5.0\symbols\library_syms\weldsymlib（这里假设 Pro/ENGINEER 野火版 5.0 软件被安装在 C:\Program Files 目录中）。按照此路径打开 weldsymlib 文件夹后会看见有两个子文件夹，分别为 ansi_weld（美国国家标准焊接符号）和 iso_weld（国际标准焊接符号）的文件夹。用户可以根据具体情况选用对应的焊接符号。

5.7.1　在零件模型环境中插入焊接符号

焊接符号的插入和表面粗糙度符号的插入一样也是以调用符号库的方式来实现的，但具体操作又有所不同。下面以图 5.7.1 所示的模型为例，说明在零件模型中插入焊接符号的操作过程。

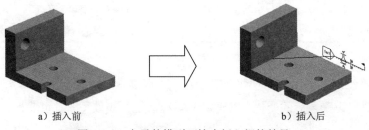

a）插入前　　　　b）插入后

图 5.7.1　在零件模型环境中插入焊接符号

Stage1. 在三维零件模型环境中插入焊接符号

Step1. 将工作目录设至 D:\proewf5.7\work\ch05.07.01，打开模型文件 part.prt。

Step2. 选择下拉菜单 插入(I) ➡️ 注释(A) ➡️ 符号(S) 命令，在弹出图 5.7.2 所示的 ▼ 3D SYMBOL (3D符号) 菜单中选择命令 Custom (定制) 命令，系统弹出"定制绘图符号"对话框（图 5.7.3），在该对话框中单击 浏览... 按钮，系统弹出"打开"对话框。

Step3. 在对话框中按照路径 C:\Program Files\proeWildfire 5.0\symbols\library_syms\ weldsymlib\iso_weld 选取焊接符号文件 iso_edge_flange.sym，如图 5.7.4 所示，然后单击 打开 ▼ 按钮，系统弹出"定制绘图符号"对话框。

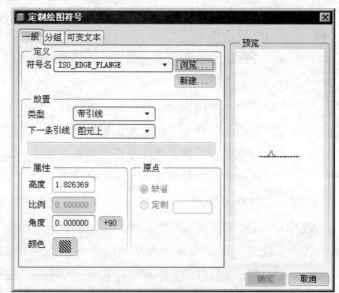

图 5.7.2　"3D 符号"菜单　　　　　　　　图 5.7.3　"定制绘图符号"对话框

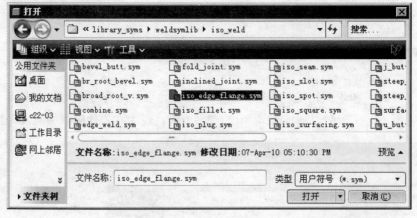

图 5.7.4　"打开"对话框

Step4. 在"定制绘图符号"对话框中打开 分组 选项卡，详细设置如图 5.7.5 所示，同时在 预览 区域中观察设置之后的变化，以确定某些选项是否需要（读者也要根据具体情况来设置这些选项）。

Step5. 在系统 <kbd>使用鼠标左键 (+CTRL)选取一个或多个附加参照，然后单击鼠标中键放置符号</kbd> 的提示下，在模型中选取图 5.7.6 所示的拐角边线，以指定引线的起点位置，然后在合适的位置单击中键，放置符号。

Step6. 在"定制绘图符号"对话框中单击 <kbd>确定</kbd> 按钮，在 <kbd>▼ 3D SYMBOL (3D符号)</kbd> 菜单中单击 <kbd>Done/Return (完成/返回)</kbd> 按钮。

Step7. 在导航选项卡中选择 <kbd>↑▼</kbd> ➡ <kbd>￥▼ 树过滤器 (F)</kbd> 命令，在系统弹出"模型树项目"对话框的 <u>显示</u> 区域中选中 <kbd>☑ 注释</kbd> 复选框，然后单击 <kbd>确定</kbd> 按钮，此时在模型树中显示图 5.7.7 所示的焊接符号。

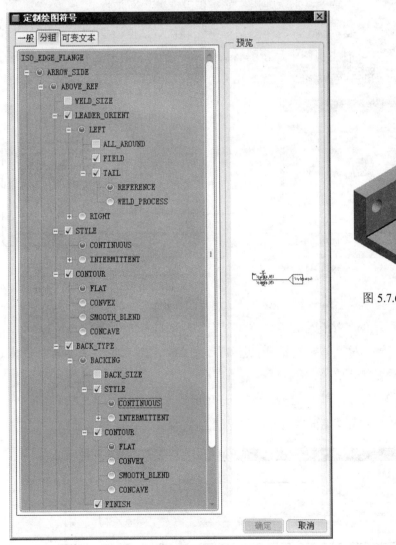

图 5.7.5　"分组"选项卡

图 5.7.6　定义引线起点位置

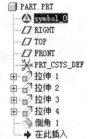

图 5.7.7　模型树中显示焊接符号

Stage2.　在工程图环境中显示图 5.7.8 所示的焊接符号

Step1. 将工作目录设至 D:\proewf5.7\work\ch05.07.01，打开工程图文件 part.drw。

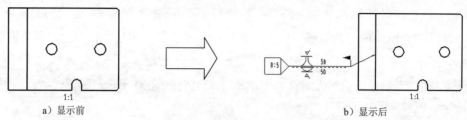

a）显示前   b）显示后

图 5.7.8   在工程图环境中显示焊接符号

Step2. 显示焊接符号。

（1）选择 注释 ➡ 显示模型注释 命令，系统弹出"显示模型注释"对话框。

（2）在图 5.7.9 所示的"显示模型注释"对话框中先确认对话框顶部的 按钮处于按下状态，然后选中主视图，此时主视图中显示图 5.7.10 所示的焊接符号，在"显示模型注释"对话框中依次单击 和 确定 按钮。

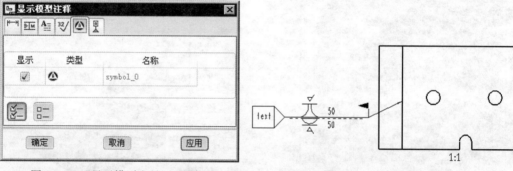

图 5.7.9   "显示模型注释"对话框   图 5.7.10   显示焊接符号

Step3. 定制焊接符号。

（1）双击图 5.7.10 所示的焊接符号，系统弹出"定制绘图符号"对话框。

（2）在"定制绘图符号"对话框中打开 一般 选项卡，在 属性 区域的 高度 文本框中输入高度值 3，其他参数采用系统默认值。

（3）在"定制绘图符号"对话框中打开 可变文本 选项卡，详细设置如图 5.7.11 所示。

（4）单击 确定 按钮，完成焊接符号的显示和定制。

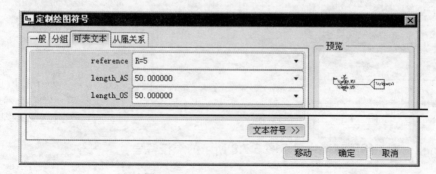

图 5.7.11   "可变文本"选项卡

5.7.2　在工程图环境中插入焊缝符号

　　焊缝符号和表面粗糙度符号类似，既可以在三维立体的模型环境中创建，也可以在二维的工程图环境中标注，下面以图 5.7.12 所示的模型为例，说明在工程图环境中插入焊缝符号的操作过程。

　　Step1. 将工作目录设至 D:\proewf5.7\work\ch05.07.02，打开工程图文件 drw.drw。

　　Step2. 选择 注释 ➡ 命令，系统弹出"打开"对话框，按照路径 C:\Program Files\proeWildfire 5.0\symbols\library_syms\weldsymlib\ iso_Weld，选取焊接符号文件 iso_spot.sym，然后单击 打开 按钮，系统弹出"定制绘图符号"对话框。

　　Step3. 在系统 使用鼠标左键(+CTRL)选取一个或多个附加参照，然后单击鼠标中键放置符号 的提示下，选取图 5.7.13 所示的边线，以指定引线的起点位置，然后移动光标到合适的位置单击中键，以决定符号要放置的位置。

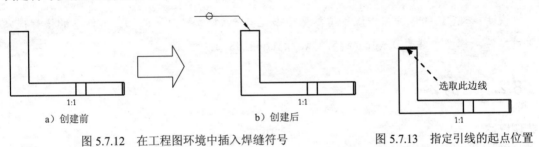

图 5.7.12　在工程图环境中插入焊缝符号　　　　图 5.7.13　指定引线的起点位置

　　a）创建前　　　　　　　b）创建后　　　　　　　选取此边线

　　Step4. 采用系统默认参数，在"定制绘图符号"对话框中单击 确定 按钮，完成焊缝符号的标注。

5.8　工程图标注综合范例

5.8.1　范例 1

范例概述

　　本范例为对轴进行标注的综合范例，这里综合了尺寸、注解、基准、几何公差和表面粗糙度的标注及其编辑、修改等内容，在学习本范例的过程中读者应该注意对轴进行标注的要求及其特点。范例完成的效果图如图 5.8.1 所示。

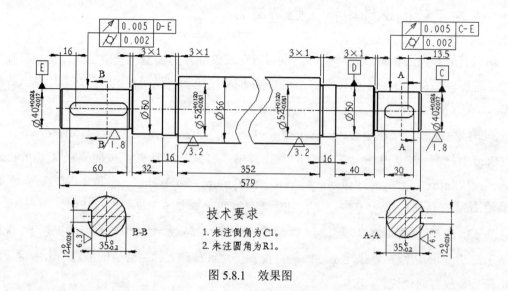

图 5.8.1　效果图

说明：本范例的详细操作过程请参见随书光盘中 video\ch05.08.01\文件下的语音视频讲解文件。模型文件为 D: \proewf5.7\work\ch05.08.01\shaft_drw。

5.8.2　范例 2

范例概述

本范例是一个工程图标注的综合范例，主要运用了尺寸的标注、注解的标注、基准的标注、几何公差和表面粗糙度的标注及对这些标注进行编辑与修改等知识。通过本例的学习，读者可以综合地了解对工程图进行多种标注的一般过程以及掌握一些标注的技巧。范例完成的效果图如图 5.8.2 所示。

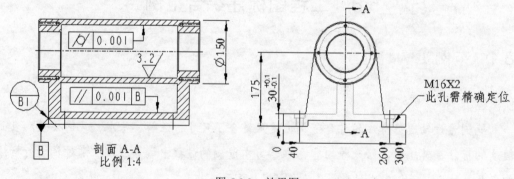

图 5.8.2　效果图

说明：本范例的详细操作过程请参见随书光盘中 video\ch05.08.02\文件下的语音视频讲解文件。模型文件为 D: \proewf5.7\work\ch05.08.02\base_drw。

第6章 工程图的图框、表格制作

本章提要 本章主要介绍了如何在工程图中制作图框与表格，另外还介绍了如何进行页面的操作与管理。利用 Pro/ENGINEER 的工程图模块制作表格非常方便，而且可以制作具有参数的表格。本章主要内容包括：

- 绘制图框。
- 创建与编辑表格、填写表格内容。
- 制作标题栏与明细栏。
- 零件组表与孔表。
- 创建格式文件。
- 页面操作与设置。

在一张完整的工程图中，图框和表格都是必不可少的组成部分。绘制图框有助于限制视图及标注的位置范围以及工程图的打印出图。绘制图框的操作通常比较简单，一般采用连续线段直接进行绘制。在绘制图框过程中，应当注意遵循图框绘制的国家标准和企业标准，注重图框的规范性和实用性。

在工程图中，表格主要用于制作标题栏、明细栏、明细栏手册、各种参数分类统计表等。它起着归纳和展示信息的作用，可用于记录零件和组件的名称、制图者、校核者、绘图的比例、零件或组件的重量等信息。表格的绘制通常采用系统提供的表格绘制工具，通过对表格的生成方向、单元格大小和表格位置的定义，系统自动生成用户所需要的表格。在表格中可手动填入工程图信息，也可结合一些参数实现装配环境下零件的重复区域列表、过滤和参数计算等自动功能。

由于图框和表格在工程图中的应用较为频繁，且要求具有规范性和统一性，因此通常可将制作好的图框和表格保存，以便在需要的时候直接调用。这样不仅节省了工程图的制作时间，提高了工作效率，还能使各工程图规范统一。

6.1 绘 制 图 框

图框一般分为留装订边和不留装订边两种格式，且必须依照国家标准使用粗实线绘制。本例在绘制工程图 tool_disk_drw.drw 时选用的是 A3 图纸，在此以 A3 图纸为例说明绘制图框的一般操作过程。

Step1. 将工作目录设置至 D：\proewf5.7\work\ch06.01。

Step2. 在工具栏中单击 📄 按钮，打开工程图文件 tool_disk_drw_01.drw。

Step3. 在绘制图框前先将视图等元素移动到图纸幅面的合适位置，如图 6.1.1 所示。

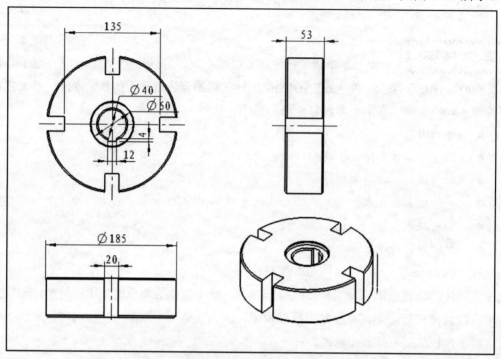

图 6.1.1　将视图中的各元素移动到合适位置

Step4. 开始绘制图框线。单击 草绘 工具栏中的"启用草绘链"按钮 🔗链 绘制连续线，单击 ＼ 按钮，系统提示选取绘制直线的起点，此时在图面上的任一点右击，在弹出的图 6.1.2 所示的快捷菜单中选择 绝对坐标(U)... 命令，系统弹出"绝对坐标"对话框，如图 6.1.3 所示。在该对话框中输入 X 坐标值 25，Y 坐标值 5，单击对话框中的 ✔ 按钮。

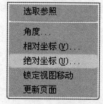

图 6.1.2　快捷菜单

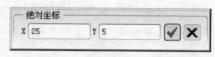

图 6.1.3　"绝对坐标"对话框

Step5. 系统提示输入第二点的坐标，继续在图面上的任一点右击，在弹出的快捷菜单中选择 绝对坐标(U)... 命令，系统弹出"绝对坐标"对话框，在其中输入 X 坐标值 415，Y 坐标值 5，单击 ✔ 按钮。

Step6. 系统提示输入第三点的坐标，并弹出"绝对坐标"对话框，在其中输入 X 坐标值 415，Y 坐标值 292，单击 ✔ 按钮。

Step7. 系统提示输入第四点的坐标，并弹出"绝对坐标"对话框，在其中输入 X 坐标值 25，Y 坐标值 292，单击☑按钮。

Step8. 系统提示输入第五点的坐标，并弹出"绝对坐标"对话框，在其中输入 X 坐标值 25，Y 坐标值 5，单击☑按钮。

Step9. 系统提示输入第六点的坐标，此时无需再输入坐标值，双击鼠标中键结束直线的绘制，图框线条的绘制结果如图 6.1.4 所示。

Step10. 接下来将图框线加粗。按住 Ctrl 键，逐一选取前面步骤所绘制的四条图框线，然后右击，在弹出的快捷菜单中选择 线造型 命令。

Step11. 系统弹出"修改线造型"对话框。在 宽度 文本框里输入值 1，单击 应用 按钮后对话框出现 关闭 按钮，单击 关闭 按钮，完成线体的修改，结果如图 6.1.5 所示。

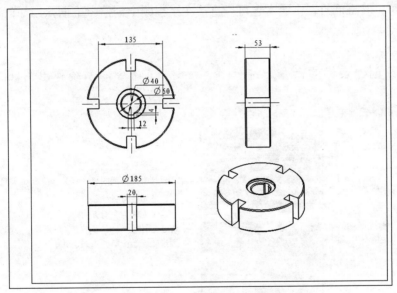

图 6.1.4　装订图框的线条

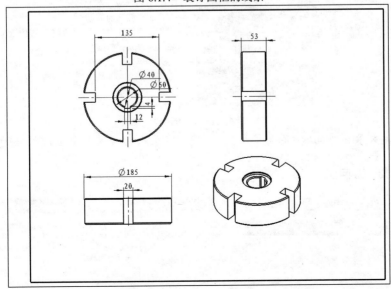

图 6.1.5　加宽后的图框

6.2　创建简单表格及填写表格内容

　　工程图中有多种类型的表格，如标题栏、明细栏、明细栏手册、参数分类统计表等。它们都可以由简单表格来构成，因此这一节我们先来介绍创建简单表格及填写表格内容的一般方法。

6.2.1　创建表格

　　标准表格一般可以在绘制工程图前设计好，需要使用时直接导入即可，这样可以节省不少绘图时间。但简单的表格通常也可以直接在工程图中创建。下面介绍如何在绘图文件中创建一个简单表格。

　　首先介绍创建表格的命令。选择 表 ➡ 表 命令，系统弹出图 6.2.1 所示的 ▼ TABLE CREATE（创建表） 菜单。

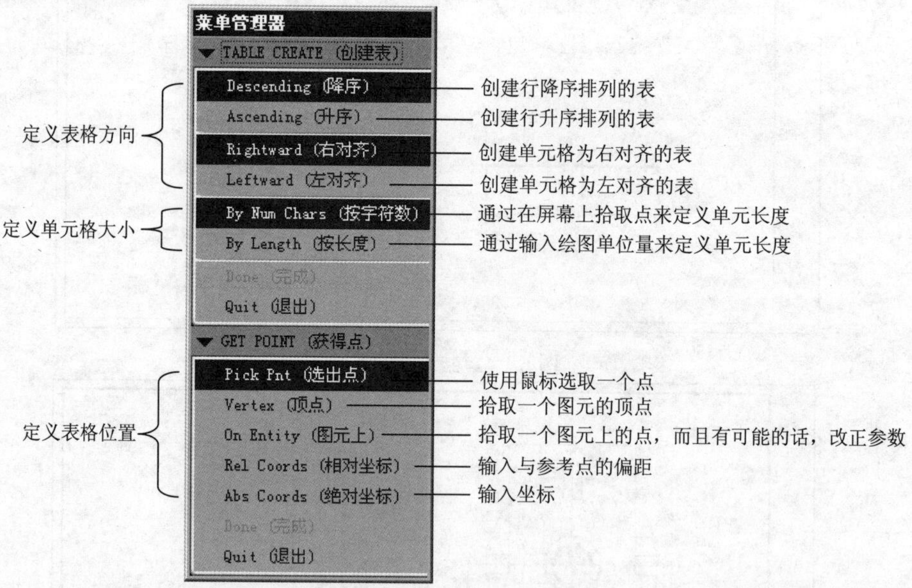

图 6.2.1　"创建表" 菜单

　　注意： "定义表格方向" "定义单元格大小" "定义表格位置" 是创建表格的三要素。

1．定义表格方向

　　在 ▼ TABLE CREATE（创建表） 菜单中选择 Ascending（升序） 命令或 Descending（降序） 命令、Leftward（左对齐） 命令或 Rightward（右对齐） 命令来定义表的方向，使其分别向上或向下、向左或向右增加表格。

2．定义单元格大小

在指定表的方向后，还应选用 By Num Chars（按字符数）命令或 By Length（按长度）命令来定义每一行的高度和每一列的宽度。

（1）"按字符数"命令。通过指定表格可容纳的字符数目来定义单元格行列大小。要确定表格容纳的数目，只需在屏幕上出现的数字栏中选取一个数字，如图 6.2.2 所示。在每个数字的两端有半个字符的间隙，因此在选取数字时应将光标放置在稍微超过实际所需的位置。例如，如果需要八个字符，应在数字栏上选取 8 和 9 之间的地方或者直接选取数字 9（即应在数字"8"后面选取）。

图 6.2.2　"按字符数"命令确定单元格大小

（2）"按长度"命令。通过输入绘图单位量来定义单元长度，其单位由系统的单位来确定。在选择"按长度"命令后，系统将提示 用绘图单位（毫米）输入第一列的宽度，在输入栏里输入各行宽度，系统继续提示 用绘图单位（毫米）输入第一行的高度，在输入栏里输入各列的高度，单击鼠标中键完成。

3．定义表格位置

表格的方向与大小确定后，从 ▼ GET POINT（获得点）菜单中指定表格位置。获取表格位置点的方式有五种，各命令含义已在图 6.2.1 中给出说明。

下面以一个例子介绍创建简单表格的一般操作过程。在绘图文件中创建图 6.2.3 所示的表格，表格中的数字表示表格行、列方向所能容纳的字符数。

Step1. 设置工作目录，新建绘图文件并命名为 table_1，选择 表 ➡ 命令，系统弹出 ▼ TABLE CREATE（创建表）菜单。

Step2. 在 ▼ TABLE CREATE（创建表）菜单中选择 Descending（降序）、Rightward（右对齐）和 By Num Chars（按字符数）命令，在 ▼ GET POINT（获得点）菜单中选择 Pick Pnt（选出点）命令，在图纸中选取一个点作为表格创建的初始位置。

Step3. 后面的详细操作过程请参见随书光盘中 video\ch06.02.01\reference\文件下的语音视频讲解文件"创建表格-r01.avi"。

123456789 2	12345678	1234567
1		
1		

图 6.2.3 创建此表格

6.2.2 填写表格内容

在表格中填写的内容可以是纯文本，也可以是包括尺寸与参数等其他项目。下面介绍在表格中填写内容的一般操作步骤。

Step1. 将工作目录设置至 D:\proewf5.7\work\ch06.02.02，打开工程图文件 table_drw_01.drw。

Step2. 双击图 6.2.4 所示的表单元格，系统弹出"注解属性"对话框，如图 6.2.5 所示，在文本栏里输入文本"设计"。

图 6.2.4 双击表单元格

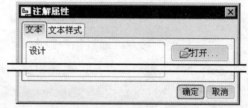

图 6.2.5 "注解属性"对话框

Step3. 在图 6.2.6 所示"注解属性"对话框的 文本样式 选项卡中进行下列操作。

图 6.2.6 "文本样式"选项卡

（1）在 字符 区域中的 字体 下拉列表中选取 FangSong_GB2312 选项。

（2）在 高度 文本框后取消选中 缺省 复选框，在文本框中输入文本高度值 3。

（3）在 注释/尺寸 区域中的 水平 下拉列表中选取 中心 选项；在 垂直 下拉列表中选取 中间 选项。单击 确定 按钮，输入后结果如图 6.2.7 所示。

Step4. 参照前面操作步骤，在表格的其他单元格中输入图 6.2.8 所示文本。

说明：也可以在输入所有文本后统一修改文本样式，按住 Ctrl 键选取所有文本，然后右击，在弹出的快捷菜单中选择 文本样式 命令，统一修改文本格式。

设计		

图 6.2.7　产生文本

设计	2010/06/09
制图	
审核	

图 6.2.8　输入其他文本

6.3　编　辑　表　格

6.3.1　移动、旋转表格

在前一节中，曾提到在创建一个表格时，表格的位置定义是表格创建的一大要素，如果位置放置不当，不仅会影响到工程图的整体美观，更会影响到表格信息的容纳和展示的效果。因此应当对放置不当的表格做适当的调整，如通过移动、旋转等方式将表格调整到合适的位置。下面介绍移动、旋转表格的一般操作步骤。

1. 移动表格

方法一：用鼠标拖动表格使其达到要求位置

Step1. 将工作目录设置至 D:\proewf5.7\work\ch06.03.01，打开工程图文件 table_drw_01.drw。

Step2. 单击图 6.3.1 所示的表格，移动光标到轮廓的某一角上，直至光标变成一个四向箭头，如图 6.3.2 所示。

图 6.3.1　选取表格

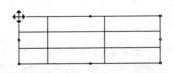

图 6.3.2　处于选中状态的表格

Step3. 将表格拖动到要求位置，如图 6.3.3 所示。

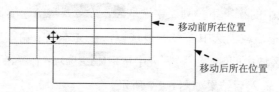

图 6.3.3　拖动表格至要求位置

方法二：使用"移动特殊"命令移动表格

Step1. 按住鼠标左键框选图 6.3.1 所示的表格，选择下拉菜单 编辑(E) ➡ 移动特殊(M)... 命令，系统提示 从选定的项目选取一点，执行特殊移动，选取表格上的一个基准点，如图 6.3.4 所示。

Step2. 系统弹出 移动特殊 对话框，按下 按钮，在 X 文本框中输入目标点的 X 坐标值 20，在 Y 文本框中输入目标点的 Y 坐标值 30，如图 6.3.5 所示。

说明：在 移动特殊 对话框中， 按钮表示直接输入目标点的 X 和 Y 坐标； 按钮表示将对象移动到由相对于 X 和 Y 偏移所定义的位置； 按钮表示将对象捕捉到图元的指定参考点上； 按钮表示将对象捕捉到指定顶点。在实际操作中可根据具体情况选取不同的移动方式。

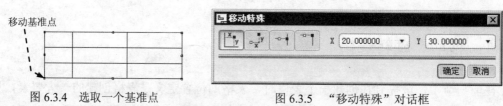

图 6.3.4　选取一个基准点　　　　图 6.3.5　"移动特殊"对话框

Step3. 单击 确定 按钮，完成表格移动操作，表格移动结果如图 6.3.6 所示。

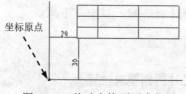

图 6.3.6　移动表格至要求位置

2. 旋转表格

旋转表格属于表格的特殊移动，它与移动表格操作类似。下面介绍旋转表格的一般操作步骤。

Step1. 将工作目录设置至 D:\proewf5.7\work\ch06.03.01，打开工程图文件 table_drw_02.drw。

Step2. 按住鼠标左键框选图 6.3.1 所示的表格，右击，在弹出的快捷菜单中选择 设置旋转原点(O) 命令，系统提示 定位表的固定转角，选取表格上的一点作为旋转原点，如图 6.3.7 所示。

Step3. 选择 表 ➡ 旋转 命令，表格绕原点逆时针旋转 90°，旋转结果如图 6.3.8 所示。

注意：这种方式只能让表格绕旋转原点逆时针旋转，且每次旋转 90°。

图 6.3.7　选择旋转原点　　　　　　图 6.3.8　表格旋转结果

6.3.2　选取、删除表格及更改、删除表格内容

1. 选取、删除表格

（1）选取表格。选取表格是表格编辑中最基本的操作之一。选取表格通常使用以下两种方法。

方法一：框选选取

读者可将工作目录设置至 D:\proewf5.7\work\ch06.03.02，打开工程图文件 table_drw_03.drw 来操作，拖动鼠标框选整个表格，即可完成表格选取。这种方法简单有效，是最常用的一种选取方法，但容易选取表格中的其他隐含图元，为后面的操作带来不便。

方法二：使用命令

使用命令可以灵活地选取表格的列、行以及整个表格。

●　选取整个表格

Step1. 单击选取表格中的任意一个单元格。

Step2. 选择 表 ➡ 选取表▾ ➡ 选取表 命令，选取整个表格。

●　选取一列表格

Step1. 单击选取表格中一个单元格，如图 6.3.9 所示。

Step2. 选择 表 ➡ 选取表▾ ➡ 选取列 命令，选取一列表格，选取结果如图 6.3.10 所示。

●　选取一行表格

Step1. 单击选取表格中一个单元格。

Step2. 选择 表 ➡ 选取表▾ ➡ 选取行 命令，选取一行表格，选取结果如图 6.3.11 所示。

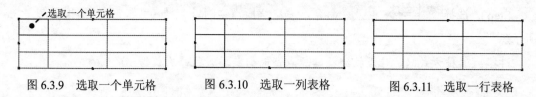

图 6.3.9　选取一个单元格　　　　图 6.3.10　选取一列表格　　　　图 6.3.11　选取一行表格

（2）删除表格。前面已经介绍了选取表格的方法，下面接着介绍删除表格的一般操作步骤。

Step1. 将工作目录设置至 D:\proewf5.7\work\ch06.03.02，打开工程图文件 table_drw_04.drw。

Step2. 选取一列表格，如图 6.3.12a 所示。

Step3. 选择下拉菜单 编辑(E) ➡ 删除(D) ➡ 删除(D) Del 命令，或者右击，在弹出图 6.3.13 所示的快捷菜单中选择 删除(D) 命令，表格删除结果如图 6.3.12b 所示。

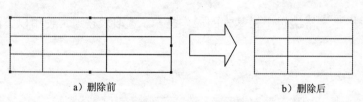

a）删除前　　　　　　　　　　　　b）删除后

图 6.3.12　选取并删除表格

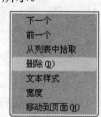

图 6.3.13　快捷菜单

2．更改、删除表格内容

前面已经介绍了如何在表格中添加内容，现在来介绍更改、删除表格内容的一般操作方法。

Step1. 将工作目录设置至 D:\proewf5.7\work\ch06.03.02，打开工程图文件 table_drw_05.drw。

Step2. 双击单元格，弹出"注解属性"对话框，如图 6.3.14 所示。

Step3. 修改文本框中的内容，单击 确定 按钮，即可完成表格内容的更改。

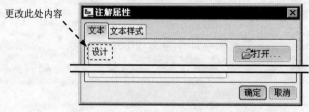

图 6.3.14　"注解属性"对话框

Step4. 选取需要删除表格内容的单元格，如图 6.3.15 所示。

Step5. 选择 表 ➡ 删除内容 命令，删除表格内容结果如图 6.3.16 所示。

单击此单元格

设计		2008/11/05
制图		
审核		

		2008/11/05
制图		
审核		

图 6.3.15　选择单元格　　　　　　图 6.3.16　删除表格内容

注意：如果先选取一行或一列表格，执行删除表格内容的操作则会删除一行或一列表格的内容；如果选取整个表格，则会删除整个表格的内容，但不会删除表格。

6.3.3　插入行、列

下面以 table_drw_06.drw 中的表格为例，介绍插入行、列的一般操作步骤。读者可以将工作目录设置至 D:\proewf5.7\work\ch06.03.03，打开工程图文件 table_drw_06.drw。

Step1. 选择 表 ➡ 添加行 命令。

Step2. 系统提示 在表中拾取要插入行的位置，在表中选取图 6.3.17 所示的水平线，系统在所选水平线为边界的两行之间插入一个新行，插入行结果如图 6.3.18 所示。

选取该水平线

设计		2008/11/05
制图		
审核		

设计		2008/11/05
制图		
审核		

图 6.3.17　选取插入行的位置　　　　　图 6.3.18　在表格中插入一行

Step3. 选择 表 ➡ 添加列 命令。

Step4. 系统提示 在表中拾取要插入列的位置，在表中选取图 6.3.19 所示的垂直线，在所选垂直线为边界的两列之间插入一个新列，插入列结果如图 6.3.20 所示。

选取这条垂直线

设计		2008/11/05
制图		
审核		

设计			2008/11/05
制图			
审核			

图 6.3.19　选择插入列的位置　　　　　图 6.3.20　在表格中插入一列

6.3.4　合并、取消合并单元格

下面以 table_drw_07.drw 中的表格为例，介绍合并、取消合并单元格的一般操作步骤。

1. 合并单元格

Step1. 将工作目录设置至 D:\proewf5.7\work\ch06.03.04，打开工程图文件 table_drw_07.drw。

Step2. 选择 表 ➡ 合并单元格... 命令。系统弹出 ▼ TABLE MERGE（表合并）菜单，菜单中各命令含义如图 6.3.21 所示。

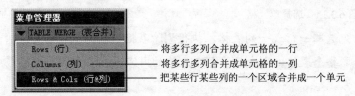

图 6.3.21 "表合并"菜单

Step3. 在 ▼ TABLE MERGE（表合并）菜单中选择 Rows & Cols（行&列）命令。系统提示 ⇨为一个拐角选出表单元，选取图 6.3.22 所示左上角表单元格；系统提示 ⇨选出另一个表单元，选取图 6.3.22 所示右下角表单元格，得到的合并结果如图 6.3.23 所示。

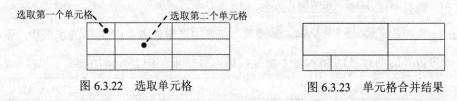

图 6.3.22 选取单元格   图 6.3.23 单元格合并结果

说明：将几个单元格合并成一行（列）时，应选取一列（行）中的单元格，如图 6.3.24 所示。

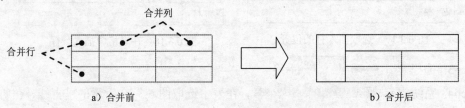

a）合并前   b）合并后

图 6.3.24 合并行、列单元格

2. 取消合并单元格

下面以前面合并完成的单元格的表格为例，介绍如何取消合并单元格。

Step1. 选择 表 ➡ 取消合并单元格 命令。

Step2. 系统提示 ⇨为一个拐角选出表单元，选取图 6.3.25a 所示的一个单元格，系统提示 ⇨选出另一个表单元，选取图 6.3.25a 所示的另一个单元格，得到的取消合并结果如图 6.3.25b 所示。

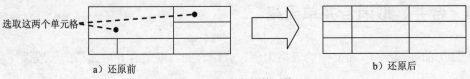

a）还原前   b）还原后

图 6.3.25 取消合并单元格

6.3.5　复制表格

下面以 table_drw_08.drw 中的表格为例，介绍复制表格的一般操作过程。

Step1. 将 工 作 目 录 设 置 至 D:\proewf5.7\work\ch06.03.05，打 开 工 程 图 文 件 table_drw_08.drw。

Step2. 单击表格中任一单元格，选择 表 ➡ 选取表▼ ➡ 选取表命令，选取整个表格。

Step3. 选择 表 ➡ 复制表命令，系统弹出图 6.3.26 所示的"获得点"菜单。

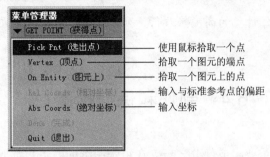

图 6.3.26　"获得点"菜单

Step4. 选择 Abs Coords (绝对坐标)命令，系统提示 输入X坐标[退出]，输入 X 坐标值 20，单击✔按钮。系统继续提示 输入Y坐标[退出]，输入 Y 坐标值 30，单击✔按钮。复制结果如图 6.3.27 所示。

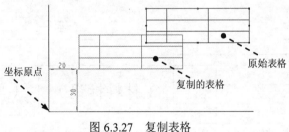

图 6.3.27　复制表格

6.3.6　调整宽度和高度

下面以表格文件 table_drw_09.drw 为例，介绍调整表格宽度和高度的一般操作步骤。

Step1. 将 工 作 目 录 设 置 至 D:\proewf5.7\work\ch06.03.06，打 开 工 程 图 文 件 table_drw_09.drw。

Step2. 选取需调整高度或宽度的行或列，如图 6.3.28a 所示。

Step3. 选择 表 ➡ 高度和宽度...命令，系统弹出图 6.3.29 所示的"高度和宽度"对话框，在其中修改行的高度和列的宽度。输入图 6.3.29 所示的新尺寸，单击 预览 按钮可预览表格。单击 确定 按钮，调整结果如图 6.3.28b 所示。

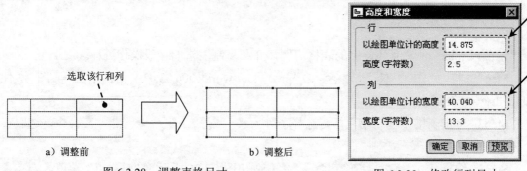

图 6.3.28　调整表格尺寸　　　　　　　图 6.3.29　修改行列尺寸

说明：当以绘图单位计量的高度修改行、列高度时，行、列单元格所能容纳的字符数将会自动修改。

6.4　制作和保存标题栏

标题栏是工程图的重要组成部分之一，在每张图纸的右下角都应该绘制标题栏。标题栏的方向应与看图的方向一致，其格式和大小应符合 GB/T 10609.1－2008、GB/T 10609.2－2009 的规定。但在实际的应用中，为更好地表达图样中所展示的信息，标题栏的格式和尺寸也会因图而异。本节按照图 6.4.1 所示在实际中使用较多的标题栏样式来说明制作标题栏的一般操作步骤。

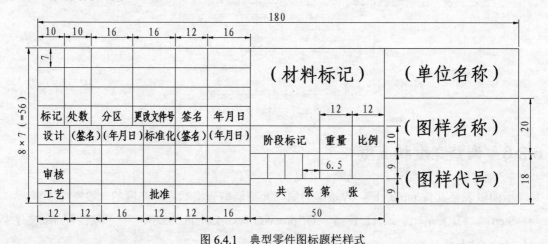

图 6.4.1　典型零件图标题栏样式

6.4.1　创建标题栏

现以 tool_disk_ drw_01.drw 工程图文件为例创建一个标题栏，其一般操作步骤如下。

Step1. 将工作目录设置至 D:\proewf5.7\work\ch06.04，打开工程图文件 tool_disk_drw_0-1.drw。

Step2. 选择 表 ➡️ 表 命令，系统弹出"创建表"菜单。在 ▼ TABLE CREATE（创建表） 菜单中

选择 Ascending（升序） ➡️ Leftward（左对齐） ➡️ By Length（按长度） ➡️ Abs Coords（绝对坐标）

命令。

Step3. 系统提示 输入X坐标[退出]，输入 X 坐标值 415，单击☑按钮。

Step4. 系统提示 输入Y坐标[退出]，输入 Y 坐标值 5，单击☑按钮。

Step5. 系统提示 用绘图单位（MM）输入第一列的宽度[退出]，输入第一列的宽度值 50，单击☑按钮。

Step6. 系统提示 用绘图单位（MM）输入下一列的宽度[Done]，依次输入值 12、12、6.5、6.5、6.5、6.5、16、12、12、4、12、4、8、2 和 10，并分别单击☑按钮。

Step7. 系统提示 用绘图单位（MM）输入下一列的宽度[Done]，直接单击☑按钮，结束列宽度的输入。

Step8. 系统提示 用绘图单位（MM）输入第一行的高度[退出]，输入第一行的高度值 7，单击☑按钮。

Step9. 系统提示 用绘图单位（MM）输入下一行行的高度[Done]，依次输入值 2、5、4、3、7、7、3、4、7 和 7，并分别单击☑按钮。

Step10. 系统继续提示 用绘图单位（MM）输入下一行行的高度[Done]，直接单击☑按钮，结束行高度的输入，得到的表格如图 6.4.2 所示。

Step11. 合并单元格。首先确认此时没有选取表格，然后选择 表 ➡️ 合并单元格...。在系统弹出的"表合并"菜单中选择 Rows & Cols（行&列）命令。

Step12. 将图 6.4.2 所示的三个单元格合并。

Step13. 由于需要合并的单元格繁多，这里不做详细说明；合并结果如图 6.4.3 所示。单击"选取"对话框中的 取消 按钮，然后单击中键。

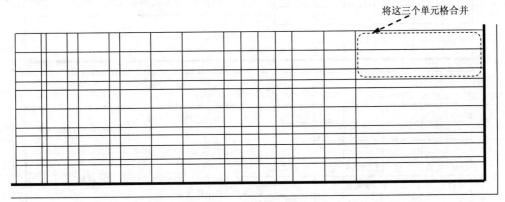

图 6.4.2 初步得到的表格

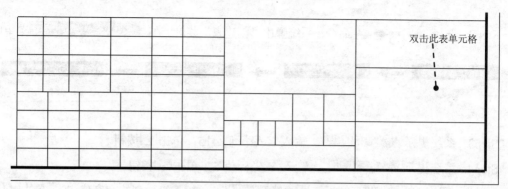

图 6.4.3 合并单元格结果

Step14. 接下来向表格中输入文字，双击图 6.4.3 所示的单元格。

Step15. 系统弹出"注解属性"对话框，在文本栏中输入文本"铣刀盘"。

Step16. 在"注解属性"对话框的 文本样式 选项卡中进行下列操作。

（1）在 字符 区域里的 字体 下拉列表中选取 FangSong_GB2312 选项。

（2）在 高度 文本框中输入文字高度值 5。

（3）在 注释/尺寸 区域中的 水平 下拉列表中选取 中心 选项；在 垂直 下拉列表中选取 中间 选项，单击 确定 按钮，文字输入结果如图 6.4.4 所示。

Step17. 继续双击图 6.4.4 所示的单元格。在弹出"注解属性"对话框的文本框里输入文本"比例"，文字高度设置为 3，其他参数同上。

Step18. 参照前面操作步骤，在标题栏的其他单元格中输入图 6.4.5 所示文本。

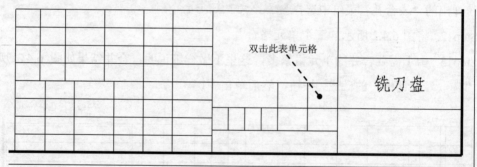

图 6.4.4 输入文本

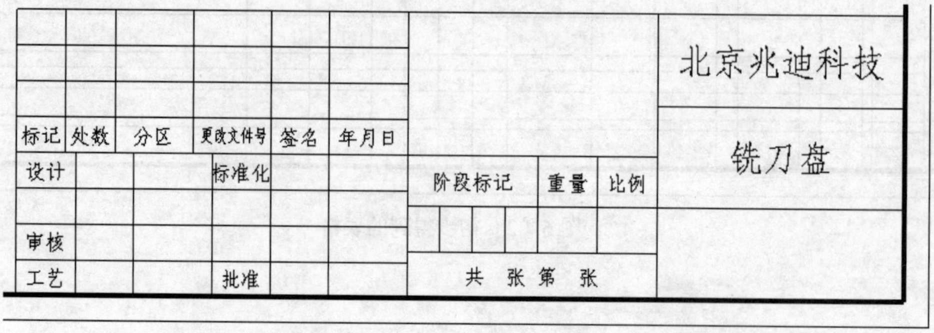

							北京兆迪科技
标记	处数	分区	更改文件号	签名	年月日		
设计			标准化			阶段标记	重量	比例	铣刀盘
审核							
工艺			批准			共 张 第 张	

图 6.4.5 输入其他文本

6.4.2　加入参数

在绘制标题栏时，可以预先输入自定义参数或系统参数，加入工程图后，系统将自动生成相应的项目。例如，在表格中输入参数后如图 6.4.6 所示，在创建新的工程图时，系统会自动将参数生成。常见的参数如下。

&todays_date：显示创建日期。

&model_name：显示绘图中所使用模型的名称。

&dwg_name：显示绘图名称。

&scale：显示绘图比例。

&type：显示模型类型（零件或组件）。

&format：显示格式尺寸。

&current_sheet：显示当前页码。

&total_sheets：工程图中的总页数。

&dtm_name：显示基准平面的名称。

&cname：显示模型的名称，如齿轮、轴承等。

&cmass：用户定义的质量参数，通过关系式 mass=MP_MASS("")自动计算零件的质量并填到标题栏中。

&czpth：显示当前零件被哪个装配调用。

说明： 在输入参数时，输入法应切换到英文状态下输入 "&"。输入参数后，表格中字母显示为大写表示已经关联，为可用状态，否则表示没有关联，为不可用状态。

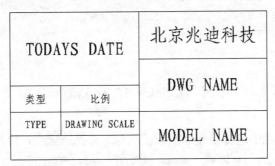

图 6.4.6　输入参数后

6.4.3　保存标题栏

将绘制完毕的标题栏进行保存，便于在以后的工程图中直接调用。

Step1. 单击标题栏中任一单元格，选取 表 ➡ 另存为表 ➡ 另存为表 命令。

Step2. 系统弹出"保存绘图表"对话框，选取路径（如 D:\proewf5.7\work\ch06.04）保存自定义标题栏，在 文件名: 后面的文本框中输入文件名 "btl"，单击 保存 按钮。

注意：标题栏可以直接保存在工作目录当中，也可以保存在其他硬盘分区目录中，根据具体工作要求而定。

6.5 页 面 操 作

在有些情况下，为详尽地表达图样信息，一张工程图要由多张页面组成。每个页面可相互独立地表达工程图中的部分内容，并根据需要单独改变各页面上的绘图比例，也可在各页面间相互移动项目，但各个页面需保持风格一致。

6.5.1 添加、删除页面

下面以前面孔表制作中用到的页面为例，说明添加、删除页面的一般操作步骤。

1. 添加页面

Step1. 将工作目录设置至 D:\proewf5.7\work\ch06.05.01，打开工程图文件 hole_draw_sheet_1.drw。

Step2. 选择底部工具栏的 ![按钮] 按钮，可以直接添加一张空白页。添加完新的页面后，将会在工具栏中出现新添加页面的名称，并在绘图区的下方显示页面信息，如图 6.5.1 所示。

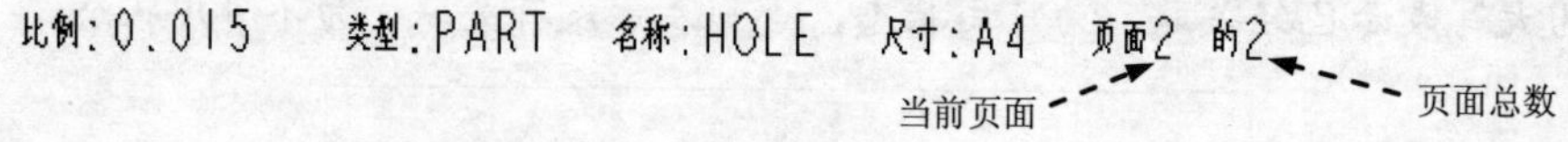

比例：0.015　　类型：PART　　名称：HOLE　　尺寸：A4　　页面 2 的 2

当前页面 ⟵ 页面总数

图 6.5.1　页面信息

2. 删除页面

Step1. 将工作目录设置至 D:\proewf5.7\work\ch06.05.01，打开工程图文件 hole_draw_sheet_2.drw。

Step2. 在底部工具栏中选择要删除页面的名称，选择 页面 5 ，将界面切换到"页面 5"。

Step3. 在下拉菜单中选择 编辑(E) ➡ 删除(D) ➡ 删除页面(S) 命令，系统弹出删除选定页面确认对话框，在对话框中选择 是(Y) ，即可删除选定页面。

6.5.2 页面排序

根据需要，在工程图中存在两个以上的页面时，可对其进行重新排序。下面介绍在多页面工程图中进行页面排序的一般操作步骤。

Step1. 将工作目录设置至 D:\proewf5.7\work\ch06.05.02，打开工程图文件

hole_draw_sheet_3.drw。

Step2. 选择下拉菜单 编辑(E) ➡ 移动或复制页面(E) 命令。

Step3. 在对话框中选取 页面 4 选项，单击 确定 按钮，当前页被改成第 4 页。

注意：移动页面时，始终是将当前页面移动至目标页面的后面，如要将第 4 页页面移动至第 2 页，则在"移动页面"对话框中选取"页面 1"，当前页面便插入到了页面 1 的后面，如要将页面 4 移动至首页，则在对话框中选取 在此插入 。

6.5.3　切换页面

在页面间相互切换有多种方法，下面介绍切换页面的两种常用方法。

读者可将工作目录设置至 D:\proewf5.7\work\ch06.05.03，打开工程图文件 hole_draw_sheet_4.drw 进行操作练习。

方法一 ：**使用工具栏图标**

在工具栏中直接单击页面名称将页面激活即可切换到选定页面。

方法二 ：**使用菜单命令**

Step1. 双击绘图工作区中的页码，系统弹出图 6.5.2a 所示的对话框。

Step2. 单击 下一页 > 按钮，使页面切换至当前页面的下一页；或在 输入页面号 后面的文本框中输入需显示页面的页码，单击 转到 按钮，如图 6.5.2b 所示。

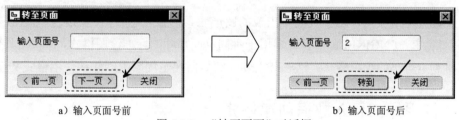

　　a）输入页面号前　　　　　　　　　　b）输入页面号后

图 6.5.2　"转至页面"对话框

Step3. 单击对话框中的 关闭 按钮。

6.5.4　页面设置

在添加页面时，系统默认以前一页的图纸幅面、格式来生成新的页面。在实际工作中，需根据不同的工作需求来选取图纸幅面大小。下面介绍更改各页面幅面大小的一般操作步骤。

读者可将工作目录设置至 D:\proewf5.7\work\ch06.05.04，打开工程图文件 hole_draw_sheet_5.drw 进行操作练习。

Step1. 选择下拉菜单 文件(F) ➡ 页面设置(U)... 命令，系统弹出图 6.5.3 所示的对话框。

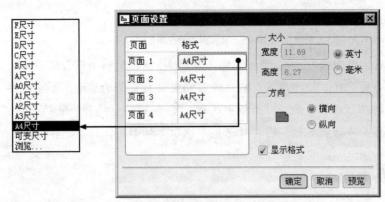

图 6.5.3　"页面设置"对话框

Step2. 选取需要修改的页面栏，单击 格式 栏中的下拉按钮 ▼，选取图纸的幅面；在 方向 选项组中设置图纸纵向或横向放置；选中 ☑ 显示格式 复选框使其显示所加载的格式，单击 确定 按钮，完成页面设置。

说明：

● 若图纸幅面选取 可变尺寸 ，则可在 大小 选项组中自定义幅面的高度和宽度。

● 双击幅面左下角图纸幅面标记"尺寸"，或在空白处右击，在弹出的快捷菜单中选择 页面设置 命令，也可出现图 6.5.3 所示的"页面设置"对话框。

6.6　页　面　格　式

格式是指在绘图前，每个页面中出现的图形元素，如公司名称、图纸幅面、版本号和日期等项目。Pro/ENGINEER 中有许多用于不同页面尺寸的标准绘图格式，但根据具体要求有时需要制定自己的绘图格式。这一节主要介绍如何在工程图中创建和使用格式文件。

6.6.1　使用外部导入数据创建格式

由 AutoCAD 软件可方便地绘制出工程图所需的页面格式，如表格、边框等。但这些文件不能供工程图直接使用，需在 Pro/ENGINEER 环境中对其进行"加工"，生成可供工程图直接使用的格式文件。下面以在 AutoCAD 中绘制的格式文件 CAD_format_1 为例，说明如何利用外部数据来创建格式文件。

Step1. 将工作目录设置至 D:\proewf5.7\work\ch06.06。

Step2. 单击"新建"按钮 🗋，系统弹出"新建"对话框。在该对话框中选中 ◉ ▢ 格式 单选项；在 名称 文本框中输入格式名（如 A3），单击 确定 按钮。

Step3. 系统弹出"新格式"对话框。在 指定模板 区域中选中 ◉ 空 单选项；在 方向 区域中选取图纸放置方向（如"横向"）；在 大小 区域中制定图纸幅面大小（本例选取 A3 幅面），单击 确定 按钮，进入绘图模式。

Step4. 选择 布局 ➡ 导入绘图/数据 命令，系统弹出"打开"对话框。

Step5. 选取格式文件 CAD_format_1.dwg，单击 打开 ▾ 按钮，系统弹出"导入 DWG"对话框。接受该对话框中的所有默认选项，单击 确定 按钮，系统弹出"确认"对话框，单击 是(Y) 按钮，导入格式文件。

Step6. 在格式制定环境中，利用格式模式中的工具绘制表格，加入注解及参数化信息等，创建所需的页面格式。

Step7. 修改格式完毕后，选择下拉菜单 文件(F) ➡ 保存(S) 命令，将文件保存成一个.frm 格式文件。

说明：

- Pro/ENGINEER 支持 IGES 、DXF 及 DWG 等格式文件的导入，其中 DXF 和 DWG 文件的版本应为 2004 或 2004 以下。
- 只有在 Pro/ENGINEER 软件中创建的表格才可以接受文本输入，外部输入的表格无效，但可以作为几何图元使用。
- 关于导入其他格式的 CAD 文件，请读者参照本书第 9 章图文件交换的有关内容。

6.6.2　使用草绘创建格式

草绘模块具有自动化尺寸标注及全参数化约束，可以方便地绘制出所需的格式轮廓。下面介绍用草绘截面创建格式的一般操作步骤。

Step1. 单击"新建"按钮 。

Step2. 系统弹出"新建"对话框，在该对话框中选中 ◉ 格式 单选项；在 名称 文本框中输入格式名（如 draw_format），单击 确定 按钮。

Step3. 系统弹出"新格式"对话框。在 指定模板 区域中选中 ◉ 截面空 单选项；在 截面 区域中单击 浏览… 按钮，系统弹出"打开"对话框。

Step4. 选取要导入的截面文件（本例中我们选择随书光盘目录 D:\proewf5.7\work\ch06.06 下的草绘文件 draw_format_2），单击 打开 ▾ 按钮。在"新格式"对话框中单击 确定 按钮，草绘文件自动导入格式文件中。

说明：导入草绘文件时，系统以左下角为对齐原点，并根据所导入的草绘文件大小来自动调整纸张的大小。

Step5. 在格式制定环境中，利用格式模式中的工具增加表、注解及参数化信息等，创建所需的页面格式。

Step6. 修改格式完毕后，选择下拉菜单 文件(F) ➡ 保存(S) 命令，将文件保存成一个.frm 格式文件。

6.6.3 使用 2D 草绘模式创建格式

除了用草绘文件自动生成格式外，还可以直接使用格式模式下的 2D 绘制工具创建原始格式。其一般方法为，先新建一个模板为空的格式文件，然后利用草绘工具绘制图形界线和图框，并在其中增加表格和注解，以及参数化等信息，最后将文件保存为.frm 格式文件。

6.6.4 格式文件的调用

绘图格式文件的调用方法通常有三种。下面以文件 hole_format_3 为例说明格式文件调用的一般操作方法。

读者可将工作目录设置至 D:\proewf5.7\work\ch06.06，打开工程图文件 hole_format_3.drw 进行操作练习。

方法一：使用菜单命令

Step1. 选择下拉菜单 文件(F) ➡️ 页面设置(U)... 命令，系统弹出"页面设置"对话框。

Step2. 选取需要修改的页面栏，在页面"4"所在行中单击 格式 栏中的下拉按钮 ▼，选择 浏览... 命令，系统弹出"打开"对话框。

Step3. 选择工作目录 D:\proewf5.7\work\ch06.06 下的 2ddraw_format_4.frm 格式文件，单击 打开 ▼ 按钮。在"页面设置"对话框中选中 ☑ 显示格式 复选框，单击 确定 按钮，由于 2ddraw_format_4.frm 格式文件中含有关联参数，而零件中未设置与之对应的参数，系统会弹出 ▼ ADD PARAM (增加参数) 菜单，选择 Yes No (是/否) 命令，在图形区下方的提示框中单击 ☑ 按钮，然后再重复一次以上步骤，完成格式文件的调用。

方法二：使用图纸幅面标记命令

Step1. 双击绘图区左下角的图纸幅面标记"尺寸：A4"，系统弹出"页面设置"对话框。

Step2. 操作方法同方法一的 Step2 和 Step3。

方法三：使用快捷菜单命令

Step1. 在绘图窗口中的任意空白位置右击，在弹出的快捷菜单中选择 页面设置 命令，系统弹出"页面设置"对话框。

Step2. 操作方法同方法一的 Step2 和 Step3。

第 7 章　材料清单（BOM 表）
的制作及应用

本章提要　材料报表又称 BOM（Bill Of Materials）表，用于在装配图中详细地列出各零件的状态，以及装配组件或零件的参数。BOM 表能根据用户在产品设计过程中设定一些特定的参数，自动生成符合企业标准的明细栏。另外材料报表是组件工程图中常用的表格，用于统计当前使用的零件名称、类型、数量等参数。它提供了一个将字符、图形、表格和数据组合在一起以形成一个动态报告的功能强大的格式环境，并可根据数据的大小自动改变表格的大小和显示方式。本章主要内容包括：

- 创建实体零件的模板、装配体模板。
- 零件和装配体的参数设置。
- BOM 表重复区域的设置。
- BOM 表的编辑和 BOM 球标的制作。

7.1　创建实体零件模板和装配体的模板

在 BOM 表中存在大量的模型参数，如零件名称、材料及零件重量等。这些参数是和零件模型中的参数相对应的。为了在 BOM 表中更清晰地反映零件模型的参数，需对零件模型添加或修改参数，使其与 BOM 表中的参数相吻合。

通常在企业内，为了让所有的设计人员有一个规范的工作环境，并确保设计产品的正确性、标准化，需要制订标准化的 Pro/ENGINEER 应用环境，创建统一的实体零件模板和装配体的模板，以减少重复劳动，并满足标准化要求。

7.1.1　创建实体零件的模板

零件模板实际上是一个包含标准要素的零件模型，相应地，实体零件模板实际上是一个实体零件模型，实体零件模型的模板包括如下标准要素。

- 三个基准平面，分别命名为 FRONT、TOP、RIGHT。
- 定义多个视图方向，如 FRONT、BACK、TOP、BOTTOM、LEFT、RIGHT 和 DEFAULT 等。

- 定义多个参数，如
    - ☑ CNAME——零件名称。
    - ☑ CMASS——零件质量。
    - ☑ CMAT——零件材料。
    - ☑ DRAWINGNO——图号。
    - ☑ DESIGNER——设计者。
    - ☑ DRAFTER——绘图。
    - ☑ AUDITER——审核。
    - ☑ COMPANY——设计单位。
    - ☑ PARTTYPE——零件类型：W 外购件；B 标准件；Z 自生产件。
    - ☑ 定义默认参数：DENSITY=7.8e − 6。

下面介绍创建实体零件模板的详细操作步骤。

Step1. 新建一个名为 SOLID_PART 的实体零件模板。

（1）选择下拉菜单 文件(F) ➡ 新建(N)...命令。

（2）系统弹出"新建"对话框，在 类型 区域中选中 ◉ □ 零件 单选项，在 子类型 区域中选中 ◉ 实体 单选项，在 名称 文本框中输入文件名"SOLID_PART"，取消选中 ☐ 使用缺省模板 复选框，单击 确定 按钮。

（3）在弹出的"新文件选项"对话框中选取 PTC 提供的 mmns part solid 模板，单击 确定 按钮。

说明：由于选取了 PTC 提供的 mmns part solid 模板，而该模板已经为用户创建了三个基准平面（名称分别为 FRONT、TOP、RIGHT）和多个视图方向（FRONT、BACK、TOP、BOTTOM、LEFT、RIGHT、DEFAULT），所以用户无需再设置它们。

Step2. 定义参数（注：本步的详细操作过程请参见随书光盘中 video\ch07.01.01\reference\文件下的语音视频讲解文件 SOLID_PART-r01.avi）。

Step3. 定义零件密度（注：本步的详细操作过程请参见随书光盘中 video\ch07.01.01\reference\文件下的语音视频讲解文件 SOLID_PART-r02.avi）。

注意：在模板中假设零件的密度为"7.8e-6"，在设计某一具体的零件时，密度可重新设置。

Step4. 将零件质量赋给 CMASS（注：本步及后面的详细操作过程请参见随书光盘中 video\ch07.01.01\reference\文件下的语音视频讲解文件 SOLID_PART-r03.avi）。

说明：如果采用以上创建的模板"SOLID_PART.PRT.PRT"创建零件模型后，只需选择下拉菜单 分析(A) ➡ ModelCHECK(D) ▶ ➡ ModelCHECK 再生(C) 命令，再选择下拉菜单 编辑(E) ➡ 再生(G) 命令，系统便会自动将计算的质量值赋给变量"CMASS"。

7.1.2　创建装配体模板

装配体模板实际上是一个包含标准要素的装配体模型，装配模型的模板包括如下标准要素。

- 三个基准面：分别为 ASM-FRONT、ASM-TOP、ASM-RIGHT。
- 定义多个视图，如：FRONT、BACK、TOP、BOTTOM、LEFT、RIGHT、DEFAULT 等。
- 定义多个参数，如
    - ☑　CNAME——装配体名称。
    - ☑　CMASS——装配体质量。
    - ☑　DRAWINGNO——图号。
    - ☑　DESIGNER——设计者。
    - ☑　DRAFTER——绘图。
    - ☑　AUDITER——审核。
    - ☑　COMPANY——设计单位。

下面介绍创建装配体模板的详细操作步骤。

Step1. 新建一个名为 ASM_TEMPLATE 的装配体模板。

（1）选择下拉菜单 文件(F) ➡ 🗋 新建(N)... 命令。

（2）系统弹出"新建"对话框。在该对话框的 类型 区域中选中 ◉ 🗋 组件 单选项，在 子类型 区域中选中 ◉ 设计 单选项，在 名称 文本框中输入文件名"ASM_TEMPLATE"，取消选中 ☐ 使用缺省模板 复选框，单击 确定 按钮。

（3）系统弹出"新文件选项"对话框。选取 PTC 提供的 mmns_asm_design 模板，单击 确定 按钮。

说明：由于选取了 PTC 提供的 mmns_asm_design 模板，而该模板已为用户创建了三个基准平面（名称分别为 ASM-FRONT、ASM-TOP、ASM-RIGHT）和多个视图方向（FRONT、BACK、TOP、BOTTOM、LEFT、RIGHT、DEFAULT），所以用户无需再设置它们。

Step2. 定义参数（注：本步的详细操作过程请参见随书光盘中 video\ch07.01.02\reference\文件下的语音视频讲解文件 ASM_TEMPLATE-r01.avi）。

Step3. 将装配件的质量赋给变量 CMASS（注：本步的详细操作过程请参见随书光盘中 video\ch07.01.02\reference\文件下的语音视频讲解文件 ASM_TEMPLATE-r02.avi）。

说明：如果用自定义的装配体模板"ASM_TEMPLATE.ASM"创建装配体模型时，装配体中的各零件所使用的模板必须是在 7.1.1 节中创建的零件模板"SOLID_PART.PRT"，这样，在装配体中添加明细栏等操作时，零件的参数才能与其相关联。

7.2　在模板中创建零件实体和装配体

为使零件实体和装配体满足 BOM 表的需要，需在前面创建的模板中创建零件实体和装配体，保证零件实体与装配体中的参数统一，并避免重复定义参数，提高工作效率。

7.2.1　在模板中创建实体零件

在模板中创建实体零件模型是为后面创建装配体做好准备，是成功创建 BOM 表的一个重要前提。设置好零件模型参数是在模板中创建实体零件的关键所在。

下面以实体零件模板 SOLID_PART.PRT 为例，说明在模板中创建实体零件的一般操作步骤。

Stage1．新建一个实体零件

Step1. 将工作目录设至 D:\proewf5.7\work\ch07.02.01。

Step2. 选择下拉菜单 文件(F) ➡ □ 新建(N)...命令，系统弹出"新建"对话框。

Step3. 在 类型 区域中选中 ◉ □ 零件 单选项，在 子类型 区域中选中 ◉ 实体 单选项，在 名称 文本框中输入文件名 down_base_ok，取消选中 □ 使用缺省模板 复选框，单击 确定 按钮。

Step4. 在弹出"新文件选项"对话框的 模板 区域中单击 浏览... 按钮，在弹出的"选取模板"对话框中选取在 7.1.1 节中创建的实体零件模板文件 SOLID_PART.PRT，单击 打开 ▼ 按钮，最后单击"新文件选项"对话框中的 确定 按钮，进入模型创建环境。

Stage2．创建零件模型

在模板中创建零件模型有两种方法：直接创建零件模型和导入外部数据。在模板中直接创建模型的方法与通常创建模型的方法并无差异，这里不再赘述。在此主要介绍导入外部数据创建零件模型的一般操作步骤。

Step1. 选择下拉菜单 插入(I) ➡ 共享数据 (D) ▶ ➡ 合并/继承 (M)...命令，在操控板中先单击 参照 按钮，在弹出的 注释 界面中选取 ☑ 复制基准 复选框，然后单击 ☞ 按钮，在弹出的"打开"对话框中双击零件 ■ down_base.prt，系统弹出"外部合并"对话框和零件模型的预览窗口。

Step2. 在"外部合并"对话框 放置 区域的 约束类型 下拉列表中选取 ■ 缺省 选项，单击 ✔ 按钮后，操控板中的"切换继承"按钮 ☐ 处于可选状态，单击该按钮。

Step3. 单击操控板中的 ☑ 按钮，实体零件模型导入模板当中。

Step4. 再生模型。选择下拉菜单 分析(A) ➡ ModelCHECK(D) ▶ ➡ ModelCHECK 再生(C) 命令，再生完毕后，将窗口由浏览器窗口转换为绘图窗口。

Stage3. 填入零件参数信息

在创建通用模板时没有填入零件的具体信息，如零件名称、图号以及设计者名称等。不同的零件实体，其参数名称也各不相同。因此完成创建零件模型之后应填写好零件的参数信息。

Step1. 选择下拉菜单 工具(T) ➡ 参数(P)... 命令，系统弹出"参数"对话框。

Step2. 单击选取 CNAME 的 值 文本框，输入参数值（即零件名称）"基座"，按 Enter 键确定。

Step3. 读者可以根据自己的情况添加其他参数。操作步骤参照 Step2，在 DRAWINGNO（图号）、DESIGNER（设计）、DRAFTER（绘图）或 AUDITER（审核）的 值 文本框中添加所对应的参数，填写完毕后单击 确定 按钮（本例中未添加这些参数）。

Stage4. 更新零件质量

Step1. 计算质量。选择下拉菜单 分析(A) ➡ 模型(L) ▶ ➡ 质量属性(M) 命令，在弹出的"质量属性"对话框中单击 ∞ 按钮，计算质量并预览结果，完成计算后单击 ☑ 按钮。

Step2. 再生模型。选择下拉菜单 分析(A) ➡ ModelCHECK(D) ▶ ➡ ModelCHECK 再生(C) 命令，更新完毕后，将窗口由浏览器窗口转换为绘图窗口，此时系统便自动将计算的质量值赋给变量 CMASS（可通过打开"参数"对话框查看，结果如图 7.2.1 所示）。

Stage5. 保存文件

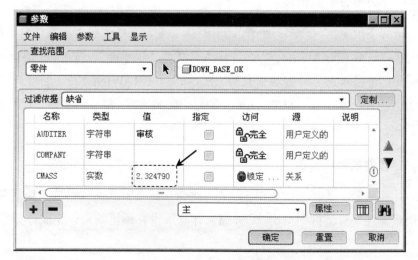

图 7.2.1　"参数"对话框

7.2.2 在模板中创建装配体

当各实体零件模型创建完毕之后，便可在装配体模板中进行组装，为 BOM 表提供一个参数齐全的装配体。下面介绍在装配体模板中创建装配体的一般操作步骤。

Stage1. 新建一个装配体文件

Step1. 将工作目录设至 D:\proewf5.7\work\ch07.02.02。

Step2. 选择下拉菜单 文件(F) → 新建(N)...命令，系统弹出"新建"对话框。

Step3. 在对话框的 类型 区域中选中 ◉ 组件 单选项，在 子类型 区域中选中 ◉ 设计 单选项，在 名称 文本框中输入文件名"asm_base"，取消选中 ☐ 使用缺省模板 复选框，单击 确定 按钮。

Step4. 在弹出"新文件选项"对话框的 模板 区域中单击 浏览... 按钮，在弹出的"选取模板"对话框中选取在 7.1.2 节中创建的装配体模板文件 ASM_TEMPLATE.ASM，单击 打开 ▾ 按钮，最后单击"新文件选项"对话框中的 确定 按钮，进入装配环境。

Stage2. 创建装配体

将工作目录下的各实体零件模型进行装配（关于零组件装配的内容，请读者参考本套丛书的有关书籍，在此不作介绍），装配结果如图 7.2.2 所示。

图 7.2.2 装配体

Stage3. 填入零件参数信息

Step1. 选择下拉菜单 工具(T) → 参数(P)...命令，系统弹出"参数"对话框。

Step2. 单击选取 CNAME 的 值 栏，输入参数值"轴承座"，按 Enter 键确定。

Step3. 参照前面添加零件参数信息的方法，添加 DRAWINGNO（图号）、DESIGNER（设计）、DRAFTER（绘图）、AUDITER（审核）的 值 栏所对应的参数。填写完毕后单击 确定 按钮。

Stage4. 更新装配体质量

Step1. 计算质量。选择下拉菜单 分析(A) → 模型(L) ▸ → 质量属性(M)命令，在弹出的"质量属性"对话框中单击 ∞ 按钮，计算质量并预览结果，完成计算后单击 ✓ 按钮。

Step2. 再生模型。选择下拉菜单 分析(A) ➡ ModelCHECK(D) ▶ ModelCHECK 再生(C) 命令，在弹出的 ▼ ASM LEVEL (组件级) 菜单中选择 Top Level (顶级) 命令，更新完毕后，将窗口由浏览器窗口转换为绘图窗口，此时系统便自动将计算的质量值赋给变量 CMASS（可通过打开"参数"对话框查看）。

说明：用于装配的实体零件模型内至少应包含 CMASS 参数，否则该零件重量不会传递到装配体中，本例中的零件模型都是在统一的实体零件模板中创建的，保证了零件参数的统一性和完整性。

Stage5. 保存文件

7.3　标题栏和明细栏的设定

7.3.1　调用标题栏

标题栏的定义方法通常是将一个定制的表格置于 FORMAT 中，在设计装配体的工程图时，直接调用这个 FORMAT，即可自动生成标题栏。标题栏和格式文件的创建方法已在第 6 章详细介绍过，在此不再赘述，这里直接调用一个包含标题栏的格式文件即可。

下面以创建图 7.3.1 所示的报表为例，说明调用标题栏的操作过程。

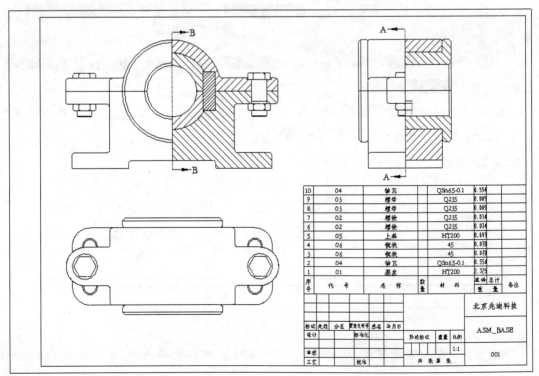

图 7.3.1　报表

Step1. 将工作目录设至 D:\proewf5.7\work\ch07.03。

Step2. 选择下拉菜单 文件(F) ➡ 新建(N)... 命令，系统弹出"新建"对话框。

Step3. 在该对话框的 类型 区域中选中 ◉ 报告 单选项，在 名称 文本框中输入文件名 "bom_base"，单击 确定 按钮。

Step4. 系统弹出"新报表"对话框。在 缺省模型 区域中单击 浏览... 按钮，系统弹出"打开"对话框，选取装配体文件 asm_base.asm，单击 打开 按钮，在 指定模板 区域中选中 ◉ 格式为空 单选项，在 格式 区域单击 浏览... 按钮，系统弹出"打开"对话框，选取 D:\proewf5.7\work\ch07.03 中的格式文件 a3_form_asm.frm，单击 打开 按钮，在"新报告"对话框中单击 确定 按钮，进入报表环境。

Step5. 插入零件视图并调整位置，使其达到满意效果。插入视图结果如图 7.3.1 所示。

注意：采用这种方法调用格式文件时，应先指定默认模型文件，也可在插入视图之后再调用格式文件，调用格式文件的具体操作方法参见第 6 章相应章节的内容。

7.3.2　定义明细栏

当组件转成工程图时，需要使用明细栏。和标题栏一样，明细栏也可制作成格式文件，在需要的时候直接导入即可。下面接上一节的操作步骤来讲解定义明细栏的一般过程。

Stage1. 定义重复区域

Step1. 选择下拉菜单 表(B) ➡ 重复区域(R)... 命令，系统弹出 ▼ TBL REGIONS (表域) 菜单。

Step2. 在 ▼ TBL REGIONS (表域) 菜单中选择 Add (添加) 命令，在弹出的 ▼ REGION TYPE (区域类型) 菜单中选择 Simple (简单) 命令。

Step3. 系统提示 ◇定位区域的角，选取图 7.3.2 所示的两个单元格，然后单击"选取"对话框中的 确定 按钮，并选择 ▼ TBL REGIONS (表域) 菜单下的 Done (完成) 命令，系统自动将两单元格间的区域定义为重复区域，如图 7.3.2 所示。

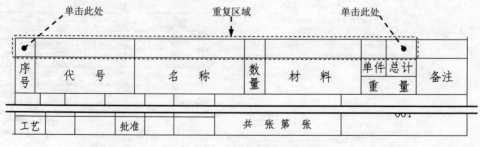

图 7.3.2　选择重复区域

Stage2. 输入报表参数（注：本步的详细操作过程请参见随书光盘中 video\

ch07.03.02\reference\文件下的语音视频讲解文件"定义明细栏--r01.avi"）

说明：设置了重复区域后，双击重复区域的单元格，会弹出"报告符号"对话框来输入报表参数，双击非重复区域的单元格则弹出"注解属性"对话框。

Stage3. 更新表格内容

选择下拉菜单 表(B) ➡ 重复区域(R)... 命令，在弹出的 ▼ TBL REGIONS (表域) 菜单中选择 Update Tables (更新表) 命令，并选择 Done (完成) 命令，表更新结果如图 7.3.3 所示。

说明：

● 在更新完成后，如果单元格中的文本超出单元格界限，可先选取该单元格，再右击，在弹出的快捷菜单中选择 属性(R) 命令，然后在弹出的"文本样式"或"注解属性"对话框中设置文本的宽度因子，图 7.3.3 所示为调整后的结果。

● BOM 表中重复区域属性默认为"多重记录"，即只要零件出现一次，则在 BOM 表中增加一行，不管零件是否重复出现，数量栏中不会显示零件数量。

10	04	轴瓦		QSn6.5-0.1	0.554		
9	03	螺母		Q235	0.005		
8	03	螺母		Q235	0.005		
7	02	螺栓		Q235	0.034		
6	02	螺栓		Q235	0.034		
5	05	上盖		HT200	0.693		
4	06	楔块		45	0.070		
3	06	楔块		45	0.070		
2	04	轴瓦		QSn6.5-0.1	0.554		
1	01	基座		HT200	2.325		
序号	代　号	名　称	数量	材　料	单件 重量	总计	备注

工艺		批准		共　张 第　张		

图 7.3.3　材料明细栏

7.4　编辑 BOM 表

7.4.1　重复区域属性

在 BOM 表中，可通过设置重复区域属性来更改明细栏的排列方式。属性的设置可以在定义格式文件的明细栏时预先定义好显示方式，也可以在使用明细栏的过程中随时进行修改。下面介绍在 BOM 表中更改重复区域属性的一般操作步骤。

Step1. 将工作目录设至 D:\proewf5.7\work\ch07.04.01，打开报表文件 bom_base_01.rep。

Step2. 选择下拉菜单 表(B) ➡ 重复区域(R)... 命令，在弹出的 ▼ TBL REGIONS (表域) 菜单中选择 Attributes (属性) 命令，系统提示 ⇨选取一个区域，选取生成的明细栏。

Step3. 系统弹出图 7.4.1 所示的 ▼ REGION ATTR (区域属性) 菜单。

● Duplicates (多重记录)

在重复区域中显示装配体中所有零件记录，且每个零件记录都按照特征编号进行排序，如果一个零件在此装配中使用了两次，那么这个零件记录也会在明细栏中显示两次，且每条记录都有自己的编号，但在明细栏中不显示零件数量，如图 7.4.2 所示。

10	04	轴瓦		QSn6.5-0.1	0.554	
9	03	螺母		Q235	0.005	
8	03	螺母		Q235	0.005	
7	02	螺栓		Q235	0.034	
6	02	螺栓		Q235	0.034	
5	05	上盖		HT200	0.693	
4	06	楔块		45	0.070	
3	06	楔块		45	0.070	
2	04	轴瓦		QSn6.5-0.1	0.554	
1	01	基座		HT200	2.325	
序号	代　号	名　称	数量	材　料	单件 总计 重　量	备注

北京兆迪科技

001

图 7.4.1 "区域属性"菜单　　　　　　图 7.4.2 显示"多重记录"的明细栏

● No Duplicates (无多重记录)

在重复区域中同一模型只显示一次，如果在该重复区域中输入了参数&rpt.qty，系统会自动计算出相同零件的总数，并填入表格内，显示"无多重记录"的明细栏如图 7.4.3 所示。

6	06	楔块	2	45	0.070	
5	05	上盖	1	HT200	0.693	
4	04	轴瓦	2	QSn6.5-0.1	0.554	
3	03	螺母	2	Q235	0.005	
2	02	螺栓	2	Q235	0.034	
1	01	基座	1	HT200	2.325	
序号	代　号	名　称	数量	材　料	单件 总计 重　量	备注

001

图 7.4.3 显示"无多重记录"的明细栏

● No Dup/Level (无多重/级)

按照装配顺序显示零件模型，且在重复区域中同一模型只显示一次。如果在该重复区域中输入了参数&rpt.qty，则系统会自动计算出相同零件的总数，并填入表格内。显示"无多重/级”的明细栏如图 7.4.4 所示。

6	03	螺母	2	Q235	0.005		
5	02	螺栓	2	Q235	0.034		
4	05	上盖	1	HT200	0.693		
3	06	楔块	2	45	0.070		
2	04	轴瓦	2	QSn6.5-0.1	0.554		
1	01	基座	1	HT200	2.325		
序号	代　号	名　称	数量	材　料	单件 重	总计 量	备注

审核			001
工艺	批准	共　张 第　张	

图 7.4.4　显示“无多重/级”的明细栏

● Recursive（递归）

搜索零件的级，将组件记录也显示在明细栏当中。在实际应用中该命令可与 Duplicates（多重记录）、No Duplicates（无多重记录）和 No Dup/Level（无多重/级）三种命令组合使用。例如 Recursive（递归）命令和 No Dup/Level（无多重/级）命令组合使用时，得到的明细栏如图 7.4.5 所示。

● Flat（平整）

只显示最高一层的零件或部件，各部件所属的组件不被列出。与 Recursive（递归）命令相同，在实际应用中该命令也可以与 Duplicates（多重记录）、No Duplicates（无多重记录）以及 No Dup/Level（无多重/级）三种命令组合使用。这里不再举例说明，读者可以自己动手尝试一下。

● Min Repeats（最小重复）

系统提示 输入最小重复数 设置重复区域的最小重复数，系统默认最小值为“1”。当在明细栏中设置多个重复区域时，每个重复区域会至少占用一行。如果某个重复区域中没有记录且最小重复数值设为“0”时，则这个重复区域会自动消失。

7	03	螺母	2	Q235	0.005		
6	02	螺栓	2	Q235	0.034		
5	05	上盖	1	HT200	0.693		
4	06	楔块	2	45	0.070		
3	04	轴瓦	2	QSn6.5-0.1	0.554		
2	01	基座	1	HT200	2.325		
1	001	轴承座	1		4.344		
序号	代　号	名　称	数量	材　料	单件 重	总计 量	备注

审核			001
工艺	批准	共　张 第　张	

图 7.4.5　显示“递归”明细栏

7.4.2　在 BOM 表中使用破折号

在 BOM 表中可用破折号代替明细栏的内容，但代替的内容仅限于序号和数量。用此方法可以暂时排除特定的零部件。下面介绍在 BOM 表中使用破折号的详细操作步骤。

Step1. 将工作目录设至 D:\proewf5.7\work\ch07.04.02，打开报表文件 bom_base_02.rep。

Step2. 选择下拉菜单 表 → 重复区域(R)... 命令，在弹出的 ▼ TBL REGIONS（表域）菜单中选择 Dash Item（破折号项目）命令，系统提示 ➪选取一个包含rpt.index或rpt.qty的文本，选取图 7.4.6a 所示“数量”栏中的文本，结果如图 7.4.6b 所示。

注意：若要还原显示，则重新选择 Dash Item（破折号项目）命令，然后在破折号上单击即可。

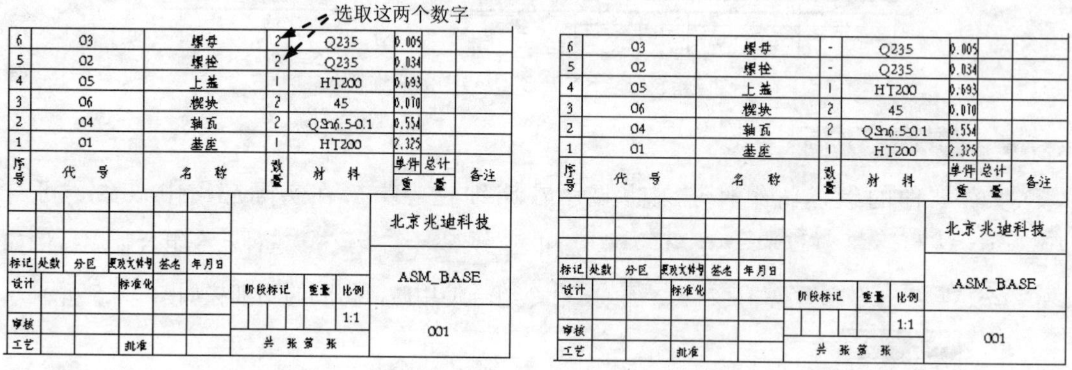
选取这两个数字
6 03 螺母 2 Q235 0.005
5 02 螺栓 2 Q235 0.034
4 05 上盖 1 HT200 0.693
3 06 楔块 2 45 0.070
2 04 轴瓦 2 QSn6.5-0.1 0.554
1 01 基座 1 HT200 2.325
序号 代号 名称 数量 材料 单件 总计 重量 备注
北京兆迪科技
ASM_BASE
001
标记 处数 分区 更改文件号 签名 年月日
设计 标准化 阶段标记 重量 比例
1:1
审核
工艺 批准 共 张 第 张
6 03 螺母 - Q235 0.005
5 02 螺栓 - Q235 0.034
4 05 上盖 1 HT200 0.693
3 06 楔块 2 45 0.070
2 04 轴瓦 2 QSn6.5-0.1 0.554
1 01 基座 1 HT200 2.325

a）使用前　　b）使用后

图 7.4.6 在 BOM 表中使用破折号

7.4.3 为 BOM 表添加注解

注解单元是重复区域中的一个单元，该单元中保存的是用户输入的信息，而不是从零件中读取的数据；备注栏中可以不输入任何内容，只需在定义完重复区域后将其定义成注解单元，在备注栏中可以以文本的方式直接输入备注内容到零件行中，且注解内容会跟随这个零件并保持对应关系。下面介绍在 BOM 表中添加注解的一般操作方法。

Step1. 将工作目录设至 D:\proewf5.7\work\ch07.04.03，打开报表文件 bom_base_03.rep。

Step2. 依次单击选择下拉菜单 表(B) → 重复区域(R)... 命令，在弹出的 ▼ TBL REGIONS（表域）菜单中依次选择 Comments（注释） → Define Cell（定义单元）命令，系统提示 ➪在重复区域模板中选取一单元。

Step3. 选取“备注”列重复区域模板中的单元格（即“备注”一列单元格），将该列中的所有单元格定义为注解单元格。选择 Done（完成）命令完成注解单元格的定义。

Step4. 双击“备注”列的单元格（除重复区域），系统弹出“注解属性”对话框，在其中输入图 7.4.7 所示的注解文本后单击 确定 按钮，结果如图 7.4.7 所示。

说明：

- 在 Step3 中选取单元格时，请先确认所选单元格为空。
- 在“备注”列重复区域模板中的单元格内不能添加注解。

6	03	螺母	2	Q235	0.005	标准件
5	02	螺栓	2	Q235	0.034	标准件
4	05	上盖	1	HT200	0.693	
3	06	楔块	2	45	0.070	调质处理
2	04	轴瓦	2	QSn6.5-0.1	0.554	
1	01	基座	1	HT200	2.325	
序号	代　号	名　称	数量	材　料	单件 总计 重　量	备注

| 审核 | | | | | 001 |
| 工艺 | | 批准 | | 共　张 第　张 | |

图 7.4.7　添加注解

7.4.4　固定索引

在装配图中进行标注时，有时需要按顺时针或逆时针方向排序，这样势必会影响明细栏的排序。为了让明细栏的排序不受影响，可以固定重复区域中的索引序号。下面说明用固定索引重新排序零件的一般操作步骤。

Step1. 将工作目录设至 D:\proewf5.7\work\ch07.04.04，打开报表文件 bom_base_4.rep。

Step2. 选择下拉菜单 表(B) ➡ 重复区域(R)... 命令，在弹出的 ▼ TBL REGIONS (表域) 菜单中选择 Fix Index (固定索引) 命令，系统提示 ⇨选取一个区域，选取明细栏。

Step3. 系统弹出图 7.4.8 所示的 ▼ FIX INDEX (固定索引) 菜单，在该菜单中选择 Fix (固定) 和 Record (记录) 命令。

Step4. 系统提示 ⇨在当前重复区域中选取一条记录，在明细栏中选取图 7.4.9 所示上盖的序号"4"为需固定的序号。

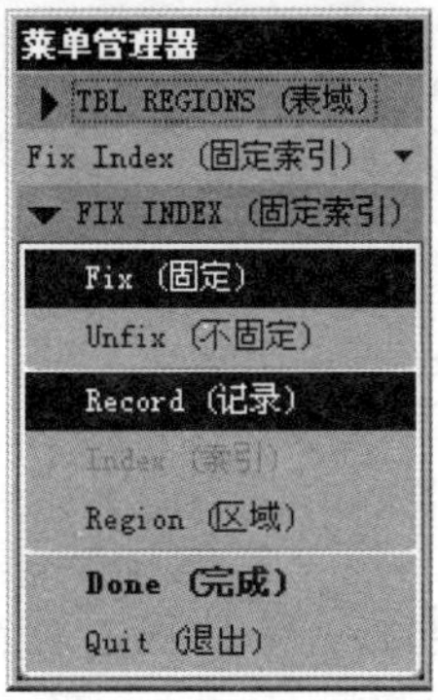

菜单管理器
▶ TBL REGIONS (表域)
Fix Index (固定索引) ▼
▼ FIX INDEX (固定索引)
Fix (固定)
Unfix (不固定)
Record (记录)
Index (索引)
Region (区域)
Done (完成)
Quit (退出)

图 7.4.8　"固定索引"菜单　　　　图 7.4.9　选择需固定的序号

Step5. 系统提示 ⇨输入记录的索引，在提示行中输入值 5，单击 ✓ 按钮，此时上盖的序号被固定为 5，被固定索引的零件序号呈红色显示。

Step6. 参照 Step5 操作方法，依次将"楔块"的序号固定为"6"；将"轴瓦"的序号固定为"4"；将"螺母"的序号固定为"3"；将"螺栓"的序号固定为"2"。在菜单管理器中选择 Done (完成) 命令，固定索引结果如图 7.4.10 所示。

6	03	螺母	2	Q235	0.005	
5	05	上盖	1	HT200	0.693	
4	02	螺栓	2	Q235	0.034	
3	06	楔块	2	45	0.070	
2	04	轴瓦	2	QSn6.5-0.1	0.554	
1	01	基座	1	HT200	2.325	
序号	代 号	名 称	数量	材 料	单件 总计 重 量	备注

| 审核 | | | | | | |
| 工艺 | | 批准 | | 共 张 第 张 | 001 | |

图 7.4.10 "固定索引"的 BOM 表

说明：如要撤销固定索引，则只需在 ▼ FIX INDEX（固定索引）菜单中选择 Unfix（不固定）和 Region（区域）命令，然后在弹出的 ▼ CONFIRMATION（确认）菜单中选择 Confirm（确认）命令，最后在菜单管理器中选择 Done（完成）命令，这样就撤销了之前的固定索引。

7.4.5 在 BOM 表中使用自定义参数和关系式

下面以计算组件重量为例，介绍在 BOM 表中使用自定义参数和关系式的一般操作方法。

Step1. 将工作目录设至 D:\proewf5.7\work\ch07.04.05，打开报表文件 bom_base_05.rep。

Step2. 双击明细栏中"总计"上面一行的单元格，在弹出的"报告符号"对话框中依次选取 rpt... ➡ rel... ➡ User Defined 选项，在文本框中输入自定义代码 tcmass，单击 ☑ 按钮，结果如图 7.4.11 所示。

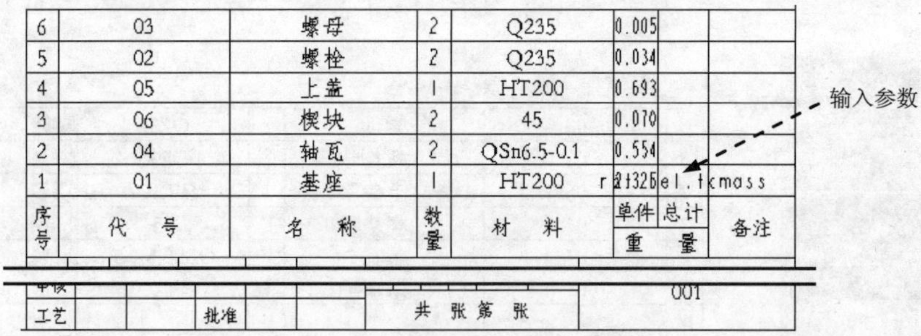

6	03	螺母	2	Q235	0.005	
5	02	螺栓	2	Q235	0.034	
4	05	上盖	1	HT200	0.693	
3	06	楔块	2	45	0.070	
2	04	轴瓦	2	QSn6.5-0.1	0.554	
1	01	基座	1	HT200	r 21325 el.tcmass	← 输入参数
序号	代 号	名 称	数量	材 料	单件 总计 重 量	备注

| 审核 | | | | | | |
| 工艺 | | 批准 | | 共 张 第 张 | 001 | |

图 7.4.11 在重复区域中输入参数

Step3. 选择下拉菜单 表(B) ➡ 重复区域(R)... 命令，在弹出的 ▼ TBL REGIONS（表域）菜单中选择 Relations（关系）命令，系统提示 ➪ 选取一个区域，单击选取明细栏，系统弹出"关系"对话框。

Step4. 在文本框中输入关系式"tcmass=asm_mbr_cmass*rpt_qty"，如图 7.4.12 所示，该式的含义是，总计重量等于单件重量与数量的乘积，单击 确定 按钮。

Step5. 在 ▼ TBL REGIONS（表域）菜单中选择 Update Tables（更新表）命令，结果如图 7.4.13 所示。

说明：图 7.4.13 所示为调整文本高度因子后的结果。

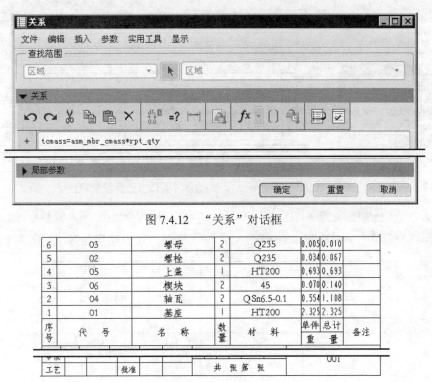

图 7.4.12　"关系"对话框

6	03	螺母	2	Q235	0.005	0.010	
5	02	螺栓	2	Q235	0.034	0.067	
4	05	上盖	1	HT200	0.693	0.693	
3	06	楔块	2	45	0.070	0.140	
2	04	轴瓦	2	QSn6.5-0.1	0.554	1.108	
1	01	基座	1	HT200	2.325	2.325	
序号	代　　号	名　　称	数量	材　料	单件 重	总计 量	备注
工艺		批准		共 张第 张		001	

图 7.4.13　添加自定义参数后的材料明细栏

7.4.6　累加

　　BOM 表提供了在重复区域中进行统计的功能，如统计总重量、总数量和总成本等，这些统计功能可由"累加"命令来完成。下面介绍在 BOM 表中进行"累加"的一般操作步骤。

　　Step1. 将工作目录设至 D:\proewf5.7\work\ch07.04.06，打开报表文件 bom_base_06.rep。

　　Step2. 选择下拉菜单 表(B) ➡ 重复区域(R)... 命令，在弹出的 ▼ TBL REGIONS (表域) 菜单中选择 Summation (累加) 命令，系统提示 ➪选取一个区域，单击选取 BOM 表重复区域，系统弹出图 7.4.14 所示菜单管理器"表累加"菜单。

　　注意："总成本"所在列不在重复区域当中。

　　Step3. 在 ▼ TBL SUM (表累加) 菜单中选择 Add (添加) ➡ By Text (按文本) 命令，系统提示 ➪选取求和的报表符号，选取要累加的项目，如要累加"总计重量"，则在重复区域中选取"总计"所在的文本，如图 7.4.15 所示。

　　Step4. 系统提示 输入参数名:，在提示框中输入参数名 aaa，单击 ✓ 按钮。

　　Step5. 系统提示 ➪选取放置总数的表格单元，选取图 7.4.15 所示的单元格放置累加结果。

　　注意：选取放置总数的表格单元时，应选取同一表格中非重复区域的一个空格放置计算结果，这个空格不可以是重复区域中的空格，也不可以是其他表中的空格。

选择此文本 ↘ ↘ 选择此单元格

6	03	螺母	2	Q235	0.005	0.010	
5	02	螺栓	2	Q235	0.034	0.067	
4	05	上盖	1	HT200	0.693	0.693	
3	06	楔块	2	45	0.070	0.140	
2	04	轴瓦	2	QSn6.5-0.1	0.554	1.108	
1	01	基座	1	HT200	2.325	2.325	
序号	代 号	名 称	数量	材 料	单件	总计	备注
					重 量		

菜单管理器
▶ TBL REGIONS (表域)
Summation (累加) ▼
▼ TBL SUM (表累加)
Add (添加)
Delete (删除)
Done/Return (完成/返回)

工艺　　批准　　共 张 第 张　　001

图 7.4.14 "表累加"菜单　　　　　　　图 7.4.15 选择累加项目

Step6. 在 ▼ TBL SUM (表累加) 菜单中选择 Done/Return (完成/返回) 命令，在 ▼ TBL REGIONS (表域) 菜单中选择 Update Tables (更新表) 命令，累加结果如图 7.4.16 所示。

6	03	螺母	2	Q235	0.005	0.010	
5	02	螺栓	2	Q235	0.034	0.067	
4	05	上盖	1	HT200	0.693	0.693	
3	06	楔块	2	45	0.070	0.140	
2	04	轴瓦	2	QSn6.5-0.1	0.554	1.108	
1	01	基座	1	HT200	2.325	2.325	4.344
序号	代 号	名 称	数量	材 料	单件	总计	备注
					重 量		

工艺　　批准　　共 张 第 张　　001

图 7.4.16 重量累加后的材料明细栏

7.5 BOM 球标

球标是装配工程图中的圆形注解，在装配视图中显示与材料清单相对应的元件信息。这些信息源自于 BOM 表的重复区域，因此在添加 BOM 球标之前，必须创建 BOM 表重复区域，输入预期的 BOM 表符号并指定 BOM 球标的区域。BOM 球标一般可以分为以下三类。

- 简单球标：只显示索引号码的球标。通常在 BOM 球标中显示一个与明细栏中零件名称相对应的索引号码。
- 带数量的球标：BOM 球标分割成上下两半，上半部分显示索引号码，下半部分显示该索引号码下零件的数量，或视图中的零件数。
- 定制球标：将用户创建并保存的某个绘制符号指定为 BOM 球标符号。

7.5.1 创建 BOM 球标

要在装配视图中创建 BOM 球标，在绘图区中需有一个与之对应的 BOM 表，且在 BOM 表重复区域中应至少包含索引号和模型名称的报告符号。下面介绍在装配视图中创建 BOM 球标的一般操作步骤。

Stage1. 设置 BOM 球标区域

Step1. 将工作目录设至 D:\proewf5.7\work\ch07.05.01，打开报表文件 bom_base_01.rep。

Step2. 选择下拉菜单 表(B) ➡ BOM球标(B)... 命令，系统弹出 ▼ BOM BALLOONS (BOM球标) 菜单。

Step3. 系统提示 ⇨选取一个区域 ，单击选取 BOM 表重复区域，然后在 ▼ BOM BALLOONS (BOM球标) 菜单中选择 Done (完成) 命令，完成区域设置。

说明：如果需清除 BOM 球标区域，则可通过在 ▼ BOM BALLOONS (BOM球标) 菜单中选择 Clear Region (清除区域) 命令来实现。

Stage2. 显示 BOM 球标

Step1. 选择下拉菜单 表(B) ➡ BOM球标(B)... 命令，在弹出的 ▼ BOM BALLOONS (BOM球标) 菜单中选择 Create Balloon (创建球标) 命令，系统弹出图 7.5.1 所示的 ▼ BOM VIEW (BOM视图) 菜单。

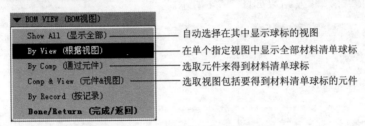

图 7.5.1　"BOM 视图"菜单

Step2. 在 ▼ BOM VIEW (BOM视图) 菜单中选择 By View (根据视图) 命令，然后系统提示 ⇨选取要显示bom球标的视图 ，在图形区中选取主视图作为要显示 BOM 球标的视图，结果如图 7.5.2 所示，然后选择 Done (完成) 命令。

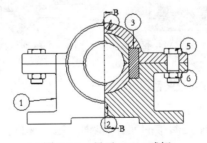

图 7.5.2　显示 BOM 球标

Stage3. 整理 BOM 球标

Step1. 选取 BOM 球标或含有 BOM 球标的视图。

Step2. 选择下拉菜单 编辑(E) ➡ 清除(N) ▸ ➡ 清除球标 命令（或在该视图中右击，然后在弹出的快捷菜单中选择 清除BOM球标 命令），系统弹出图 7.5.3 所示的对话框。

Step3. 在 球标 区域中设置一组 BOM 球标的位置和间距，以及自视图轮廓的偏移或设置叉排球标增量值，在 引线 区域中确定引线是指向边还是指向表面，单击 置为缺省 按钮将现有设置保存为默认值。

7.5.2 修改 BOM 球标类型

如前所述 BOM 球标一般包括简单球标、带数量的球标和定制球标三种类型。通常，系统默认的 BOM 球标为简单球标，其他类型可以在创建球标时选取，也可以在创建完毕后进行修改。下面介绍修改 BOM 球标类型的一般操作步骤。

Step1. 将工作目录设至 D:\proewf5.7\work\ch07.05.02，打开报表文件 bom_base_02.rep。

Step2. 选择下拉菜单 表(B) ➡ BOM球标(B)... 命令，在弹出的 ▼ BOM BALLOONS（BOM球标）菜单中选择 Change Type（更改类型）命令，系统提示 ⇨选取一个区域，选取 BOM 表重复区域，系统弹出 ▼ BOM BAL TYPE（BOM球标类型）菜单。

Step3. 依次选择 With Qty（带数量）➡ Done/Return（完成/返回）命令，将原有 BOM 球标修改为带数量的球标，修改结果如图 7.5.4 所示。

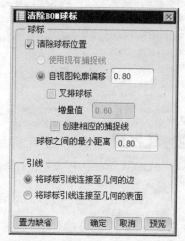

图 7.5.3 "清除 BOM 球标"对话框

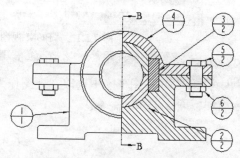

图 7.5.4 带数量的 BOM 球标

7.5.3 合并/拆分 BOM 球标

在用 BOM 球标注解装配视图中的元件时，可将多个相同元件用一个球标表示，也可为每一个元件显示一个球标，这便涉及到了球标的合并和拆分操作。下面介绍合并/拆分 BOM 球标的一般操作步骤。

1. 合并 BOM 球标

Step1. 将工作目录设至 D:\proewf5.7\work\ch07.05.03，打开报表文件 bom_base_03.rep。

Step2. 选择下拉菜单 表(B) ➡ BOM球标(B)... 命令，在弹出的 ▼ BOM BALLOONS（BOM球标）菜单中选择 Merge（合并）命令，系统提示 ⇨选取要合并的数量球标，选取图 7.5.5a 所示的球标，合并结果如图 7.5.5b 所示。

说明：在合并球标时，最后被选取的球标为合并球标的放置位置。

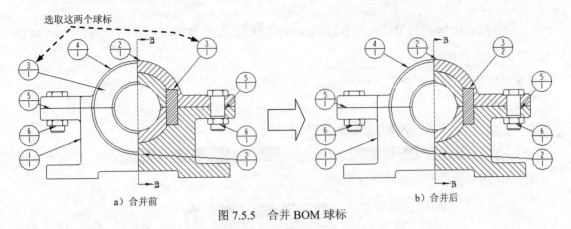

a）合并前   b）合并后

图 7.5.5　合并 BOM 球标

2. 拆分 BOM 球标

Step1. 将工作目录设至 D:\proewf5.7\work\ch07.05.03，打开报表文件 bom_base_04.rep。

Step2. 选择下拉菜单 表(B) ➡ BOM球标(B)... 命令，在弹出的 ▼ BOM BALLOONS (BOM球标) 菜单中选择 Split (分割) 命令，系统提示 ➡选取用户球标或数量大于 1 的数量球标。，选取图 7.5.6a 所示的球标。

Step3. 系统提示 ➡选取新球标的连接，选取图 7.5.6a 所示元件作为依附部件，系统弹出 ▼ GET POINT (获得点) 菜单。

Step4. 在 ▼ GET POINT (获得点) 菜单中选择 Pick Pnt (选出点) 命令，在依附部件附近区域单击放置球标。球标分割结果如图 7.5.6b 所示。

说明：

- 只有数量球标才能进行合并/拆分操作。
- 当数量球标索引号不同时，球标之间水平邻接。可以使用 ▼ BOM BALLOONS (BOM球标) 菜单下的 Detach (分离) 命令拆分堆放的球标。

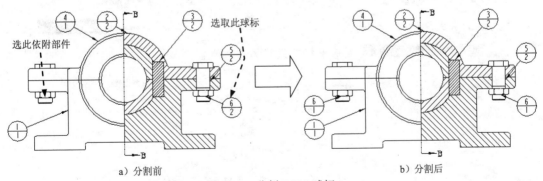

a）分割前   b）分割后

图 7.5.6　分割 BOM 球标

7.5.4　修改 BOM 球标样式

通过修改 BOM 球标样式可修改注解引线的连接位置和类型。下面介绍修改 BOM 球标样式的一般操作步骤。

Step1. 将工作目录设至 D:\proewf5.7\work\ch07.05.04，打开报表文件 bom_base_05.rep。

Step2. 选取图 7.5.7 所示的球标，然后右击，在弹出的快捷菜单中选择 `编辑连接` 命令，系统弹出图 7.5.8 所示的 ▼ `MOD OPTIONS (修改选项)` 菜单。

Step3. 在 ▼ `ATTACH TYPE (依附类型)` 菜单中选择 `On Surface (在曲面上)` 和 `Dot (点)` 命令，在图形区选取图 7.5.7 所示的曲面为引导符放置参照。

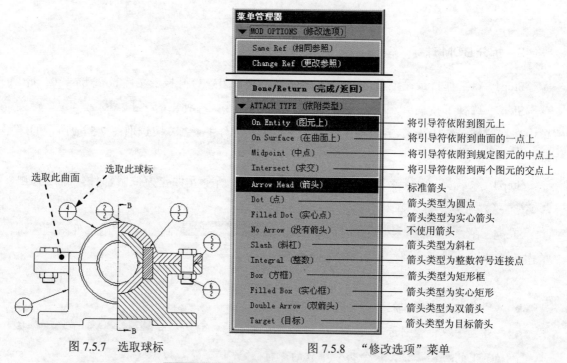

图 7.5.7　选取球标　　　　　　图 7.5.8　"修改选项"菜单

Step4. 在菜单中选择 `Done/Return (完成/返回)` 命令，结果如图 7.5.9 所示。

说明： 如果更改后的点箭头为空心圆，请选择下拉菜单 `格式(R)` ➡ `箭头样式(A)...` 命令，在弹出的 ▼ `ARROW STYLE (箭头样式)` 菜单中将其设置为实心点。

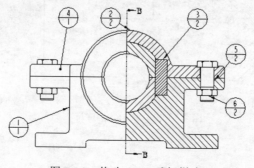

图 7.5.9　修改 BOM 球标样式

7.6　制订明细栏手册

在实际设计工作中，通常会把明细栏装订成册。这些明细栏的制作方法和前面介绍的一样，但因为在装订过程中表格要分页，所以需要掌握表格的分页处理技术。

7.6.1　分页操作

当生成的明细栏已超出图幅边界或与视图发生干涉时，需要将其分割成多个明细栏，安排在别的页面上。下面介绍对明细栏进行分页处理的一般操作步骤。

Step1. 将工作目录设至 D:\proewf5.7\work\ch07.06.01，打开报表文件 bom_base_01.rep。

Step2. 选取需进行分页处理的表格，这里直接选取明细栏即可（单击表格的左上角点可选取整个明细栏）。

Step3. 选择下拉菜单 表(B) ➡ 编页(P)... 命令，系统弹出图 7.6.1 所示的 ▼ TBL PAGIN (表页标) 菜单。

Step4. 选择 Set Extent (设置延拓) ➡ Pick Pnt (选出点) 命令，系统提示 ⇨定位表的范围，在明细栏中选取序号为"2"的行，该表的剩余部分将按相同的格式分至下一页，且每页都可单独设置格式文件。

注意：若要取消分页，可在 ▼ TBL PAGIN (表页标) 菜单中选择 Clear Extent (清除延拓) 命令，使表格恢复至分页前的状态。

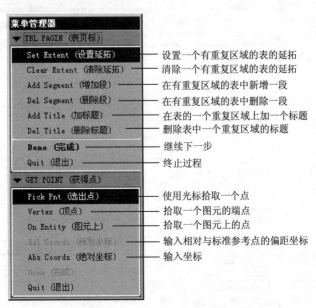

图 7.6.1　"表页标"菜单

Step5. 单击底部工具栏的 页面 2 按钮，切换页面后即可看见剩余部分的明细栏。

7.6.2 增加段

当明细栏的长度超过图幅边界时，可在同一页面上放置多列显示明细栏信息。下面介绍增加明细栏段的一般操作步骤。

Step1. 将工作目录设至 D:\proewf5.7\work\ch07.06.02，打开报表文件 bom_base_02.rep。

Step2. 选取明细栏，然后选择下拉菜单 表(B) ➡ 编页(P)... 命令，在弹出的 ▼ TBL PAGIN (表页标) 菜单中选择 Set Extent (设置延拓) ➡ Pick Pnt (选出点) 命令。

Step3. 系统提示 ➪定位表的范围，在明细栏中选取序号为"5"的零件所在的行，该表的剩余五行暂时分至下一页当中。

Step4. 在 ▼ TBL PAGIN (表页标) 菜单中选择 Add Segment (增加段) ➡ Pick Pnt (选出点) 命令，系统提示 ➪为新的表段选取一个原点，选取图 7.6.2 所示的点作为新表段的原点。

Step5. 系统提示 ➪定位表的范围。这里新表段中有五行的高度，因此新选取点与原点之间应留有大于五行表格高度的距离，选取图 7.6.2 所示的点来定位表的范围，如图 7.6.3 所示。

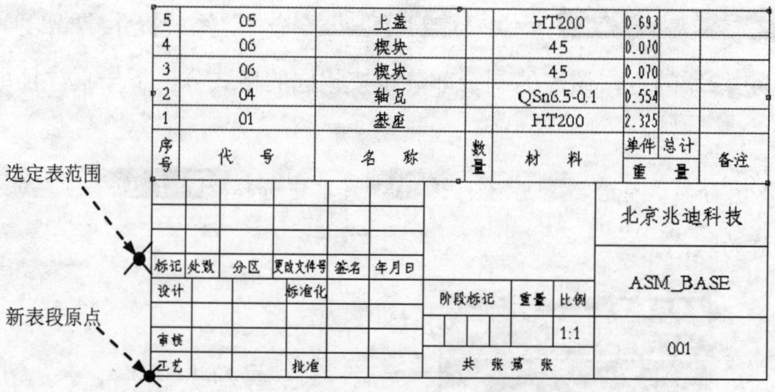

图 7.6.2 增加新表段（一）

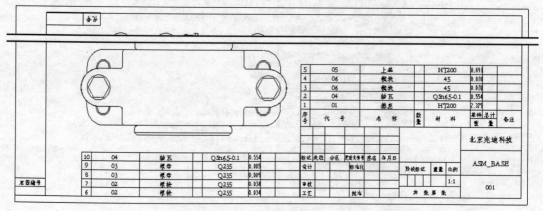

图 7.6.3 增加新表段（二）

注意：在定位表的范围时，如果指定的区域过大，会出现空行；如果指定的区域过小，则不能完全放置新明细栏，需重复进行定位表范围的操作。

7.7　材料清单制作范例

范例概述

本范例从设置零件模型的参数和装配体的参数开始，详细介绍了 BOM 表简单重复区域的创建、BOM 表的创建和编辑的操作过程。学习本范例要重点掌握的是通过修改重复区域属性来改变 BOM 表外观的处理技巧。本范例的最终效果如图 7.7.1 所示。

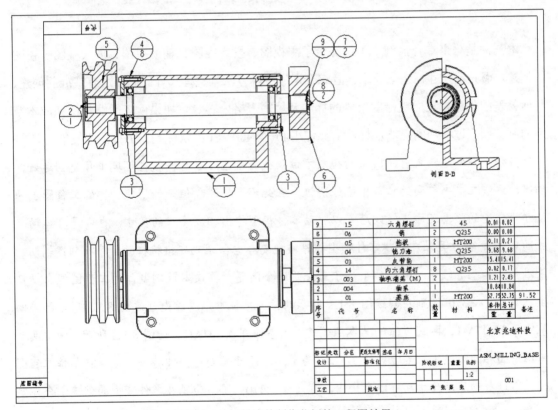

图 7.7.1　材料清单制作范例的工程图效果

说明：本范例的详细操作过程请参见随书光盘中 video\ch07.07\文件下的语音视频讲解文件。模型文件为 D:\proewf5.7\work\ch07.07\asm_milling_base。

第8章 工程图综合范例

本章提要 本章范例综合了本书前面章节中的大部分内容。每个范例力求清晰详细，初学者完全可以按照范例中的步骤进行操作学习，也可以从中体会操作技巧。希望读者通过这两个范例的练习，能够举一反三，解决日后学习和工作中遇到的问题。

8.1 范例 1——复杂零件的工程图

本范例是一个综合范例，不仅综合了主视图、投影视图、辅助视图、放大视图等视图的创建，而且在尺寸标注上要求读者综合运用各种方法来整理尺寸。此外还有基准的创建、几何公差的创建、表面粗糙度符号的标注及填写表格内容等。如果读者能够坚持完成本范例的所有操作过程，则必能很好地掌握使用 Pro/ENGINEER 软件制作工程图的技能。

说明：在本范例之前，所需的视图方位及截面都已经在零件模型环境中预先创建好。创建的方法在本书前面的章节中已经讲过，在此不再赘述。但是为了使制作的工程图上的尺寸为合适的驱动尺寸（修改后可以驱动零件模型作出相应修改的尺寸，也即是可自动生成的尺寸），往往要求在创建零件模型的时候就要考虑合理地安排特征的顺序及创建辅助的基准平面和基准轴等。现在举个例子来说明这个问题，要使本范例制作的工程图能自动产生总宽尺寸 "370"，则在创建图 8.1.1 所示的拉伸特征时，应该先创建图 8.1.2 所示的辅助基准平面 DTM1，再以 DTM1 为参照创建辅助基准平面 DTM2，如图 8.1.3 所示，使这两个基准平面相距为 370，然后再以 DTM2 为草绘平面开始创建拉伸特征。这样在制作工程图时，通过自动显示尺寸则可以显示出总宽尺寸 "370" 了。为了在零件模型的创建中合理定位各特征，在工程图中生成合适的尺寸及反映剖截面，本范例的零件模型创建了图 8.1.4 所示的众多基准平面。读者可以打开零件模型文件查看。

本范例工程图如图 8.1.5 所示。

Stage1. 设置工作目录和打开三维零件模型

将工作目录设置至 D:\proewf5.7\work\ch08.01，打开文件 ex02_bracket.prt。

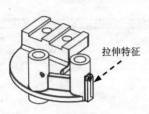

图 8.1.1　拉伸特征

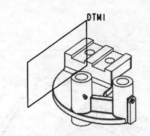

图 8.1.2　辅助基准平面 DTM1

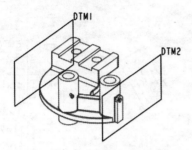

图 8.1.3　辅助基准平面 DTM2

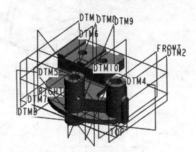

图 8.1.4　众多基准平面

Stage2. 新建工程图

Step1. 选取"新建"命令。在工具栏中单击"新建"按钮 ⬚ 。

Step2. 选取文件类型，输入文件名，取消使用默认模板。在系统弹出的"新建"对话框中进行下列操作。

（1）选取 类型 区域中的 ◉ ⬚ 绘图 单选项。

（2）在 名称 文本框中输入工程图的文件名 ex02_bracket。

（3）取消选中 ▢ 使用缺省模板 复选框，即不使用默认的模板。

（4）单击该对话框中的 确定 按钮。

Step3. 选取适当的工程图模板或图框格式。在系统弹出的"新建绘图"对话框中进行下列操作。

（1）在 指定模板 区域中选中 ◉ 格式为空 单选项；在 格式 区域中单击 浏览… 按钮；在"打开"对话框中选取 a3_form.frm 格式文件（该格式文件位置位于工作目录下），并将其打开。

（2）在"新建绘图"对话框中单击 确定 按钮。完成这一步操作后，系统立即进入工程图环境。

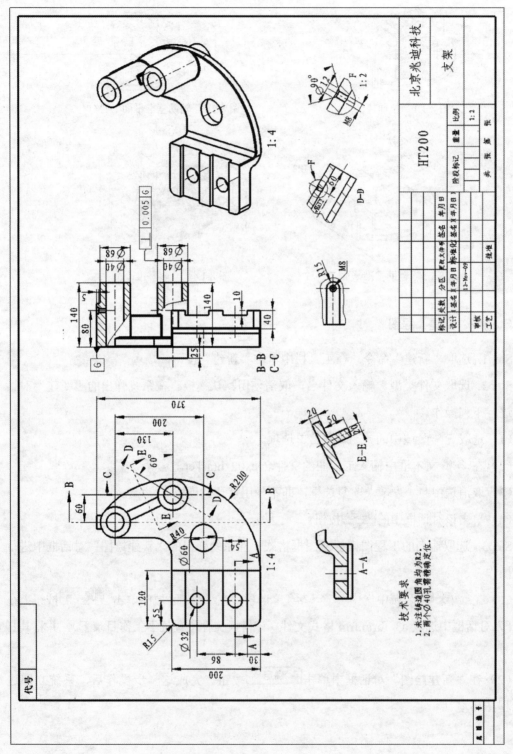

图 8.1.5 工程图范例

Stage3．创建图 8.1.6 所示的主视图

Step1. 在绘图区中右击，在系统弹出的快捷菜单中选择 插入普通视图… 命令。

Step2. 在系统 选取绘制视图的中心点。 的提示下，在屏幕图形区选取一点。系统弹出图 8.1.7 所示的"绘图视图"对话框。

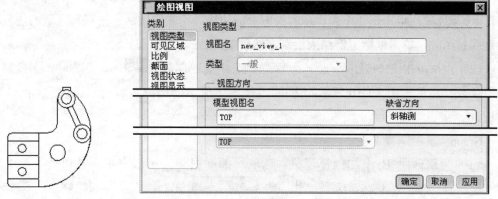

图 8.1.6　创建主视图　　　　　　　图 8.1.7　"绘图视图"对话框

Step3. 在图 8.1.7 所示的对话框中找到视图名称 TOP，然后单击 应用 按钮，则系统即按 TOP 的方位定向视图。

Step4. 选取 类别 区域中的 比例 选项，在对话框中选中 定制比例 单选项，然后在后面的文本框中输入比例值 0.250，然后单击 应用 按钮。

Step5. 选取 类别 区域中的 视图显示 选项，在 显示样式 设置为 消隐，相切边显示样式 设置为 无，然后单击 应用 ➡ 关闭 按钮。

Stage4．创建图 8.1.8 所示的左视图

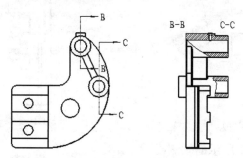

图 8.1.8　创建左视图

Step1. 选取主视图，然后选择 布局 ➡ 投影… 命令。

Step2. 在系统 选取绘制视图的中心点。 的提示下，在图形区的主视图的右部任意选取一点，系统自动创建左视图。

Step3. 选取左视图并右击，从弹出的快捷菜单中选择 属性(R) 命令，系统弹出"绘图视图"对话框。

Step4. 选取 类别 区域中的 视图显示 选项，将 显示样式 设置为 消隐 ，相切边显示样式 设置 为 实线 ，然后单击 应用 按钮。

Step5. 设置剖视图选项。

（1）在"绘图视图"对话框中选取 类别 区域中的 截面 选项；将 剖面选项 设置为 ◎ 2D 剖面 ，然后单击 + 按钮；在 名称 下拉列表中选取剖截面 ✔B ，在 剖切区域 下拉列表中选取 局部 选项；单击图 8.1.9 所示的视图上的边线，绘制图中所示的局部区域的边界，当绘制到封闭时，单击鼠标中键结束绘制，然后单击 应用 按钮。

（2）再次单击 + 按钮，在 名称 下拉列表中选取剖截面 ✔C ，在 剖切区域 下拉列表中选取 局部 选项；单击图 8.1.10 所示的边线，绘制图中所示的局部区域的边界，然后单击 确定 按钮。

Step6. 添加剖视箭头。

（1）为剖截面 B 添加剖视箭头。选取局部剖视图，然后右击，从快捷菜单中选取 添加箭头 命 令 ， 在 系 统 弹 出 的 ▼截面名称 菜 单 中 选 取 B ， 在 系 统 ⇨给箭头选出一个截面在其处垂直的视图。中键取消。 的提示下，单击主视图，系统自动生成箭头。

（2）为剖截面 C 添加剖视箭头。选取局部剖视图，然后右击，从快捷菜单中选择 添加箭头 命令。在系统 ⇨给箭头选出一个截面在其处垂直的视图。中键取消。 的提示下，单击主视图，系统自动生成箭头。

说明：在图 8.1.8 所示的左视图中存在两个局部剖视，因此在添加第一个局部剖视的箭头时，需先选取一个剖截面；在添加第二个箭头的时候就不需要选取剖截面了。为了说明的简洁，在 Step6 中略去了对这一细节操作的介绍，请读者自己加以尝试。

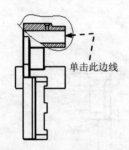

图 8.1.9　操作过程（一）

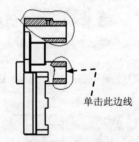

图 8.1.10　操作过程（二）

Stage5.　创建图 8.1.11 所示的轴测图

Step1. 在绘图区中右击，在系统弹出的快捷菜单中选择 插入普通视图... 命令。

Step2. 在系统 ⇨选取绘制视图的中心点。 的提示下，在图形区（左视图的右边）选取一点。

Step3. 在"绘图视图"对话框的 类别 区域中选取 视图类型 选项，在 视图方向 中找到视图名称 缺省方向 ，然后单击 应用 按钮。

Step4. 选取 类别 区域中的 视图显示 选项，将 显示样式 设置为 消隐 ，相切边显示样式 设置 为 实线 ，然后单击 应用 按钮。

Step5. 选取 类别 区域中的 比例 选项，在对话框中选中 ◉ 定制比例 单选项，然后在后面的文本框中输入比例值 0.25，然后单击 确定 按钮。

Stage6. 创建图 8.1.12 所示的俯视图

Step1. 选取图 8.1.12 所示的主视图，然后再选择 布局 ➡ 🔲 投影… 命令。

Step2. 在系统 ⇨选取绘制视图的中心点。 的提示下，在图形区的主视图的下部任意选取一点，系统自动创建俯视图。

Step3. 选取俯视图并右击，从弹出的快捷菜单中选择 属性(R) 命令，系统弹出"绘图视图"对话框。

Step4. 选取 类别 区域中的 视图显示 选项，将 显示样式 设置为 🔲 消隐，相切边显示样式 设置为 无，然后单击 应用 按钮。

Step5. 创建局部视图。

（1）在"绘图视图"对话框中选取 类别 区域中的 可见区域 选项，在 视图可见性 下拉列表中选取 局部视图 选项。

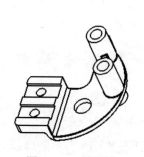

图 8.1.11　轴测图

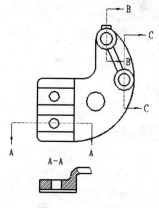

图 8.1.12　俯视图

（2）绘制局部视图的边界线。

① 此时系统提示 ⇨选取新的参照点。单击"确定"完成。，单击图 8.1.13 所示的边线。

② 在系统 ⇨在当前视图上草绘样条来定义外部边界。 的提示下，直接绘制图 8.1.13 所示的样条曲线来定义部分视图的边界。当绘制到封闭时，单击鼠标中键结束绘制（在绘制边界线前，不要选取样条曲线的绘制命令，而是直接单击进行绘制），然后单击 应用 按钮。

Step6. 设置剖视图选项。在"绘图视图"对话框中选取 类别 区域中的 截面 选项；将 剖面选项 设置为 ◉ 2D 剖面，然后单击 ＋ 按钮；在 名称 下拉列表中选取剖截面 ✓ A，在 剖切区域 下拉列表中选取"局部"；单击图 8.1.14 所示的边线，绘制图中所示的局部区域的边界，然后单击 确定 按钮。

Step7. 添加剖视箭头。选取局部剖视图，然后右击，从快捷菜单中选择 添加箭头 命令。在系统 ⇨给箭头选出一个截面在其处垂直的视图。中键取消。 的提示下，单击主视图，系统自动生成箭头。

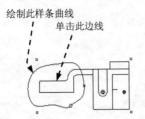

图 8.1.13　绘制局部视图的边界线　　　　图 8.1.14　绘制剖视图的边界线

Stage7．创建图 8.1.15 所示的 D-D 辅助视图

Step1．选择 布局 ➡ 辅助... 命令。

Step2．单击 按钮，显示基准平面。选取基准平面 DTM5，找到一个合适的位置放置辅助视图。选取辅助视图并右击，从弹出的快捷菜单中选择 属性(R) 命令；在对话框中选取 类别 区域中的 对齐 选项；取消 视图对齐选项 下面的 将此视图与其它视图对齐 复选框，然后单击 应用 按钮。

说明：在工程图环境下，养成时常刷新界面是一个良好习惯。比如单击了 按钮，系统界面并不立即显示基准平面，而需要通过单击"重画当前视图"按钮 来刷新界面。

Step3．选取 类别 区域中的 视图显示 选项，将 显示样式 设置为 消隐，相切边显示样式 设置为 实线，然后单击 应用 按钮。

Step4．定义辅助视图的可见区域。

（1）在"绘图视图"对话框中选取 类别 区域中的 可见区域 选项，在 视图可见性 下拉列表中选取 局部视图 选项。

（2）绘制局部视图的边界线。

① 在系统 选取新的参照点。单击"确定"完成。 的提示下，单击图 8.1.16 所示的边线。

② 在系统 在当前视图上草绘样条来定义外部边界。 的提示下，直接绘制图 8.1.17 所示的样条曲线来定义部分视图的边界，单击"绘图视图"对话框中的 应用 按钮。

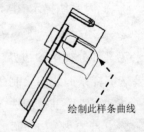

图 8.1.15　创建辅助视图　　　图 8.1.16　选取参照　　　图 8.1.17　绘制剖视图的边界线

Step5．设置剖视图选项。在"绘图视图"对话框中选取 类别 区域中的 截面 选项；将 剖面选项 设置为 2D 剖面，然后单击 + 按钮；将 模型边可见性 设置为 全部 ；在 名称 下拉列表中选取剖截面 D，在 剖切区域 下拉列表中选取 完全 选项；单击对话框中的 确定 按钮，

关闭对话框。

Step6. 添加剖视箭头。选取局部剖视图，然后右击，从快捷菜单中选择 添加箭头 命令。在系统 ⇨给箭头选出一个截面在其处垂直的视图。中键取消。 的提示下，单击主视图，系统自动生成箭头。

Stage8. 创建图 8.1.18 所示的 E-E 辅助视图

Step1. 选择 布局 ➡ 辅助... 命令。

Step2. 单击 按钮，显示基准平面。选取基准平面 DTM9，找到一个合适的位置放置辅助视图。选取辅助视图并右击，从弹出的快捷菜单中选择 属性(R) 命令；在对话框中选取 类别 区域中的 对齐 选项；取消 视图对齐选项 选中的 □ 将此视图与其它视图对齐 复选框，然后单击 应用 按钮。

Step3. 选取 类别 区域中的 视图显示 选项，将 显示样式 设置为 消隐，相切边显示样式 设置为 实线，然后单击 应用 按钮。

Step4. 定义辅助视图的可见区域。

（1）在"绘图视图"对话框中选取 类别 区域中的 可见区域 选项，在 视图可见性 下拉列表中选取 局部视图 选项。

（2）绘制局部视图的边界线。

① 在系统 ⇨选取新的参照点。单击"确定"完成。 的提示下，单击图 8.1.19 所示的边线。

② 在系统 ⇨在当前视图上草绘样条来定义外部边界。 的提示下，直接绘制图 8.1.20 所示的样条曲线来定义部分视图的边界，然后单击 应用 按钮。

图 8.1.18　创建辅助视图

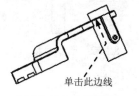

单击此边线

图 8.1.19　选取参照

绘制此样条曲线

图 8.1.20　绘制剖视图的边界线

Step5. 设置剖视图选项。在"绘图视图"对话框中选取 类别 区域中的 截面 选项；将 剖面选项 设置为 ◉ 2D 剖面 ，然后单击 ✚ 按钮；将 模型边可见性 设置为 ◉ 区域 ；在 名称 下拉列表中选取剖截面 ✔ E ，在 剖切区域 下拉列表中选取 完全 选项。单击对话框中的 确定 按钮，关闭对话框。

Step6. 添加剖视箭头。选取局部剖视图，然后右击，从快捷菜单中选取 添加箭头 命令。在系统 ⇨给箭头选出一个截面在其处垂直的视图。中键取消。 的提示下，单击主视图，系统自动生成箭头。

Stage9．创建图 8.1.21 所示左视图的局部俯视图

Step1．选取图 8.1.21 所示的左视图，然后选择 布局 ➡️ 投影... 命令。

Step2．在系统 选取绘制视图的中心点。 的提示下，在图形区的左视图的下部任意选取一点，系统自动创建俯视图。

Step3．选取俯视图并右击，从弹出的快捷菜单中选择 属性(R) 命令。

Step4．选取 类别 区域中的 视图显示 选项，将 显示样式 设置为 消隐 ，相切边显示样式 设置为 无 ，然后单击 应用 按钮。

Step5．定义辅助视图的可见区域。

（1）在"绘图视图"对话框中选取 类别 区域中的 可见区域 选项，在 视图可见性 下拉列表中选取 局部视图 选项。

（2）绘制局部视图的边界线。

① 在系统 选取新的参照点。单击"确定"完成。 的提示下，单击图 8.1.22 所示的边线。

② 在系统 在当前视图上草绘样条来定义外部边界。 的提示下，直接绘制图 8.1.23 所示的样条曲线来定义部分视图的边界，然后单击 确定 按钮。

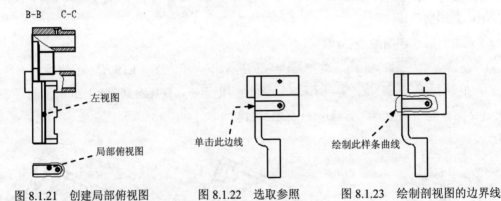

图 8.1.21　创建局部俯视图　　图 8.1.22　选取参照　　图 8.1.23　绘制剖视图的边界线

Stage10．创建图 8.1.24 所示 F 放大视图

Step1．选择 布局 ➡️ 详细... 命令。

Step2．在系统 在一现有视图上选取要查看细节的中心点。 的提示下，在图 8.1.25 所示的边线上选取一点，此时在选取的点附近出现一个红色的十字线。

Step3．绘制放大视图的轮廓线。在系统 草绘样条，不相交其它样条，来定义一轮廓线。 的提示下，绘制图 8.1.25 所示的样条曲线以定义放大视图的轮廓，当绘制到封合时，单击鼠标中键结束绘制（在绘制边界线前，不要选取样条曲线的绘制命令，而是直接单击进行绘制）。

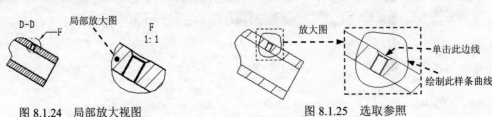

图 8.1.24　局部放大视图　　　　图 8.1.25　选取参照

Step4. 在系统 选取绘制视图的中心点▪ 的提示下，在图形区中选取一点用来放置放大图。

Step5. 设置轮廓线的边界类型。

（1）在创建的局部放大视图上双击，系统弹出"绘图视图"对话框。

（2）在 视图名 文本框中输入放大图的名称 F；在 父项视图上的边界类型 下拉列表中选取 圆 选项，然后单击 应用 按钮，此时轮廓线变成一个双点画线的圆。

Step6. 单击对话框中的 关闭 按钮，关闭对话框。

Stage11. 调整视图的位置

Step1. 在绘图区的空白处右击，系统弹出快捷菜单，选择该菜单中的 ✓锁定视图移动 命令，去掉该命令前面的 ✓ 符号。

Step2. 移动各视图以调整视图的位置，然后锁定视图。

Stage12. 显示尺寸及中心线

Step1. 显示全部尺寸和轴线。

（1）选择 注释 ➡ 显示模型注释 命令。

（2）在系统弹出的"显示模型注释"对话框中进行下列操作。

① 单击对话框顶部的"显示基准"按钮 。

② 在各视图中选择要显示的轴，再单击"显示模型注释"对话框底部的 应用 按钮。

③ 单击对话框顶部的"显示尺寸"按钮 。

④ 在绘图区选中主视图与左视图，单击对话框中的"显示全部"按钮 ，显示全部尺寸。

⑤ 单击对话框底部的 确定 按钮（工程图中自动生成的尺寸很凌乱，例如，图 8.1.26 所示的主视图和左视图）。

Step2. 将尺寸移动到其他视图以利于表达。

（1）在图 8.1.26 所示主视图中选取尺寸 1，然后右击，从弹出的快捷菜单中选择 将项目移动到视图 命令。

（2）在系统 选取模型视图或窗口 的提示下，选取图 8.1.26 所示的左视图，此时主视图中的尺寸 1 被移动到左视图中。

（3）用相同的方法将主视图中的尺寸 2、尺寸 3、尺寸 4、尺寸 5 移动到左视图中。

说明：图 8.1.26 所示的尺寸 1 的尺寸值为 φ 68，尺寸 2 的尺寸值为 5，尺寸 3 的尺寸值为 φ 40，尺寸 4 的尺寸值为 φ 40，尺寸 5 的尺寸值为 φ 68；在选取尺寸时，请读者注意辨认。

Step3. 手动整理尺寸，结果如图 8.1.27 所示。

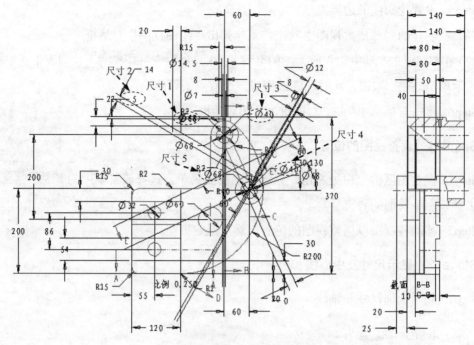

图 8.1.26　显示尺寸

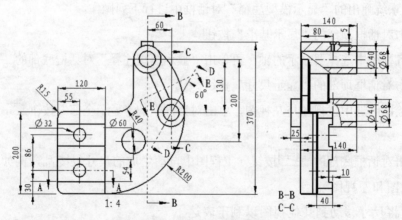

图 8.1.27　整理后主视图中的尺寸

（1）将主视图和左视图的尺寸移动到合适的位置。

（2）拭除主视图和左视图中多余的和不需要的尺寸。

Step4. 标注剖视图 A-A 的尺寸。选择 注释 ➡ 显示模型注释 命令，在系统弹出的"显示模型注释"对话框中单击 按钮，然后在绘图区选中剖视图 A-A，在对话框中单击"全部选取"按钮 ，单击 确定 按钮，拭除多余的和不需要的尺寸，结果如图 8.1.28b 所示。

Step5. 标注剖视图 E-E 的尺寸。

图 8.1.28　标注剖视图 A-A 的尺寸

（1）拭除剖视图 E-E 中两个尺寸值为 *R2* 的圆角标注和多余的基准轴，结果如图 8.1.29a 所示。

（2）手动标注尺寸。选择 注释 ➡ ⟦ ⟧ 命令，在系统弹出 ▼ ATTACH TYPE（依附类型）菜单中选择 On Entity（图元上）命令，选取图 8.1.29a 所示的两条边线，在图 8.1.29a 所示的位置单击中键，结果如图 8.1.29b 所示；参照上面的步骤，标注另一个尺寸值为 20 的尺寸，结果如图 8.1.29b 所示，完成后关闭菜单。

图 8.1.29　标注剖视图 E-E 的尺寸

Step6. 标注俯视图的尺寸。

（1）手动标注图 8.1.30a 所示的半径尺寸 15。

（2）用注解的方法标注 M8 螺纹孔。选择 注释 ➡ ⟦A⟧ 命令。在系统弹出的 ▼ NOTE TYPES（注解类型）菜单中选择 With Leader（带引线） ➡ Enter（输入） ➡ Horizontal（水平） ➡ Standard（标准） ➡ Default（缺省） ➡ Make Note（进行注解）命令。

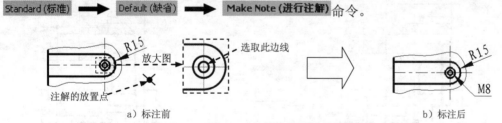

图 8.1.30　标注俯视图的尺寸

（3）定义注解导引线的起始点。此时系统弹出 ▼ ATTACH TYPE（依附类型）菜单，在该菜单中选择 On Entity（图元上） ➡ Arrow Head（箭头）命令，然后选取图 8.1.30a 所示的圆弧作为注解指引线的起始点，再单击"选取"对话框中的 确定 按钮，选择 Done（完成）命令。

（4）定义注解文本的位置点。在图 8.1.30a 所示的位置单击作为注解的放置点。

（5）在系统 输入注解: 的提示下，输入 M8，按两次 Enter 键。

（6）选择 Done/Return（完成/返回）命令。

Step7. 手动标注剖视图 D-D 及其放大视图 F 的尺寸，结果如图 8.1.31b 所示；其中

尺寸 φ 12 和 M8 是在原始尺寸的基础上分别添加前缀 φ 和 M 得到的。

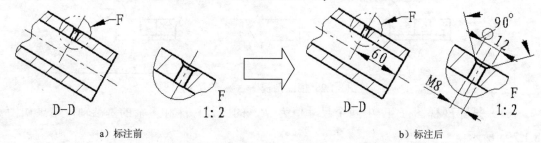

a）标注前   b）标注后

图 8.1.31　标注剖视图 D-D 及其放大视图 F 的尺寸

Stage13. 创建基准平面 G

Step1. 选择 注释 ➡ 插入 ▾ ➡ ▱ 模型基准平面 ▾ ➡ ▱ 模型基准平面 命令。

Step2. 系统弹出"基准"对话框，在此对话框中进行下列操作。

（1）在"基准"对话框的"名称"文本栏中输入基准名 G。

（2）在 类型 区域中单击 A◀ 按钮。

（3）在 放置 区域中选中 ⦿ 在基准上 选项。

（4）在 定义 区域中单击 在曲面上… 按钮，系统弹出"选取"对话框。

Step3. 在系统 ▶选取曲面。 提示下，单击图 8.1.32a 所示的边线（该边线实际上是一个平面的投影）。

Step4. 在"基准"对话框中单击 确定 按钮。

Step5. 将基准符号移至合适的位置，如图 8.1.32b 所示。

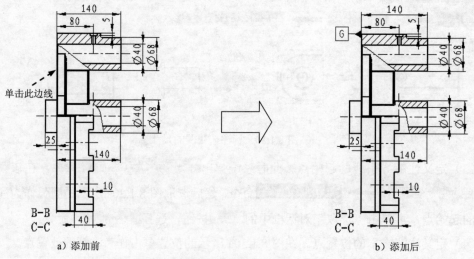

a）添加前   b）添加后

图 8.1.32　添加基准

Step6. 将其他视图中不需要的基准符号拭除。

（1）在图形中单击要拭除的基准符号。

（2）右击，从弹出的快捷菜单中选择 <u>拭除</u> 命令。

（3）在图形区的空白处单击，以刷新屏幕，此时可以看到该基准符号已被拭除。

Stage14．添加图 8.1.33b 所示的几何公差（垂直度）

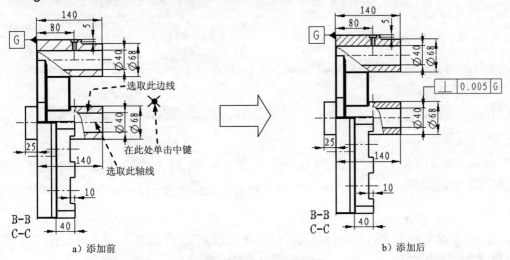

　　a）添加前　　　　　　　　　　　　　　　　b）添加后

图 8.1.33　添加几何公差

Step1．选择 <u>注释</u> ➡ <u>几M</u> 命令。

Step2．系统弹出"几何公差"对话框，在此对话框进行下列操作。

（1）在左边的公差符号区域中按下垂直度公差符号 <u>⊥</u>。

（2）在 <u>模型参照</u> 选项卡中进行下列操作。

① 定义公差参照。在 <u>参照:</u> 区域的 <u>类型</u> 下拉列表中选取 <u>轴</u> 选项。在系统 <u>➪选取多边，尺寸界线，多个基准点，多个轴线 或曲线。</u> 的提示下，选取图 8.1.33a 所示的轴线。

② 定义公差的放置。在 <u>放置</u> 区域的 <u>类型</u> 下拉列表中选取 <u>法向引线</u> 选项，在系统弹出的 <u>▼ LEADER TYPE（引线类型）</u> 菜单中选择 <u>Arrow Head（箭头）</u> 命令，然后选取图 8.1.33a 所示的边线，然后在图 8.1.33a 所示的位置单击中键以放置公差。

（3）在 <u>基准参照</u> 选项卡的 <u>基准参照</u> 区域中单击 <u>首要</u> 子选项卡，在 <u>基本</u> 下拉列表中选取 <u>G</u> 选项。

（4）在 <u>公差值</u> 选项卡中输入公差值 0.005。

（5）单击"几何公差"对话框中的 <u>确定</u> 按钮，完成垂直度几何公差的创建。

Stage15．添加图 8.1.34 所示的表面粗糙度符号

Step1．选择 <u>注释</u> ➡ <u>32✓</u> 命令。

Step2．检索表面粗糙度。

（1）从系统弹出图 8.1.35 所示的 <u>▼ GET SYMBOL（得到符号）</u> 菜单中选择 <u>Retrieve（检索）</u> 命令。

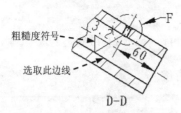

图 8.1.34　添加表面粗糙度符号

图 8.1.35　"得到符号"菜单

（2）从"打开"对话框中选取文件 machined ，单击 打开 ▼ 按钮，选取 standard1.sym，单击 打开 ▼ 按钮。

Step3. 选取附着类型。从系统弹出的 ▼ INST ATTACH（实例依附） 菜单中选择 Normal（法向）命令，系统弹出"选取"对话框。

Step4. 选取附着边并定义表面粗糙度值。选取图 8.1.34 所示的边线为附着边，在系统 输入roughness_height的值 的提示下，输入值 3.2，然后单击 ☑ 按钮或按 Enter 键，完成粗糙度的标注。

Step5. 按上述步骤，完成其他视图中表面粗糙度值的标注，标注完成后在 ▼ INST ATTACH（实例依附） 菜单中选择 Done/Return（完成/返回）命令，关闭菜单。

Stage16. 创建图 8.1.36 所示的注解文本

Step1. 选择 注释 ➡ A≡ 命令。

Step2. 在菜单管理器中依次选择 No Leader（无引线） ➡ Enter（输入） ➡ Horizontal（水平） ➡ Standard（标准） ➡ Default（缺省） ➡ Make Note（进行注解）命令。

Step3. 在弹出的 ▼ GET POINT（获得点） 菜单中选取 Pick Pnt（选出点） 命令，并在屏幕选取一点作为注解的放置点。

技术要求

1. 未注铸造圆角均为R2。
2. 两个⌀40孔需精确定位。

图 8.1.36　无方向指引的注解

Step4. 在系统 输入注解: 的提示下，输入"技术要求"，按 Enter 键，再按 Enter 键。

Step5. 选择 Make Note（进行注解）命令，在注解"技术要求"下面选取一点。

Step6. 在系统 输入注解: 的提示下，输入"1.未注铸造圆角均为 R2。"，按 Enter 键，输入"2.两个"；在"文本符号"对话框中单击 ⌀ 按钮，输入"40孔需精确定位。"，按两次 Enter 键。

Step7. 选择 Done/Return（完成/返回）命令。

Step8. 调整注解中文本"技术要求"的位置和大小。

Step9. 按照图 8.1.37 所示的"注解属性"对话框的 文本样式 选项卡，在 字符 区域中设置

字体为 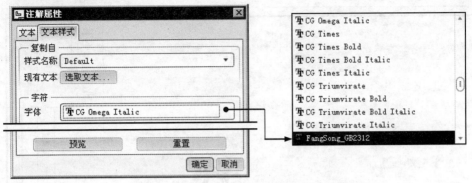 FangSong_GB2312 。

图 8.1.37　"注解属性"对话框

Stage17．在表格中填写图 8.1.38 所示的内容

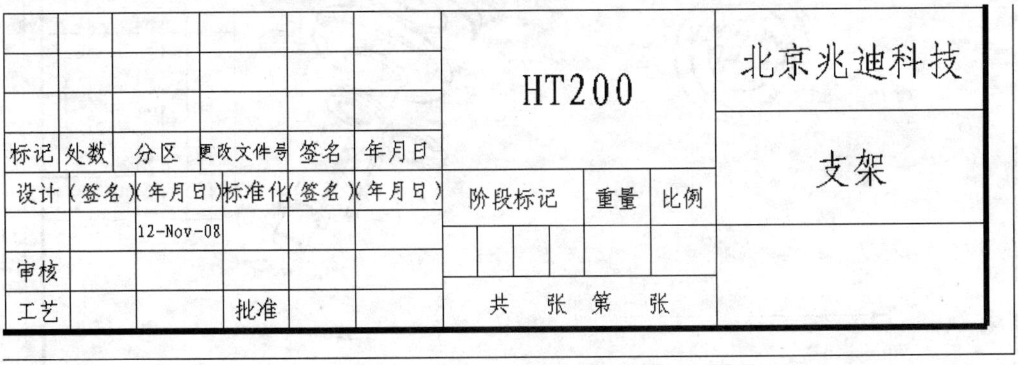

标记	处数	分区	更改文件号	签名	年月日	HT200			北京兆迪科技
设计	(签名)	(年月日)	标准化	(签名)	(年月日)				支架
		12-Nov-08				阶段标记	重量	比例	
审核									
工艺			批准			共　张　第　张			

图 8.1.38　在表格中添加信息

至此，完成了本范例的所有操作，单击 按钮，保存文件。

8.2　范例 2——装配体的工程图

本范例是一个装配体工程图的综合范例，综合了装配体主要视图的创建、各类剖视图的创建、剖面线的修改、分解视图的创建、标注装配体尺寸及手动标注球标等内容。这需要具备相应的模板及具备参数的零件等。本范例则是创建普通的装配体工程图，具有一般性。本范例的工程图效果如图 8.2.1 所示。

说明：本范例的详细操作过程请参见随书光盘中 video\ch08.02\文件下的语音视频讲解文件。模型文件为 D:\proewf5.7\work\ch08.02\ex03_clutch_asm。

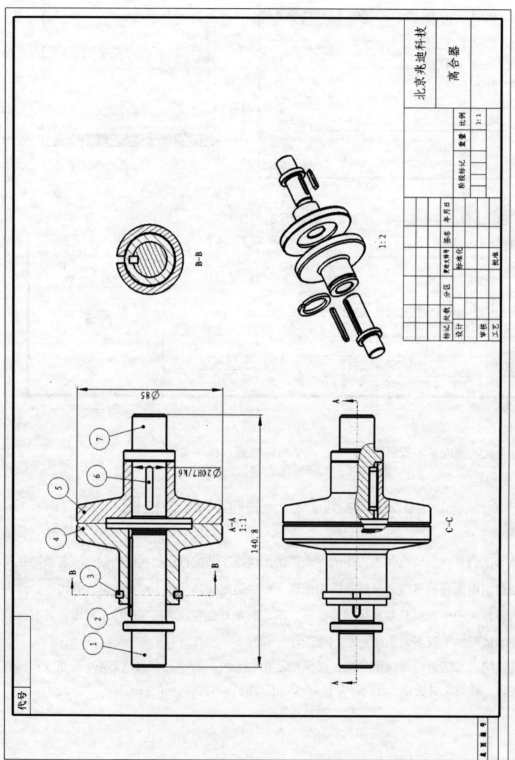

图 8.2.1 工程图范例

8.3　范例 3——差速器箱体的工程图

本范例介绍了差速箱工程图设计的一般过程。希望通过此应用的学习读者能对 Pro/ENGINEER 工程图的制作有比较清楚的认识。完成后的工程图如图 8.3.1 所示。

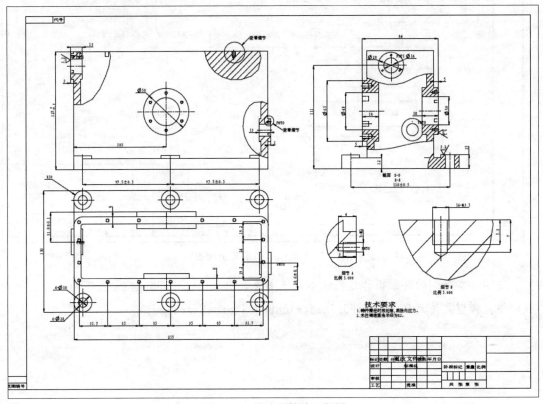

图 8.3.1　差速器箱体工程图

说明：本范例的详细操作过程请参见随书光盘中 video\ch08.03\文件下的语音视频讲解文件。模型文件为 D:\proewf5.7\work\ch08.03\transmission-box。

8.4　范例 4——机械手固定架的工程图

本范例以机械手固定架为例，详细介绍工程图设计的一般过程。希望通过此应用的学习，读者能对 Pro/ENGINEER 工程图的制作有比较清楚的认识。完成后的工程图如图 8.4.1 所示。

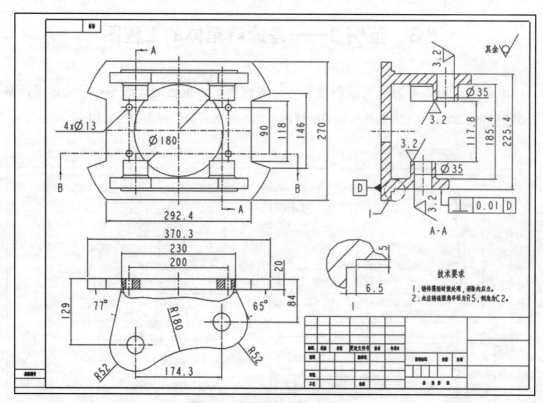

图 8.4.1　机械手固定架工程图

　　说明：本范例的详细操作过程请参见随书光盘中 video\ch08.04\文件下的语音视频讲解文件。模型文件为 D:\proewf5.7\work\ch08.04\crusher-base。

第 9 章 工程图的高级应用

本章提要　本章将介绍 Pro/ENGINEER 工程图的一些高级应用，这些高级应用有的要涉及 Pro/ENGINEER 以外的软件，如 Word 文档、Excel 表格、Adobe Acrobat 程序、Pro/BATCH 批处理工具、Auto CAD 等软件或外挂软件包。Pro/ENGINEER 允许使用这些外围软件来辅助设计，以弥补软件本身的不足。灵活掌握运用这些辅助软件的方法，将有助于提高工作效率和提升工作质量，主要内容包括：

- 层的应用。
- 复杂、大型工程图的处理。
- Z 方向修剪。
- OLE 对象。
- 图文件交换。
- 工程图打印出图。

9.1 层 的 应 用

与其他 CAD/CAM 系统一样，Pro/ENGINEER 系统也提供图层管理，让用户快速、有效地组织、管理和应用工程图设计的各种操作。

9.1.1 关于层

随着绘图技术的进步，图样的设计越来越复杂，因此在做图样编辑工作时，选择需要的图元变得越来越麻烦，图层技术很好地解决了这个问题。

图层技术可以将各种制图元素，例如轮廓线、结构中心线、特征、注解、几何公差符号等，分类放在适当的层上，然后通过隐藏和取消隐藏的操作控制多个图元的显示和隐藏，使选取图元的操作大大简化。在模型中，想要多少层就可以有多少层，层中还可以有层，也就是说，一个层还可以组织和管理其他许多的层，通过组织层中的模型要素并用层来简化显示，可以使很多任务流水线化，并可提高可视化程度，极大地提高工作效率。

层显示状态与其对象一起局部存储，这意味着在当前 Pro/ENGINEER 工作区改变一个对象的显示状态，不影响另一个活动对象的相同层的显示，然而装配中层的改变或许会影响到低层对象（子装配或零件）。

例如在图 9.1.1a 所示的工程图中，有两个层 DAM 和 DAT。DAM 层用于存放尺寸数据，包括一个制图元素，即角度尺寸 45°；DAT 层用于存放标注，包括一个基准面和三个几何公差。

当不需要显示尺寸时，可以通过隐藏 DAM 层来实现，其效果显示如图 9.1.1b 所示；当不需要显示标注时，可以通过隐藏 DAT 层来实现，其效果显示如图 9.1.1c 所示；当两个层的内容都不需要显示，可以通过隐藏 DAT 和 DAM 层来实现，其效果显示如图 9.1.1d 所示；若要恢复所有尺寸和标注的显示，则可通过取消隐藏 DAT 和 DAM 层来实现，其效果显示和初始状态一样，如图 9.1.1a 所示。

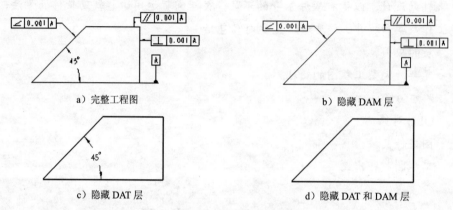

a）完整工程图   b）隐藏 DAM 层

c）隐藏 DAT 层   d）隐藏 DAT 和 DAM 层

图 9.1.1 层的隐藏与显示

9.1.2 进入层操作界面

这里介绍两种方法进入层的操作界面。

方法一

在图 9.1.2 所示的导航选项卡中选择 ▤▾ ➡ 层树（L） 命令，即可进入图 9.1.3 所示的"层树"。

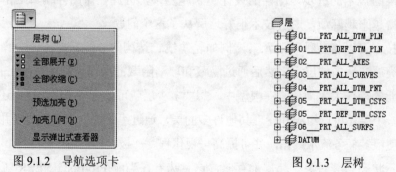

图 9.1.2 导航选项卡   图 9.1.3 层树

方法二

在工具栏中按下"层"的按钮 ▤，也可进入"层"的操作界面。

通过层树可以操作"层""层的项目"及"层的显示状态"。

说明：使用 Pro/ENGINEER 时，当正在进行其他操作时（例如正在进行添加剖面的创建），可以同时使用"层"命令，以便按需要操作层显示状态或层关系，而不必退出正在进行的命令再进行"层"操作。另外，根据创建零件或装配时选取的模板，系统可进行层的预设置。

进行"层"操作的一般流程如下。

Step1. 在导航选项卡中选择 [□▼] ➡ [层树(L)] 命令。

Step2. 进行"层"操作，比如创建新层、向层中增加项目、设置层的显示状态等。

Step3. 保存状态文件（可选）。

Step4. 保存当前层的显示状态。

Step5. 关闭"层"操作界面。

9.1.3　创建新层

创建新层的一般过程如下。

Step1. 将工作目录设置至 D:\proewf5.7\work\ch09.01.03，打开工程图文件 layer.drw。

Step2. 在层的操作界面中单击 [⊟▼] 按钮，系统弹出图 9.1.4 所示的下拉菜单，选择 [新建层(N)...] 命令。

Step3. 系统弹出图 9.1.5 所示的"层属性"对话框，在"层属性"对话框中进行如下操作。

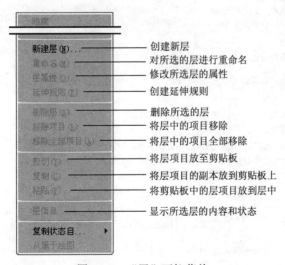

图 9.1.4　"层"下拉菜单

图 9.1.5　"层属性"对话框

（1）在 名称 后面的文本框内输入新层的名称 LAY0001（接受默认名）。

说明：层是以名称来识别的，层的名称可以用数字或字母数字的形式表示，最多不能超过

31 个字符，在层树中显示层时，首先是数字名称层排序，然后是字母数字名称层排序，在创建新层时，一定要有新层的名称，否则不能创建新层。

（2）在 层Id: 后面的文本框内输入"层标识"号。"层标识"的作用是当将文件输出到不同格式（如 IGES）时，利用它的标识，可以识别一个层，在一般情况下，可以不用输入"层标识"号。

Step4. 单击 确定 按钮，完成新层的创建。

9.1.4　在层中添加项目

层中的内容，如尺寸、标注、注解文本、剖面、基准线、基准面等，都称为层的"项目"。向层中添加项目的方法如下。

Step1. 将工作目录设置至 D:\proewf5.7\work\ch09.01.04，打开工程图文件 layer.drw。

Step2. 在层树中右击层 ⌐DAM，系统弹出图 9.1.6 所示的快捷菜单，选取该菜单中的 层属性... 命令，此时系统弹出图 9.1.7 所示的"层属性"对话框。

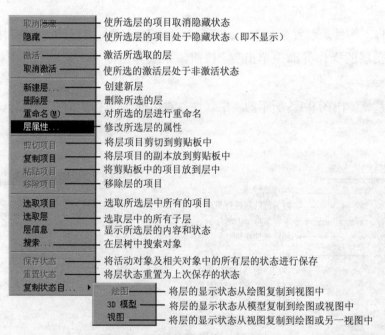

图 9.1.6　层的快捷菜单

Step3. 向层中添加项目。首先确认对话框中的 包括... 按钮被按下，然后将鼠标指针移至图形区的模型上，选取图 9.1.8 所示的三个几何公差标注和基准 A 的标注添加到该层中。

说明：当鼠标指针接触到几何公差标注项目时，相应的项目加亮显示，此时单击，相应的项目就会添加到该层中。但在添加基准平面"A"时，在图形区用鼠标无法选取它，需要在模型树中选取，选取完后，再回到层树状态。

图 9.1.7　"层属性"对话框

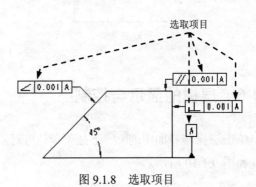

图 9.1.8　选取项目

Step4. 如果要将项目从层中排除，可单击对话框中的 排除... 按钮，再选取项目列表中的相应项目。

Step5. 如果要将项目从层中完全删除，先选取项目列表中的相应项目，再单击 移除 按钮。

Step6. 单击 确定 按钮，关闭"层属性"对话框，完成对层中项目的添加。

9.1.5　设置层的隐藏

可以将某个层设置为隐藏状态，这样层中项目（如基准曲线、基准平面）在工程图中将不可见。层的隐藏也叫层的遮蔽，设置的一般方法如下。

Step1. 将工作目录设置至 D:\proewf5.7\work\ch09.01.05，打开工程图文件 layer.drw。

Step2. 在层树中右击层 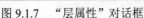，在系统弹出的快捷菜单中选择 隐藏 命令，该层中包含的项目可以从图 9.1.9 中反映。

说明：

● 层的隐藏或显示不影响工程图中零件的尺寸。

● 对含有特征的层进行隐藏操作，只有特征中的基准和曲面被隐藏，特征的实体几何则不受影响。例如在零件模式下，如果将孔特征放在层上，然后隐藏该层，则只有孔的基准轴被隐藏，但在装配模型中可以隐藏元件，在工程图中，层可以隐藏尺寸和标注。

● 对于隐藏的层，用户可以选取该层，右击，在弹出的快捷菜单中选择 取消隐藏 命令，重新显示该层。

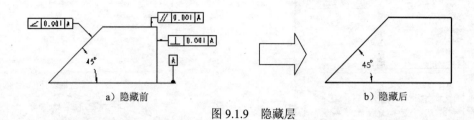

a）隐藏前　　　　　　　　　　　　　　　　b）隐藏后

图 9.1.9　隐藏层

9.1.6　层树的显示与控制

单击层操作界面中的 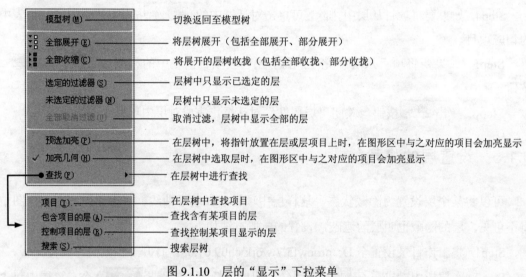 下拉菜单，可对层树中的层进行展开、收缩等操作，各命令的功能如图 9.1.10 所示。

模型树 (M)	切换返回至模型树
全部展开 (E)	将层树展开（包括全部展开、部分展开）
全部收缩 (C)	将展开的层树收拢（包括全部收拢、部分收拢）
选定的过滤器 (S)	层树中只显示已选定的层
未选定的过滤器 (N)	层树中只显示未选定的层
全部取消过滤 (U)	取消过滤，层树中显示全部的层
预选加亮 (P)	在层树中，将指针放置在层或层项目上时，在图形区中与之对应的项目会加亮显示
加亮几何 (H)	在层树中选取层时，在图形区中与之对应的项目会加亮显示
查找 (F)	在层树中进行查找
项目 (T)...	在层树中查找项目
包含项目的层 (A)...	查找含有某项目的层
控制项目的层 (R)...	查找控制某项目显示的层
搜索 (S)...	搜索层树

图 9.1.10　层的"显示"下拉菜单

9.1.7　将工程图中层的显示状态与工程图文件一起保存

将工程图中的各层设置为所需要的显示状态后，只有将层的显示状态先保存起来，工程图中层的显示状态才能随工程图文件一起保存，否则下次打开工程图文件后，以前所设置的层的显示状态会丢失。保存层的显示状态的操作过程如下。

Step1. 将工作目录设置至 D:\proewf5.7\work\ch09.01.07，打开工程图文件 layer.drw。

Step2. 在层树中，右击层 ▱DAM ，在系统弹出的快捷菜单中选择 隐藏 命令。

Step3. 再次右击层 ▱DAM ，从弹出的快捷菜单中选择 保存状态 命令。

说明：当没有修改模型中层的显示状态或层已保存时， 保存状态 命令是灰色的。

9.1.8　层的应用举例

下面以一个简单的例子说明层的应用。

Step1. 将工作目录设置至 D:\proewf5.7\work\ch09.01.08，打开工程图文件 layer.drw。

Step2. 进入层的操作界面。在模型树上方的导航选项卡中选择 ⊟▾ ➡ 层树(L) 命令，此时进入到图 9.1.11 所示的层操作界面。

Step3. 创建新层 MEASURE。

（1）在层树上方的导航选项卡中选择 ⊜▾ ➡ 新建层(N)... 命令。

（2）完成上步操作后，系统弹出"层属性"对话框，在 名称 后面的文本框内输入新层的名称 MEASURE。

Step4. 在层中添加项目。

（1）确认"层属性"对话框中的 包括... 按钮被按下。

（2）将鼠标指针移至绘图区的工程图上，当鼠标指针移至尺寸上方时，尺寸加亮显示，此时单击选取该尺寸，则其被添加到该层中。将工程图中所有尺寸添加到该层中（共 15 个）。

说明：在选取尺寸时，若有些尺寸不便于选取，可切换至注释界面，通过"层属性"对话框中的规则选项将尺寸调整到视图外部，再调整为内容选项来进行选取。

（3）完成上述操作后，"层属性"对话框如图 9.1.12 所示，单击 确定 按钮，关闭"层属性"对话框。

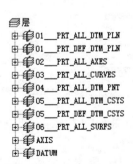

图 9.1.11　工程图的层树（一）

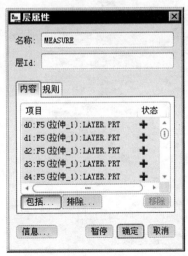

图 9.1.12　已添加项目的"层属性"对话框

Step5. 创建新层 NOTE。在层的操作界面中选择 ⊜▾ ➡ 新建层(N)... 命令，将层名改为 NOTE，将技术要求和标题栏添加到该层中，添加方法和 Step4 类似。

Step6. 创建新层 BENCHMARK。在层的操作界面中选择 [图标] ➡️ 新建层(N)...命令，将层名改为 BENCHMARK。选择 [图标] ➡️ 模型树(M)，在模型树中将基准 A 添加到该层中，如图 9.1.13 所示。

Step7. 创建新层 TOLERANCE。在层的操作界面中选择 [图标] ➡️ 新建层(N)...命令，将层名改为 TOLERANCE，然后选取形位公差添加到该层中。完成上述操作后，工程图的层树如图 9.1.14 所示。

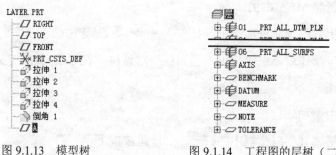

图 9.1.13   模型树   图 9.1.14   工程图的层树（二）

Step8. 设置层的隐藏。

（1）在层树中右击选取层 BENCHMARK，在系统弹出的图 9.1.15 所示的快捷菜单（一）中选择 隐藏 命令，此时层 BENCHMARK 被隐藏。

（2）隐藏 MEASURE 层、NOTE 层、TOLERANCE 层，操作步骤同（1）。完成隐藏后，工程图的层树如图 9.1.16 所示。

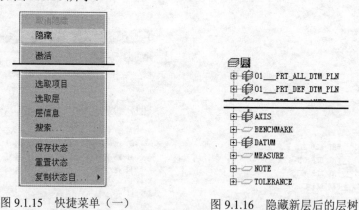

图 9.1.15   快捷菜单（一）   图 9.1.16   隐藏新层后的层树

（3）单击"重画当前视图"按钮 [图标]，可以看到工程图如图 9.1.17 所示，此时尺寸、标注、标题栏已被隐藏。

Step9. 保存隐藏状态。在层树中右击 [图标]，在弹出图 9.1.18 所示的快捷菜单（二）中选择 保存状态 命令，则所有层的隐藏状态被保存。

Step10. 验证隐藏状态是否随工程图一起保存。选择下拉菜单 文件(F) ➡️ [图标] 保存(S)命令，保存工程图 layer.drw。退出 Pro/ENGINEER 软件并重新进入软件或者拭除内存中的同名文件，再打开工程图文件 layer.drw，可以看到模型中的尺寸、标注及其标题栏已被隐藏。

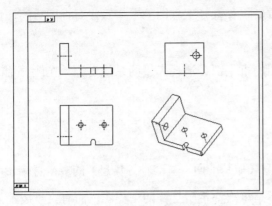

图 9.1.17　隐藏层后的工程图　　　　　　图 9.1.18　快捷菜单（二）

9.2　复杂、大型工程图的处理

大部分工程图都含有多个视图，当要进行视图、线条、显示方式的修改时，系统总是需要更新界面才有较好的显示效果。因此，当工程图的页面和视图达到一定数量后，其更新速度也可能变得很慢。通常情况下将以下这些工程图称为大型工程图。

- 特征、元素丰富的零件模型工程图。
- 含有丰富视图和较多页面的工程图。
- 包含多个组件的装配体工程图。

如今计算机硬件的发展非常快速，显卡的性能也越来越优越，大型工程图的显示也不再需要太多时间，但仍可利用有效的方法处理这些大型复杂的工程图以提高工作效率。

9.2.1　改善绘图性能

一般来说，在 Pro/ENGINEER 中，系统打开一张工程图时会做出如下三个操作。

Step1. 将所有模型加载到内存中。

Step2. 在工程图上再生所有视图。

Step3. 显示视图。

在处理大型、复杂工程图时，下面两种情况会占用系统较多的内存资源。

- 检索模型。当打开一个较大的工程图时，系统会首先将与该工程图相关的模型加载到内存中，当模型较大时，加载速度较慢。

- 再生三维模型。当与工程图相关的三维模型改变和再生时，系统会再次执行检索模型的操作，此时系统需要重新执行打开工程图的三个操作对视图重绘，如果模型较大，加载速度较慢。

因此，检索三维模型、模型和视图的再生都会消耗大量的系统资源，在此介绍改善工程图性能的几种方法。

1. 减少屏幕重画时间

在检索大型组件和零件时，显示信息（如基准面、基准轴等信息）的多少直接影响到工程图的性能，在打开工程图的时候，不是每次都希望打开的工程图里面有大量凌乱的基准面、基准轴的显示，因此在打开工程图之前就禁止了这些基准的显示，可以使检索模型消耗的时间大大地减少，可以通过表 9.2.1 所示的配置选项控制基准的显示。

表 9.2.1　基准显示配置选项

配置选项	配置值	参数说明
display_planes	yes　no	控制基准平面的显示
display_plane_tags	yes　no	控制基准平面名称标签的显示
display_axes	yes　no	控制基准轴的显示
display_axis_tags	yes　no	控制基准轴名称标签的显示
display_points	yes　no	控制基准点的显示
display_point_tags	yes　no	控制基准点名称标签的显示
display_coord_sys	yes　no	控制基准坐标的显示
display_coord_sys_tags	yes　no	控制基准坐标名称标签的显示

2. 减少视图再生时间

在 Pro/ENGINEER 工程图中，当执行再生模型、切换页面和改变活动窗口等操作时，系统将自动在绘图的所有页面上再生所有的视图，因而每次再生大型复杂的工程图时会消耗大量的时间，这里介绍几种方式，以减少视图的数量和控制视图的自动再生。

- 拭除视图：前面讲过，拭除并非删除，拭除只是将不需要显示的内容暂时隐藏起来，通过拭除视图，隐藏暂时不需要的视图，可以减少重画时间和视图再生时间。
- 使用 Z 方向修剪：关于 Z 方向修剪的功能和用法将在下一节给出详细介绍。通过 Z 方向修剪，视图将仅显示剪切平面前面的几何图元，而将剪切平面以后的平面进行隐藏。该方法不仅让视图显示更加清晰，而且能提高单个复杂视图的显示性能。

● 使用区域横截面：只有被切割平面交截的图形才被显示出来，系统将自动隐藏切割平面前后的图形，这种方法可提高剖视图的显示性能。

9.2.2 优化配置文件

设置合理的配置文件是加快处理工程图最基本方式。通过选择 工具(T) ➡ 选项(O) 命令打开图 9.2.1 所示的"选项"对话框。在表 9.2.2 中列出了部分加快处理工程图的配置选项。

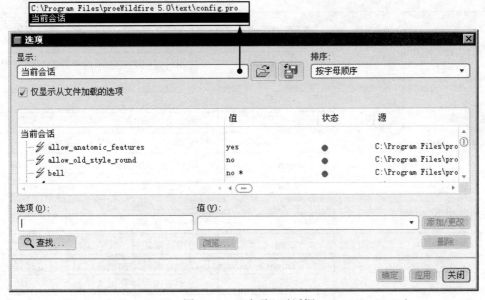

图 9.2.1 "选项"对话框

9.2.3 合并和叠加工程图

这里介绍两种可以加快工程图处理效率的办法，即"合并工程图"和"叠加工程图"。

1．合并工程图

合并两个工程图不仅可以提高大型绘图的性能，而且方便绘图管理。在 Pro/ENGINEER 工程图中，可以将两个独立的工程图合并成一个单一的工程图文件，源文件作为附加页面被添加到目标文件中。例如，将一个一页面的工程图合并到一个两页面的工程图中，那么该工程图就成为含有三页面的工程图。合并工程图的一般过程如下。

Step1. 将工作目录设置至 D:\proewf5.7\work\ch09.02.03\01，打开工程图文件 join_01.drw，如图 9.2.2a 所示。

表 9.2.2　加快处理工程图的配置选项

配置选项	配置值	参数说明
auto_regen_views	yes	视图自动再生
	no	取消视图自动再生
disp_trimetric_dwg_mode_view	yes	系统显示模型视图
	no	系统不会显示模型视图
display_in_adding_view	default	使用环境设置显示
	wireframe	线框结构图形显示
	minimal_wireframe	当 auto_regen_views 设置为 no，并且第一次在绘图上放置视图时，系统以最简单的线结构图形来显示
force_wireframe_in_drawings	yes	不管设置的显示如何，总以线框显示所有视图
	no	视图的显示方式随环境设置选项的设置改变
tangent_edge_display	solid	以实线显示相切边
	no	不显示相切边
	centerline	以中心线（点画线）显示相切边
	phantom	以双点画线显示相切边
	dimmed	以灰色实线显示相切边
display_silhouette_edges	yes	系统显示侧投影边
	no	系统不显示侧投影边
edge_display_quality	normal	边线品质较好，显示速度一般
	high	以 2 为增量增加镶嵌，显示速度较慢
	very_high	以 3 为增量增加镶嵌，显示速度很慢
	low	降低边线品质，加快显示速度
retain_display_memory	yes	切换绘图页面时，会加快页面的显示
	no	切换绘图页面时，页面显示正常
save_display	yes	以"只读模式"打开时，视图与相关的注释、图元等一起显示
	no	以"只读模式"打开时，视图与相关的注释、图元等不一起显示
save_modified_draw_models_only	yes	保存绘图时，如果模型没有改变则不保存模型
	no	保存绘图
interface_quality	0	出图时，不检查线条重叠情况

Step2. 选择 布局 ➡ 插入 ▾ ➡ 导入绘图/数据 命令，系统弹出"打开"对话框，添加 D:\proewf5.7\work\ch09.02.03\01 中的文件 join_02.drw，如图 9.2.2b 所示。

Step3. 此时在底部工具栏中单击 页面 2 按钮，便可以查看该工程图的页面 2，如图

9.2.2c、9.2.2d 所示。

说明：关于多页面操作的具体方法请读者参照本书第 6 章的有关内容。

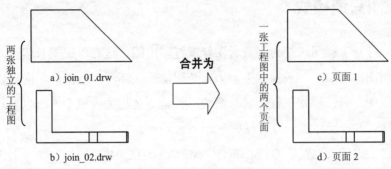

图 9.2.2　合并工程图

2．叠加工程图

使用"叠加"命令，可以将工程图中选定的视图或某一工程图的单一页面叠加到当前工程图的页面上。叠加工程图的一般过程如下。

Step1．将工作目录设置至 D:\proewf5.7\work\ch09.02.03\02，打开工程图文件 overlay_01.drw。

Step2．选择 布局 ➡ 叠加... 命令，系统弹出 ▼ OVERLAY DWG (叠加绘图) 菜单。

Step3．在该菜单中选择 Add Overlay (增加叠加) ➡ Place Views (放置视图) 命令，添加 D:\proewf5.7\work\ch09.02.03\02 目录中的工程图文件 overlay_02.drw，系统将用只读模式显示 overlay_02.drw。

说明：如果在 ▼ OVERLAY DWG (叠加绘图) 菜单中选择 Place Sheet (放置页面) 命令，并且所选工程图有多个页面，系统会提示选取页码。

Step4．此时系统弹出 ▼ GET POINT (获得点) 菜单，选择 Pick Pnt (选出点) 命令，然后在系统 ⇨选取原点(缺省：中央加亮的) 的提示下，在 overlay.drw 工程图中主视图的右侧单击选取一点放置 overlay_02.drw 的主视图，放置完成后如图 9.2.3 所示。

图 9.2.3　叠加工程图

注意：

● 当前工程图中叠加的视图以只读状态显示，不可以移动和修改。

● 叠加视图会带着所有详图的项目出现在当前工程图中。

● 若当前工程图幅面与源工程图幅面大小不同，引入当前工程图的叠加时，引入的工程图不会随当前工程图大小而改变，而保持与在源工程图中相同的屏幕大小。

9.2.4 视图只读模式

大多时候打开工程图只是为了查看图样或打印出图，这时以视图只读模式打开则可以快速显示工程图。当然，一般情况下，为避免误操作损坏源工程图样，应该以只读模式打开工程图。视图在只读模式下打开时，系统不检索与之相关的模型，所以显示速度较快。视图以只读模式打开操作的一般过程如下。

Step1. 将工作目录设置至 D:\proewf5.7\work\ch09.02.04。

Step2. 选择下拉菜单 文件(F) ➡ 打开(O)... 命令，系统弹出"文件打开"对话框。

Step3. 在"文件打开"对话框中先选取工程图文件"asm_milling_base_drw.drw"，然后单击 打开 ▼ 按钮中的 ▼ 按钮，在下拉列表中选取 仅查看 命令，系统就会快速打开该工程图文件，如图 9.2.4 所示。

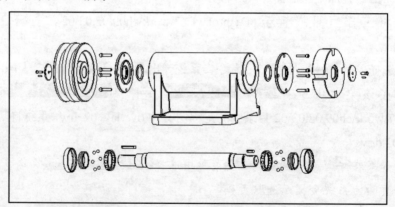

图 9.2.4　视图以只读模式打开工程图

说明：

● 如果要编辑视图，可以通过选择下拉菜单 文件(F) ➡ 检索模型 命令，在系统弹出图 9.2.5 所示的 ▼ CONFIRMATION (确认) 菜单中选择 Confirm (确认)，系统自动检索与之相关的所有模型，并返回到编辑模式中进行工程图的编辑操作。

● 使用只读模式打开的工程图，其配置选项"save_display"必须设置为"yes"才能显示完整的视图信息，否则只显示工程图视图的边框，如图 9.2.6 所示。

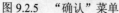

图 9.2.5　"确认"菜单　　　　图 9.2.6　"save_display"设置为"no"

9.3　Z 方向修剪

Z 方向修剪是指定一个平行于屏幕的平面，在执行 Z 方向修剪后，删除指定平面后面的所有图形。

创建 Z 方向修剪操作的一般过程如下。

Step1. 将工作目录设置至 D:\proewf5.7\work\ch09.03，打开工程图文件 z_prune.drw。

Step2. 双击图 9.3.1 所示的主视图，系统弹出"绘图视图"对话框。

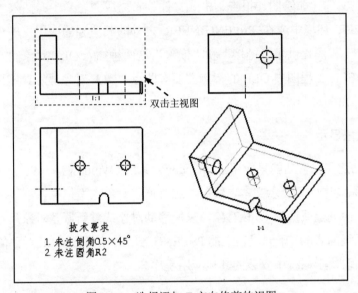

图 9.3.1　选择添加 Z 方向修剪的视图

Step3. 在"绘图视图"对话框中，在 类别 区域选中 可见区域 选项，在 Z 方向修剪 区域中选中 ☑ 在 Z 方向上修剪视图 复选框。

Step4. 单击 修剪参照 后面的 选取项目，再选取图 9.3.2 所示的平面，单击 确定 按钮，此时主视图显示如图 9.3.3 所示。

图 9.3.2　选择 Z 方向修剪的平面　　　　图 9.3.3　Z 方向修剪后

说明：

- 创建 Z 方向修剪时，不能在下列类型的视图中执行：展开剖面、区域截面、分解图和透视图。

- 详细视图的 Z 方向修剪总与其父视图相同，不能单独修改。

9.4 OLE 对象

9.4.1 关于 OLE 对象

链接和嵌入对象（OLE）是用外部应用程序创建的外部文件（如文档、图形文件或视频文件），其可插入其他应用程序（如 Word、Excel、PowerPoint 等）；作为 Windows 下的程序，Pro/ENGINEER 也支持 OLE 对象，可以创建所支持的 OLE 对象，并将其插入二维 Pro/ENGINEER 文件（如绘图、报告、格式文件、布局或图表）中；插入一个对象后，可在 Pro/ENGINEER 环境中或在 Pro/ENGINEER 之外的其单独的应用程序窗口中编辑它。Pro/ENGINEER 工程图提供了"链接"和"嵌入"这两种插入 OLE 对象的方法。

Pro/ENGINEER 工程图中 OLE 的特点主要有四点：OLE 对象显示、链接对象、嵌入对象、OLE 对象的出图选项。

1．OLE 对象显示

OLE 对象创建和编辑功能只应用于 Windows 系统（Windows 95、98、2000 、XP 和 NT 等）。在 UNIX 系统中，只显示文本、线条、边界框和对象类型信息，不显示对象本身。因此不能在 UNIX 中创建或编辑 OLE 对象，只能移动对象或重新调整对象尺寸。

除了操作系统的影响，不同机器上的 Pro/ENGINEER 支持的 OLE 对象的数量和类型也可能有所不同，取决于系统中安装的其他应用程序。

2．链接对象

链接对象是在 Pro/ENGINEER 外部创建完成，然后链接到 Pro/ENGINEER 中的文件，例如，链接到文件的一部分数据出现在工程图中，如果对外部文件进行更改，则将在绘图中反映出来，而且从 Pro/ENGINEER 内部对对象所做的任何更改也会保存到原始对象中。

3．嵌入对象

嵌入对象完全保存在 Pro/ENGINEER 绘图文件中，与外部文件没有任何联系。当嵌入对象时，Pro/ENGINEER 会复制该文件，然后将其放置在文档中。在 Pro/ENGINEER 中仍可用创建对象的程序激活该对象，但对原始外部文件进行的任何更改不会反映在嵌入的副本中。也可在 Pro/ENGINEER 工程图中创建新的嵌入对象，这种在 Pro/ENGINEER 工程图中创建的新对象均为嵌入式的。

4．OLE 对象的出图选项

OLE 机制不支持 Pro/ENGINEER 支持的所有类型的绘图仪。目前，一般只有 MS 绘图仪能够打印 OLE 对象。因此当绘制的 Pro/ENGINEER 工程图中含有 OLE 对象时，最好使用 MS 绘图仪，否则很可能打印不出 OLE 对象。

9.4.2　插入新建的 OLE 对象

插入新建的 OLE 对象属于嵌入对象。在 Pro/ENGINEER 中创建新的 OLE 对象操作的一般步骤如下。

Step1. 将工作目录设置至 D:\proewf5.7\work\ch09.04.02，打开工程图文件 ole.drw。

Step2. 选择 布局 ➡ 对象... 命令，系统弹出图 9.4.1 所示的"插入对象"对话框。

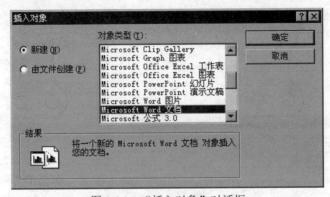

图 9.4.1　"插入对象"对话框

Step3. 在"插入对象"对话框中选中 ⊙新建(N) 单选项。

Step4. 在 对象类型(T): 列表中选取 Microsoft Word 文档 选项，作为要插入到 Pro/ENGINEER 工程图中的对象类型，单击 确定 按钮，插入 OLE 对象，在绘图区会出现图 9.4.2 所示的 Word 文档作为 OLE 对象。

Step5. 在 Word 文档中输入文字"技术要求"，然后在任意位置单击，完成 OLE 对象的插入，此时图形区显示图 9.4.3 所示的文字，读者可将其拖动到合适的位置。

图 9.4.2　绘图区的 OLE 对象

图 9.4.3　显示 OLE 对象

说明：
- 新建的 OLE 对象都为嵌入对象。
- 在 Pro/ENGINEER 工程图中，通常添加 Excel 为 OLE 对象。
- 双击添加的 OLE 对象，可以进行编辑文字（如修改字体和字号）等工作。
- 在 对象类型(T): 列表中可能会列出 Pro/ENGINEER 不支持的对象。

9.4.3 链接对象

由外部文件插入 OLE 对象可以是嵌入的，也可以是链接的。下面介绍在 Pro/ENGINEER 中插入链接对象的操作步骤如下。

Step1. 将工作目录设置至 D:\proewf5.7\work\ch09.04.03，打开工程图文件 ole.drw。

Step2. 选择 布局 ➡️ 对象... 命令，系统弹出图 9.4.4 所示的"插入对象"对话框。

Step3. 选中"插入对象"对话框中的 ⦿ 由文件创建(F) 单选项。

Step4. 单击 文件(E): 选项下的 浏览(B)... 按钮，在路径 D:\proewf5.7\work\ch09.04.03 中找到文档"proewf 5.0 工程图.doc"并打开，选中 ☑ 链接(L) 复选框，单击对话框中的 确定 按钮，此时在绘图区会出现图 9.4.5 所示的 Word 文档。

注意：此时打开"proewf 5.0 工程图.doc"，删除其中所有文字后保存退出，在 Pro/ENGINEER 中的 OLE.drw 中双击刚才插入的 OLE 对象，就会发现刚才的文字被完全删除，这体现了"链接对象"与其他 OLE 对象的创建之间的差别。

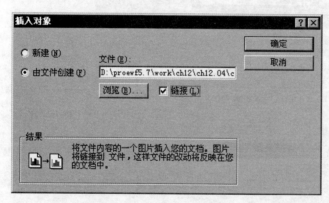

图 9.4.4   "插入对象"对话框   图 9.4.5   插入 Word 文档

9.4.4 修改插入的 OLE 对象

下面以 Microsoft Word 的 OLE 对象为例，说明插入 OLE 对象后，修改编辑 OLE 对象的操作步骤。

Step1. 将工作目录设置至 D:\proewf5.7\work\ch09.04.04，打开工程图文件 ole.drw。

Step2. 选中要修改的对象，然后右击，系统弹出图 9.4.6 所示的 OLE 对象快捷菜单。

Step3. 在快捷菜单中选择 编辑(E) 命令，OLE 对象将在 Pro/ENGINEER 环境中进行修改，Microsoft Word 的工具栏将在绘图区上方和下方打开，如图 9.4.7 所示。

说明：若选择 打开(O) 命令，则 OLE 对象将在 Microsoft Word 中打开，此处的 OLE 对象是新建的对象，对于由文件创建的对象，选择 编辑(E) 和 打开(O) 命令，OLE 对象都将在 Microsft Word 中打开。

Step4. 要退出"编辑"模式并返回 Pro/ENGINEER，请进行下列操作之一。

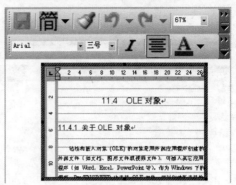

图 9.4.6　OLE 对象快捷菜单　　　　　　　图 9.4.7　Word 中的工具位置

（1）如果在 Pro/ENGINEER 中编辑对象，则在 OLE 对象窗口之外任意处单击，Microsoft Word 工具栏关闭，对象按编辑完后的状态显示。

（2）如果在 Step3 中选择的是 打开(O) 命令，即在 Pro/ENGINEER 之外的 Microsoft Word 程序编辑对象，则选择 Microsoft Word 的 文件(F) ➡ 退出(X) 命令，返回 Pro/ENGINEER 工程图环境。

9.5　图文件交换

通常现代的企业、公司都会采用多种软件进行产品的协同设计，这使得各软件文件格式的转化变得十分重要；就 Pro/ENGINEER 工程图而言，它经常要与 AutoCAD 或其他软件进行文件转化，Pro/ENGINEER 工程图的存储格式为 DRW，其他常用格式有 DWG，DXF 和 IGES。本节将以 DRW 和 DWG、DXF 格式间的相互转化为例，介绍如何进行格式的转化。

9.5.1　导入 DWG/DXF 文件

将 DWG 或 DXF 格式转化为 DRW 格式操作的一般步骤如下。

Step1. 将工作目录设置至 D:\proewf5.7\work\ch09.05.01。

Step2. 在工具栏中单击"打开"按钮 ，系统弹出"文件打开"对话框，如图 9.5.1 所示。

Step3. 在"文件打开"对话框下方的 类型 区域选取 DWG (*.dwg) 选项，选取 exchange.dwg 文件，单击 打开 ▾ 按钮，系统弹出图 9.5.2 所示的"导入新模型"对话框。

Step4. 在该对话框的 类型 区域中选中 ◉ ▣ 绘图 单选项，在 名称 文本框中使用系统给出的默认名称 exchange，单击 确定 按钮。

Step5. 系统弹出图 9.5.3 所示的"导入 DWG"对话框。

（1）在对话框 选项 选项卡的 空间名称 选项区域中接受系统默认的空间名称 Model Space，

在 导入尺寸 区域中选中 ⦿ 作为尺寸 单选项、☑ 创建可变页面大小 和 ☑ 创建多行文本 复选框，其他参数采用系统默认，如图 9.5.3 所示。

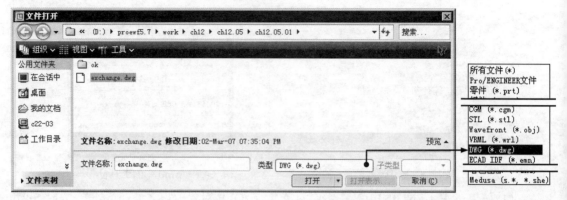

图 9.5.1 "文件打开"对话框

图 9.5.2 "导入新模型"对话框

图 9.5.3 "导入 DWG"对话框

（2）打开 属性 选项卡，在图 9.5.4 所示的 颜色 子选项卡中将 Pro/E 下拉列表均设置为 几何 （几何 的默认颜色为黑色），其他三个子选项卡均采用系统默认设置，其中"文本字体"子选项卡如图 9.5.5 所示，单击 确定 按钮。

说明：如果 Pro/ENGINEER 界面的背景颜色为黑色，请在图 9.5.4 所示的"颜色"子选项卡中将 Pro/E 的颜色设置为较浅的颜色。

Step6. 此时在绘图区出现工程图，如图 9.5.6 所示。

Step7. 保存文件，生成 DRW 格式的文件。

注意：导入的 DWG 或 DXF 文件必须是 AutoCAD 2007/LT2007 格式或更低版本的，否则 Pro/ENGINEER 5.0 将视为无效的 DWG 或 DXF 文件。另外文件导入后，尺寸标注可能会出现不标准现象，逐一调整即可使标注更加清晰简洁。

图 9.5.5　"文本字体"子选项卡

图 9.5.4　"颜色"子选项卡

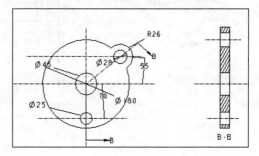

图 9.5.6　工程图

9.5.2　导出 DWG/DXF 文件

将 DRW 格式转化为 DWG 或 DXF 格式操作的一般步骤如下。

Step1. 将工作目录设置至 D:\proewf5.7\work\ch09.05.02，打开工程图文件 exchange.drw，如图 9.5.7 所示。

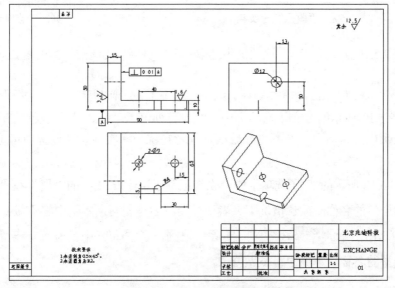

图 9.5.7　DRW 格式工程图

Step2. 选择下拉菜单 文件(F) ➡ 保存副本(A)...命令，系统弹出"保存副本"对话框。

Step3. 选取保存位置为工作目录，在对话框下方的 类型 下拉列表中选取 DWG (*.dwg) 选项，单击 确定 按钮。

Step4. 在系统弹出的"DWG 的导出环境"对话框中进行下列操作。

（1）在 DWG版本 后面的下拉列表中选取 AutoCAD 版本为 2007。

（2）在 图元 选项卡的相关设置如图 9.5.8 所示。

（3）在图 9.5.9 所示的 页面 选项卡中选中 ◉当前页面作为模型空间 复选框，其他复选框中所指的"图纸空间"为 AutoCAD 中的布局空间。

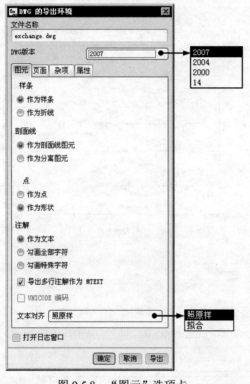

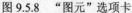

图 9.5.8　"图元"选项卡

图 9.5.9　"页面"选项卡

（4）在图 9.5.10 所示的 杂项 选项卡中选取 ☑导出遮蔽的层 复选框，其他参数采用系统默认值。

（5）选取 属性 选项卡，该选项卡又分为四个子选项卡，分别为 颜色 、层 、线型 和 文本字体 。

① 在图 9.5.11 所示的 颜色 子选项卡中，系统已列出了"Pro/E"系统颜色在"DWG"文件中对应的颜色，本例中不对颜色作修改，读者在练习和实际设计过程中可根据需要作相应的修改。

② 在图 9.5.12 所示的 层 子选项卡中，系统已列出了"Pro/E"的"层"在"DWG"文件中对应"图层"的名称，默认情况下二者所使用的名称相同，本例中将不做修改。

③ 在图 9.5.13 所示的 线型 子选项卡中，系统已列出了"Pro/E"中当前所有线型在"DWG"文件中对应线型的名称，本例中将不做修改。

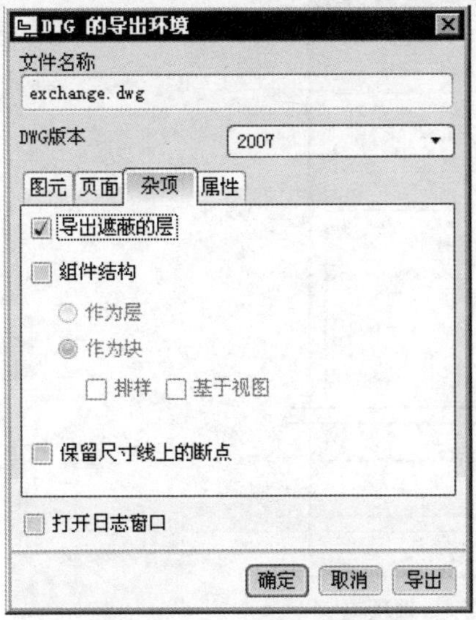

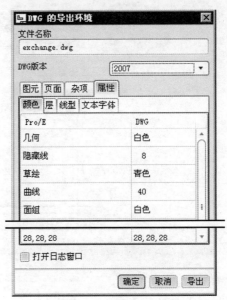

图 9.5.10　"杂项"选项卡　　　　　　　　　　图 9.5.11　"颜色"子选项卡

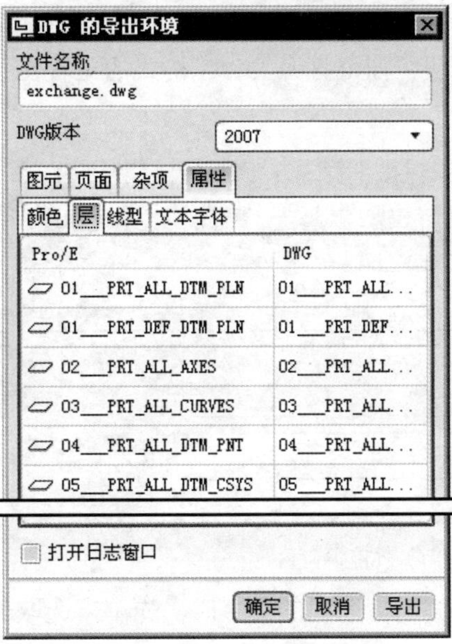

图 9.5.12　"层"选项卡 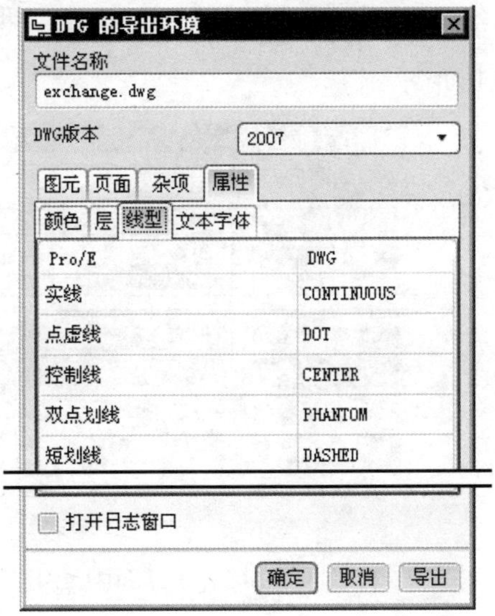　　　　　　　　　　　图 9.5.13　"线型"子选项卡

④ 在图 9.5.14 所示的 文本字体 子选项卡中，系统已列出了"Pro/E"中当前所有字体及文字样式在"DWG"文件中对应的名称，本例中将不做修改。

Step5. 在对话框中单击 确定 按钮，完成文件的导出，导出的 DWG 文件将放置在工作目录中。

Step6. 启动 AutoCAD 2008 应用软件（或其他版本的 AutoCAD 软件，本例中使用的为 AutoCAD 2008 版本），选择 AutoCAD 的下拉菜单 文件(F): ➡ 打开(O)... 命令。

图 9.5.14　"文本字体"子选项卡

Step7. 系统弹出图 9.5.15 所示的"选择文件"对话框，选择工程图文件 D：\proewf5.7\work\ch09.05.02，单击 打开(O) 按钮，则可打开 DWG 格式的工程图，如图 9.5.16 所示。

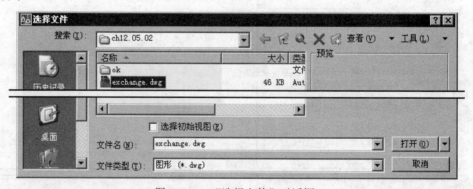

图 9.5.15　"选择文件"对话框

Step8. 在该 AutoCAD 界面中编辑工程图。在编辑标题栏的文字时，先单击选取表格，再将其分解，然后编辑文字，否则会出现错误，其他项目的编辑此处不作赘述。

说明：

● 在导出工程图时，先在 Pro/ENGINEER 环境中将工程图的文字设置为宋体或仿宋体，这样可防止导出文件在打开时出现乱码，本例亦是如此。

● 转化 DWG 或 DXF 文件后，汉字注解出现乱码，主要原因是 Pro/ENGINEER 的字体在 AutoCAD 2008 中不能被识别，必要时请在 AutoCAD 2008 中重新填写注解。

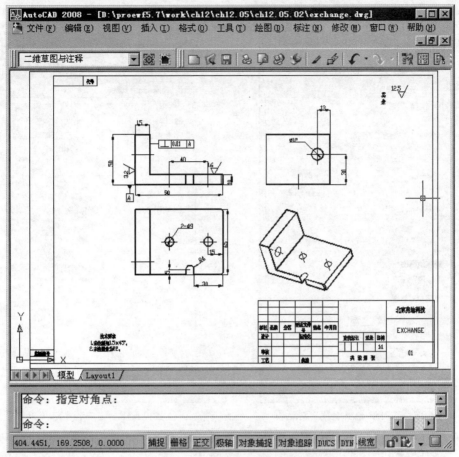

图 9.5.16　DWG 格式的工程图

9.5.3　将 Pro/ENGINEER 工程图转化为 PDF 格式

可以将 Pro/ENGINEER 工程图转化为 PDF 格式文件以便于浏览,转化的一般步骤如下。

Step1. 将工作目录设置至 D:\proewf5.7\work\ch09.05.03,打开工程图文件 exchange_02.drw。

Step2. 选择 发布 ➡ ⊙ PDF ➡ 设置 命令,系统弹出图 9.5.17 所示的 "PDF 导出 设置" 对话框。

Step3. 在对话框中打开图 9.5.18 所示的 内容 选项卡,在 字体 区域选中 ⊙ 勾画所有字体 单 选项,其他参数在本例中均采用系统默认值,读者也可根据需要作相应的修改。

Step4. 在对话框中单击 确定 按钮,然后单击 导出 按钮,系统自动打开 Adobe Reader(本 例使用 Adobe Reader 7.0)软件,并显示图 9.5.19 所示的结果。

Step5.　至此,Pro/ENGINEER 工程图转化为 PDF 格式的操作已完成,依次关闭

Pro/ENGINEER 和 PDF 软件。

图 9.5.17 "PDF 导出设置"对话框　　　图 9.5.18 "内容"选项卡

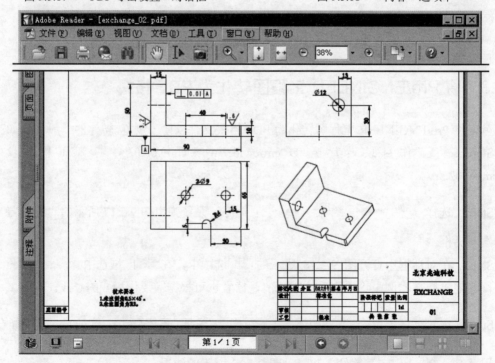

图 9.5.19 PDF 格式

9.6　工程图打印出图

打印出图是 CAD 工程设计中必不可少的一个环节，在 Pro/ENGINEER 软件中，无论是在零件（Part）模式、装配（Assembly）模式还是在工程图（Drawing）模式下，都可以选择下拉菜单 文件(F) ➡ 🖨 打印(P)... 命令，进行打印出图操作。本节将讲述如何配置文件将 Pro/ENGINEER 工程图打印出来。

9.6.1　交互式出图

交互式出图可以缩放、修改或将输出文件输出到平面上进行预览等操作，因此提供创建输出图文件的灵活性。将正确的输出选项全部设置完成，就可以将输出文件从 Pro/ENGINEER 工程图直接发送到绘图仪。进行交互式出图的一般步骤如下。

Step1. 将工作目录设置至 D:\proewf5.7\work\ch09.06.01，打开工程图文件 print.drw。

Step2. 选择下拉菜单 文件(F) ➡ 🖨 打印(P)... 命令，系统弹出"打印机配置"对话框，如图 9.6.1 所示。在该对话框中有如下选项影响打印输出。

（1）目的地。该选项用于控制打印输出的目的地。打印输出的目的地有两个：文件和打印机。用户可以通过选取其中的一个或两个来指定工程图打印的具体位置；单击 目的 选项卡后单击 ⬇ 按钮，在弹出图 9.6.1 所示的下拉菜单中，用户可以指定现有的打印机或增加新的打印机类型，本例中选取 MS Printer Manager 选项。

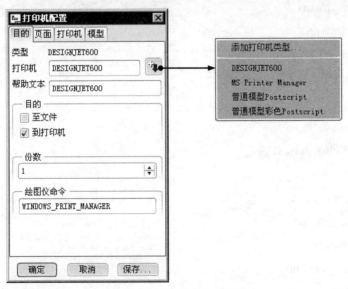

图 9.6.1　"打印机配置"对话框

说明：

- 对于 Pro/ENGINEER 系统可识别并且已在 Windows 系统中安装的标准打印机，可以在"打印"窗口中选取 `MS Printer Manager` 选项直接打印；另外，如果选取图 9.6.1 所示的 `添加打印机类型…` 选项，系统会弹出"增加打印机类型"对话框，在该对话框中列出了一些较常用的打印机，读者可在此直接选取。

- 对于一些 Pro/ENGINEER 系统无法自动识别的打印机，需读者通过手动来创建打印机配置文件；假设 Pro/ENGINEER 软件默认安装在 C 盘的"Program Files"文件夹中，则系统默认的打印机配置文件就放置于"C:\Program Files\proeWildfire 5.0\text\plot_config"目录中，是扩展名为".pcf"的文本文件。读者可将自定义的打印机配置文件放置在该目录中，但为了方便管理，用户也可以将自定义的配置文件放置在指定的文件夹中，然后在系统环境配置文件 config.pro 中，将 pro_plot_config_dir 选项的目录设置为自定义配置文件所在的目录，此时，系统将自定义配置文件添加到"打印"对话框的打印机选择列表中。

- 下面以添加惠普的 Laserjet 1022 打印机来说明创建打印机配置文件的方法，用记事本进行如下编辑。

plotter designjet1055c

button_name Laserjet 1022

button_help Laserjet 1022(ALL size)

allow_file_naming yes

delete_after_plotting no

interface_quality 3

paper_size variable

pen_slew 15

pen_table_file d:\user\table.pnt

plot_access create

plot_clip no

plot_drawing_format yes

plot_label no

plot_layer current

plot_linestyle_scale .25

plot_names no

plot_segmented no

plot_sheets current

plotter_command windows_print_manager

编辑后保存为 Laserjet 1022.txt，然后更改其扩展名为 Laserjet 1022.pcf，以上出现的配置选项请参照 9.6.3 节中的表 9.6.2，其中 pen_table_file 是笔宽配置文件 table.pnt 的保存路径，用记事本编辑笔宽配置文件 table.pnt 如下。

pen 1 color 0.0 0.0 0.0; thickness 0.050 cm

pen 2 color 0.0 0.0 0.0; thickness 0.025 cm

pen 3 color 0.0 0.0 0.0; thickness 0.025 cm

pen 4 color 0.0 0.0 0.0; thickness 0.025 cm

pen 5 color 0.0 0.0 0.0; thickness 0.025 cm

pen 6 color 0.0 0.0 0.0; thickness 0.025 cm

pen 7 color 0.0 0.0 0.0; thickness 0.025 cm

pen 8 color 0.0 0.0 0.0; thickness 0.025 cm

读者可根据需要修改以上八种画笔的颜色（color）和笔宽值（thickness），系统默认的八种画笔与图形中图线的对映关系见表 9.6.1。

表 9.6.1　画笔与图线对映表

笔号	对映的图线	笔号	对映的图线
1	可见几何（显示为实线），包括： 横截面切面（打印后显示为节线） 横截面剖切面箭头和文字 工程图的格式和图纸界线 基准平面的棕色部分 带白色的中心线型 卷标文字	3	隐藏线：显示为灰色实线，打印后为虚线
		4	云规线曲面网格（工程图中不显示）
2	包括以下实线： 尺寸线 轴和中心线（显示为点画线） 几何公差引线 所有文字（除横截面） 球标注解 剖面线 带黄色的中心线型	5	钣金件颜色图元
		6	草绘器截面图元
		7	切换截面 灰色尺寸和文字 灰色切边 基准平面的灰色部分
		8	云规线曲面网格

图 9.6.2 所示的 页面 选项卡中各选项的功能说明如下。

● 尺寸：用户可以指定打印图纸的大小，从列表中选取标准幅面，也可以自定义大小。值得说明的是，选取的打印页面大小可以和图纸的实际尺寸不符，通过选取出图方式或缩放打印处理。例如，图纸是 A2 幅面的，要在 A4 的打印机上输出，此时必须选取 A4 的尺寸，出图时使用"全部出图"（Full Plot）方式。

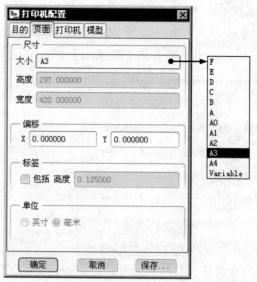

图 9.6.2　"页面"选项卡

- **偏移**：基于绘图原点的偏距值。
- **标签**：出图时是否包括标签，如果包含，可以设置标签高度。标签的内容包括：用户名称、对象名称、日期。下面是一个简单标签实例：NAME:ABC Co.Ltd OBJECT:BODY DATE:26-May-08。
- **单位**：当用户定义可变（Varable）的打印纸幅面时，可以选取不同的长度单位：Inches（英寸）和 Millimeters（毫米）。

① 在 **页面** 选项卡中 **尺寸** 区域的 **大小** 下拉列表中选取 **A3** 选项，对 **偏移**、**标签** 和 **单位** 区域先不要进行操作，待首次打印操作完成后，如果发现图形在打印纸上存在偏移，则可在 **偏移** 选项组输入 X、Y 的偏距值进行打印位置的调整。

② 单击 **打印机** 选项卡，在该选项卡中可以选取使用笔参数文件、裁剪刀具、纸的类型等，本例中均采用默认值。

图 9.6.3 所示的 **打印机** 选项卡中各选项的功能说明如下。

- **笔**：是否使用默认的绘图笔线条文件。选项中勾选 ☑ 表文件 ，可以选取笔表文件，控制系统不同类型的线条所采用的笔，也可对可以控制笔速度的打印机设定笔速。
- **信号交换**：选择绘图仪的初始化类型。
- **页面类型**：指定纸的类型，包括 ◉ 页面 （Sheet 平纸，例如复印纸）或 ◉ 滚动 （Roll 卷纸）两种形式。
- **旋转**：指定图形的旋转角度。

③ 单击 **模型** 选项卡，在该选项卡中可以定义和设置打印类型、打印比例、打印质量等，详见图 9.6.4 中的说明。在进行本例操作时，无需对 **模型** 选项卡的各选项进行操作，采用默认值即可，待首次打印操作完成后，如果发现图形打印不完整或比例不合适，再调整出图

类型和比例。

图 9.6.3 "打印机"选项卡   图 9.6.4 "模型"选项卡

图 9.6.4 所示的 模型 选项卡中各选项的功能说明如下。

- 出图: 在此区域中可以选取以下出图类型，并可以输入打印。

  ☑ 全部出图: 创建整个幅面的出图。

  ☑ 修剪的: 通过定义围绕在要出图区域四周的边框，创建经过修剪的出图。此区域以相对于左下角的正常位置出现在图纸上。

  ☑ 在缩放的基础上: 该选项是系统的默认值。创建经过缩放和修剪的出图，比例和修剪基于图形窗口的纸张尺寸和缩放设置。

  ☑ 出图区域: 通过将修剪框中的区域移到纸张左下角，并调整修剪区域，使之与用户定义的比例相匹配，从而进行打印出图；在出图区域内也将缩放和平移屏幕因子及模型尺寸比例考虑在内。

  ☑ 纸张轮廓: 此选项仅在工程图（Drawing）模式下有效，在指定纸张大小的绘图上创建特定大小的出图。例如，对于大尺寸 A0 幅面的工程图，如果要在 A4 大小的幅面上打印，可选用此项。

- 比例: 指定工程图的打印比例，范围为 0.01~100，此选项只在 2D 模式下有效。

- 层: 用 Pro/ENGINEER 软件中的层来选取打印对象。用户可以选中 ◉ 全部可见 让出图显示所有可见层，也可以选中 ◉ 按名称 输入图层的名称输出指定的层。

- 质量: 用户可以通过选取 0(无线检测) 、 1(无重叠检测) 、 2(简单重叠检测) 、 3(复杂重叠检测) 控制 Pro/ENGINEER 执行重叠线检查的总量来指定输出文件的品质。

④ 单击"打印机配置"对话框中的 确定 按钮，返回"打印"对话框。

（2）打印份数。在"打印机配置"对话框的 目的 选项卡中选取 ☑ 到打印机 复选框时， 份数文本框中采用系统默认设置。

注意： 打印份数只能是 1 ~ 99 之间的整数，否则不能打印。

（3）绘图仪命令。当用户选中的打印目的中包含 ☑到打印机 复选框时，可以使用 绘图仪命令 指定将文件发送到打印机的系统命令；此外，还可以在此区域输入命令，或者使用配置文件选项"plotter_command"来指定命令，默认情况下，在 Windows 系统中的 绘图仪命令 是 "windows_printer_manager"，本例中此处不作修改，在"打印机配置"对话框中单击 确定 按钮。

Step3. 选择 发布 ➡ ◉打印/出图 ➡ 打印 命令启动 Windows 系统打印机，系统弹出图 9.6.5 所示的"打印"对话框，在 名称(N): 后的下拉选项中选取合适的打印设备，然后单击 确定 按钮，即可开始进行打印。

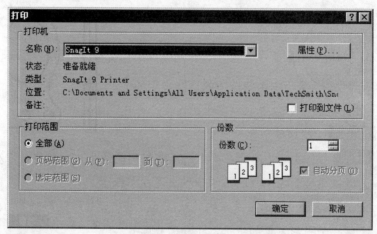

图 9.6.5　"打印"对话框

9.6.2　使用 Pro/BATCH 工具批量出图

使用 Pro/BATCH 工具，可以在批处理模式下处理大量的 Pro/ENGINEER 文件，并且可以用多种格式创建输出文件。除此之外，还可以排定批处理程序以延时运行，这样可以在电脑闲置时充分利用电脑资源进行程序的运行。

使用 Pro/BATCH 工具输出可以是输出文件，也可以是 IGES、DXF、STL、VDA 格式，另外还可以是在 Pro/ENGINEER 中交互创建的任何一种格式。

Pro/BATCH 工具检索指定的对象列表，无需交互参与便可创建输出文件。

使用 Pro/BATCH 工具批量出图的操作的一般步骤如下。

Stage1. 启动 Pro/BATCH 工具

Step1. 在 Windows 系统中，选择 开始 ➡ 运行(R)... 命令，系统弹出图 9.6.6 所示的"运行"对话框。

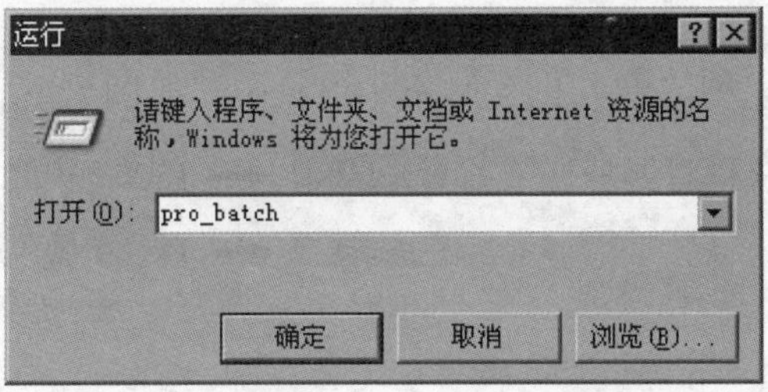

图 9.6.6　"运行"对话框

Step2. 在 打开(O): 文本框中输入 pro_batch，并按 Enter 键，系统启动 Pro/BATCH 程序并弹出图 9.6.7 所示的"Pro/BATCH"主窗口。

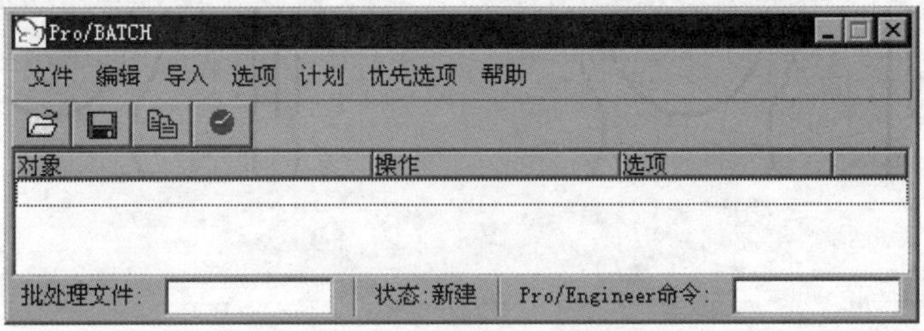

图 9.6.7　"Pro/BATCH"主窗口

Stage2．设置优先选项

启动 Pro/BATCH 工具后，首先要为批处理文件设置一些优先选项，以便于定义系统要在对象上执行的默认操作。

Step1. 在主窗口的菜单栏中选择下拉菜单 优先选项 ➡ 设置优先选项 命令，打开图 9.6.8 所示的"选项优先选项"对话框。在该对话框中共有 12 个选项卡，用户可以有针对性地设置其中的选项。

Step2. 在 出图 选项卡中可以定义打印机的类型、打印范围、纸张大小等相关参数，如图 9.6.8 所示，本例采用系统默认值。

Step3. 在 普通 选项卡中可以定义增加到批处理文件中新对象的默认操作。在本例中，选取 出图 作为默认操作，如图 9.6.9 所示。

Step4. 单击"选项优先选项"对话框中的 确定 按钮。

Stage3．创建新的批处理文件

Step1. 在"Pro/BATCH"主窗口中选择下拉菜单 文件 ➡ 新建 命令。

Step2. 在"Pro/BATCH"主窗口左下角的 批处理文件: 文本框中输入批处理文件的名称，如 batch，如图 9.6.10 所示

Step3. 单击 按钮，保存批处理文件到当前工作目录。

说明：默认工作目录为 C:\Documents and Settings\用户名。

图 9.6.8 "选项优先选项"对话框

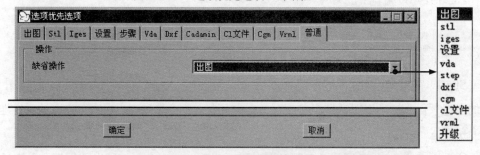

图 9.6.9 "普通"选项卡

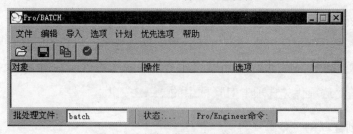

图 9.6.10 输入批处理文件名称

Stage4. 添加要打印的对象

建立批处理文件后，可以向文件中添加要打印的对象。

Step1. 在"Pro/BATCH"主窗口中选择下拉菜单 文件 ➡️ 浏览 命令，系统弹出图 9.6.11 所示的"文件浏览器"对话框。

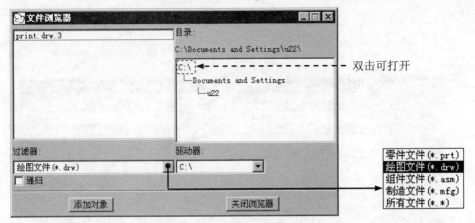

图 9.6.11　"文件浏览器"对话框

Step2. 在"文件浏览器"对话框右侧选取文件目录需要打印图纸的路径；在左侧的 过滤器：
下拉选项中选取文件类型为"drw"，然后选取左侧的绘图文件。

说明：在选取文件目录时，如果该目录难以直接选取，请将文件放置在 C 盘中，然后
再选取。

Step3. 单击 添加对象 按钮，将文件添加到批处理文件中（当然，用户可以添加多个文件），
然后单击 关闭浏览器 按钮，关闭对话框，此时主窗口将显示已经添加对象的文件列表。

Stage5. 定义操作选项

当用户需要指定与默认不同的操作和配置时，该操作步骤如下。

Step1. 在列表中选取要进行修改的对象。

Step2. 选择下拉菜单 选项 ➡ 设置操作 ▶ ➡ 出图 命令。

Step3. 选择下拉菜单 选项 ➡ 设置选项 命令，打开图 9.6.12 所示的"Set Option-plot"
对话框，定义与默认优先选项不同的配置。

注意：不同的绘图仪、打印机可能需要不同的设置，用户应根据具体情况设置选项。

Stage6. 输入 Pro/ENGINEER 命令

在 Pro/Engineer命令：后的文本框中输入 proe.exe 命令，用于启动 Pro/ENGINEER 软件。

Stage7. 设定启动时间

Step1. 选择下拉菜单 计划 ➡ 启动任务 命令，系统弹出图 9.6.13 所示的"计划"对
话框。

Step2. 在"计划"对话框中微调启动 Pro/BATCH 工具的时间。

Step3. 单击 确定 按钮，系统弹出图 9.6.14 所示的"Pro/BATCH 状态"对话框，并
开始倒计时，如果在"计划"对话框中将时间设为 0，单击 确定 按钮后，立即开始打

印出图。

图 9.6.12   "Set Option-plot" 对话框

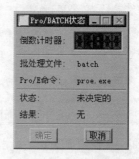

图 9.6.13   "计划" 对话框   图 9.6.14   "Pro/BATCH 状态" 对话框

9.6.3   配置打印选项

在交互式绘图或批处理出图方式中，可以通过绘图仪配置文件来预设某些或所有出图的选项。表 9.6.2 列出了部分绘图仪配置文件选项。

表 9.6.2　绘图仪配置文件选项

配置选项	配置值	参数说明
delete_after_plotting	yes	在出图成功后从驻留目录中删除该输出文件
	no	在出图成功后不从驻留目录中删除该输出文件
interface_quality	0，1，2，3	创建文件前在出图或 2D 输出文件如 IGES 中定义重叠线检测数
pen_slew	no_slew，值	沿 X 和 Y 轴设置绘图仪笔速，数值范围：0.1～100
pen_slew_xy	值	为兼容该选项的绘图仪分别设置 X 方向和 Y 方向的笔速，中间用空格分开。默认值为-1.000000 0.000000
pen_table_file	路径和名称	指定取代其他笔映射信息的默认笔映射表，其路径最多可包含 260 个字符
plot_file_dir	目录名	指定系统出图文件的目录。要使用全路径名以避免出现问题。例如/home/users/plotfiles,其路径最多可包含 260 个字符
plot_linestyle_scale	任何正数，1.0	指定出图中 DOTFONT 线型的比例因子
plot_names	yes	在创建出图文件时给出说明性的扩展名
	no	所有出图文件只给出扩展名.plt
plot_proceed_dialog	yes	启用"继续出图"对话框，延迟出图文件的打印。当使用 lp 打印命令打印大型出图时非常有效。删除出图文件之前，lp 命令可能无法访问它，因此无输出内容
	no	不使用"继续出图"对话框
plot_to_scale_full_window	yes	按比例出图模型时，提供排除空窗口空间功能
	no	按比例出图模型时，不提供排除空窗口空间功能
plotter	名称	为生成出图文件建立默认绘图仪
plotter_command	windows_print_manager，字符串	设置用来在系统中开始出图的命令。对于 Windows NT 或 Windows 95、windows_print_manager 选项可配置 Pro/ENGINEER，使其出图到 Windows NT 或 Windows 95 打印管理器认可的一个设备中
plotter_handshake	hardware，software	指定在绘图仪文件中生成的绘图仪同步交换初始化序列类型
use_8_plotter_pens	yes no	指定是否支持八种绘图仪笔，默认是四种笔
rotate_postscript_print	yes no	指定打印旋转角 yes：将一个 PostScrip 出图逆时针旋转 90°。当在纵向类型激光打印机上打印横向绘图，或在横向类型激光打印机上打印纵向绘图时，需使用该角度 no：无打印旋转角
compress_output_files	yes	以压缩格式保存文件，其读写都比较慢
	no	不用压缩格式保存文件

附录 工程图设置文件选项（变量）

利用工程图设置文件选项可以控制工程图的尺寸高度、注解文本、文本定向、几何公差标准、字型属性、拔模标准、箭头长度等属性。用户通常需要根据自身的要求，通过修改"选项"对话框中选项的参数来配置工程图的设置文件选项。选择下拉菜单 文件(F) ➡ 绘图选项(E) 命令，系统弹出图 1 所示的"选项"对话框。表 1 就是用于工程图环境的工程图配置文件选项。

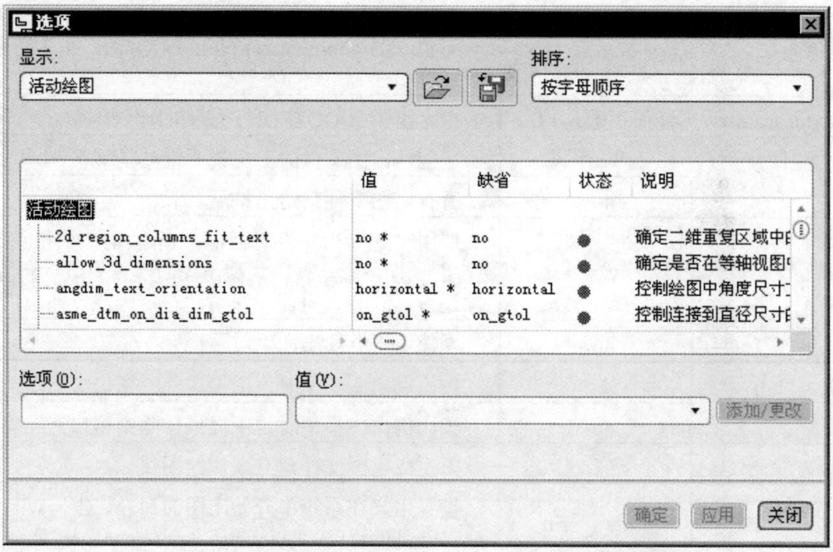

图 1 "选项"对话框

表 1 配置文件选项

配置选项	配置值	参数说明
2d_region_colunms_fit_text	yes	确定二维重复区域中的每一栏，是否自动调整大小以适应最长的文本段
	no*	
all_holes_in_hole_table	yes*	在孔表中是否有标准和草绘孔
	no	
allow_3D_dimensions	yes	在等轴测视图中是否显示尺寸
	no*	
angdim_text_orientation	horizontal*	以水平方式显示角度尺寸文本，且文本位于引线之间
	parallel_outside	无论引线的方向如何，显示文本都平行于引线
	horizontal_outside	在尺寸外水平显示文本
	parallel_above	平行于尺寸圆弧，在其上显示文本
	parallel_fully_outside	平行于导线显示角度尺寸文本（带正 / 负公差）

（续）

配置选项	配置值	参数说明
asm_dtm_on_dia_dim_gtol	on_gtol*	控制连接到直径尺寸的设置基准的位置
	on_dim	根据 ASME 标准将设置基准放置在几何公差上
associative_dimensioning	yes*	将草绘尺寸与草绘图元关联起来
	no	中断草绘尺寸和草绘图元的关联性
axis_interior_clipping	yes	可从中间修剪轴
	no*	必须遵循 ANSI Y14.2M 的标准，只允许修剪轴端点
axis_line_offset	<值>	设置直轴线延伸超出其相关特征的默认距离
blank_zero_tolerance	yes	如果公差值设置为零，确定是否不显示正负公差值
	no*	
broken_view_offset	<值>	设置破断视图两部分之间的偏距距离，如下图 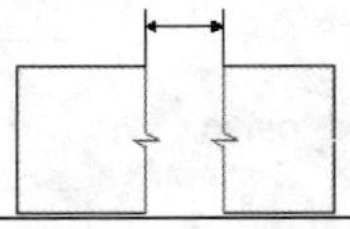
chamfer_45deg_dim_text	jis*	控制绘图中 45° 倒角尺寸的显示
	iso/din	
chamfer_45deg_leader_style		控制倒角尺寸导引类型而不影响文本
	std_asme_ansi*	采用美国机械工程师协会(ASME) / 美国国家标准协会(ANSI)
	std_din	采用德国标准协会(DIN) Deutsches Institutfur Normung
	std_iso	采用国际标准组织 (ISO)
	std_jis	采用日本工业规格 (JIS)
circle_axis_offset	<值>	设置圆十字叉丝轴超出圆边的默认距离，如下图 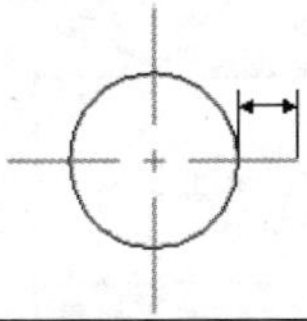
clip_diam_dimensions	yes*	控制详细视图中直径尺寸的显示。设置为 "yes" 时，视图边界外的尺寸被修剪掉
	no	
clip_dim_arrow_style	double_arrow*	箭头一边为双箭头
	dot	箭头一边为点
	filled_dot	箭头一边为实心点
	slash	箭头一边为斜线
	integral	箭头一边为整数
	box	箭头一边为方块
	filled_box	箭头一边为实心方块
	none	箭头一边无箭头
	target	箭头一边目标点

（续）

配置选项	配置值	参数说明
clip_dimensions	yes*	修剪完全处于详细视图边界外的尺寸
	no	不修剪完全处于详细视图边界外的尺寸
create_area_unfold_segmented	yes*	不修剪完全处于详细视图边界外的尺寸
	no	创建新视图时，使局部展开横截面视图中的尺寸显示，类似于全部展开的横截面视图中的尺寸显示，此选项只影响新视图
crossec_arrow_length	<值>	设置横截面切割平面箭头的长度
crossec_arrow_style	tail_online*	截面箭头显示形式为 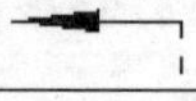
	head_online	截面箭头显示形式为 
crossec_arrow_width	<值>	设置横截面切割平面箭头的宽度
crossec_text_place	after_head*	设置横截面文本位置：TEXT 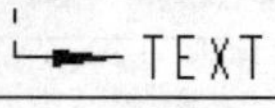
	befer_tail	设置横截面文本位置：TEXT 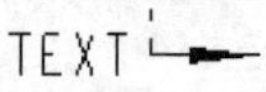
	above_tail	设置横截面文本位置：TEXT 
	above_line	设置横截面文本位置：TEXT 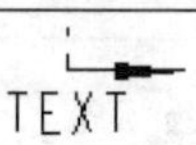
	no_text	无文本显示
crossec_type	old_style*	平面横截面外观遵循 2000i-2 以前所使用的样式
	new_style	平面横截面外观遵循使用 z-修剪平面的新样式
cutting_line	std_ansi*	切割线显示使用 ANSI 标准
	std_iso	切割线显示使用 ISO 标准
	std_jis	切割线显示使用 JIS 标准
	std_din	白色显示切割线加粗部分，灰色显示较细部分
	std_ansi_dashed	切割线显示使用短画线
	std_jis_alternate	切割线显示取决于 cutting_line_segment
cutting_line_adapt	yes	控制横断面箭头线型的显示方式。如果设置为是，则所有线型将自适应显示，即开始于一段完整线段的中间，结束于一段完整线段的中间
	no*	
cutting_line_segment	<值>	指定非 ANSI 切割线加粗部分的长度
dash_supp_dims_in_region	yes*	确定 Pro/REPORT 表重复区域中尺寸值是否隐含显示
	no	
datum_point_shape	cross*	基准点显示方式：交叉线 ×
	default	基准点默认设置显示，一般为交叉线
	circle	基准点显示方式：圆 ○
	triangle	基准点显示方式：三角形 △
	square	基准点显示方式：方形 □
	dot	基准点显示方式：点 ●

（续）

配置选项	配置值	参数说明
datum_point_size	<值>	控制模型基准点的大小和草绘二维点的大小，通常以 in（英寸）为单位
decimal_marker	comma_for_metric_dual *	在辅助尺寸中用双引号（"）标识小数点
	period	在辅助尺寸中用句号（。）标识小数点
	comma	在辅助尺寸中用逗号（，）标识小数点
def_bom_balloons_attachment	edge*	所有球标都指向元件边
	surface	所有球标都指向元件曲面
def_bom_balloons_edge_att_sym	arrowhead *	BOM 球标连接到边的引线头为箭头
	dot	BOM 球标连接到边的引线头为点
	filled_dot	BOM 球标连接到边的引线头为实心点
	no_arrow	BOM 球标连接到边的引线头无箭头
	slash	BOM 球标连接到边的引线头为斜线
	integral	BOM 球标连接到边的引线头为整数
	box	BOM 球标连接到边的引线头为方块
	filled_box	BOM 球标连接到边的引线头为实心方块
	target	BOM 球标连接到边的引线头为目标点
def_bom_balloons_snap_lines	yes	决定当显示 BOM 球标时，是否围绕视图创建捕捉线
	no*	
def_bom_balloons_stagger	yes	决定默认情况下 BOM 球标是否要交错显示
	no*	
def_bom_balloons_stagger_value	<值>	当 BOM 交错显示时，用来控制连续偏移线之间的距离
def_bom_balloons_surf_att_sym	integral *	BOM 球标引线连接到曲面的引线头为整数
	arrowhead	BOM 球标连接到曲面的引线头为箭头
	dot	BOM 球标连接到曲面的引线头为点
	filled_dot	BOM 球标连接到曲面的引线头为实心点
	no_arrow	BOM 球标连接到曲面的引线头无箭头
	slash	BOM 球标连接到曲面的引线头为斜线
	box	BOM 球标连接到曲面的引线头为方块
	filled_box	BOM 球标连接到曲面的引线头为实心方块
	target	BOM 球标连接到曲面的引线头为目标点
def_bom_balloons_view_offset	<值>	控制距离视图边界默认偏移值，在该边界上将显示 BOM 球标
def_view_text_height	<值>	设置横截面视图和投影视图中，用于视图注释及箭头中视图名称的文本高度
def_view_text_thickness	<值>	设置新创建的横截面视图和投影视图中，用于视图注释及箭头中各种视图名称的新文本默认粗细
def_xhatch_break_around_text	yes	决定剖面/剖面线是否围绕文本分开，同时，还影响对话框中的默认设置
	no*	

（续）

配置选项	配置值	参数说明
def_xhatch_break_margin_size	<值>	设置剖面线和文本之间的默认偏移距离，使用绘图单位
default_dim_elbows	yes* no	确定是否显示带弯的尺寸
default_font	<字体>	指定用于确定默认文本字体的字体索引，不包括".ndx"扩展名
default_pipe_bend_note	yes* no	控制管道折弯注释在绘图中的显示
default_show_2d_section_xhatch	assembly_and_part * assembly_only part_only no	控制 2D 横截面缺省的剖面线显示状态
default_show_3d_section_xhatch	yes* no	控制 3D 横截面缺省的剖面线显示状态
default_view_labe_placement	bottom_left* bottom_center bottom_right top_left top_center top_right	设置视图标签的缺省位置和对齐方式
detail_circle_line_style	solidfont* dotfont ctrlfont phantomfont dashfont ctrlfont_s_l ctrlfont_l_l ctrlfont_s_s dashfont_s_s phantomfont_s_s	对绘图中指示详细视图的圆设置线型
detail_circle_note_text	<字符串>	确定在非 ASME-94 详细视图参照注释中显示的文本
detail_view_boundary_type	circle ellipse h/v_ellipse spline asme_94_circle	详细视图的父视图上的默认边界类型
detail_view_circle	on* off	对围绕由详细视图详细表示的模型部分的圆，设置此圆的显示方式
detail_view_scale_factor	<值>	详细视图及其父视图间的默认比例因子

配置选项	配置值	参数说明
dim_dot_box_style	default	线性尺寸导引点和框的箭头样式使用在 draw_arrow_style 工程图选项中设置的类型
	hollow	不填充线性尺寸箭头的点和方块
	filled	线性尺寸的箭头和方块填充为实心
dim_fraction_format	default*	根据组态文件选型 dim_fraction_format 的设置，控制分数尺寸在绘图中的显示
	std	根据 Pro/ENGINEER 格式显示工程图中的分数尺寸
	aisc	按 AISC 格式显示工程图中的分数尺寸
dim_leader_length	<值>	当导引箭头在尺寸界限外时，设置尺寸导引线的长度
dim_text_gap	<值>	控制尺寸文本与尺寸导引线间的距离，并表示间距大小与文本高度间的比值
		如果"text_orientation"是"parallel_diam_horiz"，它将控制弯肘在文本上的延伸量
dim_trail_zero_max_places	same_as_dim	在使用字尾补零时，设置它在尺寸主要值中的最大小数位数
display_tol_by_1000	no*	对于非角度尺寸，公差将显示为乘以 1000 后的值
	yes	
draft_scale	<值>	确定绘图上的绘制尺寸相对于绘制图元的实际长度值
draw_ang_unit_trail_zeros	yes*	当角度以度/分/秒格式显示时，确定是否删除尾随零（按 ANSI 标准）
	no	
draw_ang_units	ang_deg	角度尺寸以小数度显示
	ang_min	角度尺寸以度和小数分显示
	ang_sec	角度尺寸以度、分和小数秒显示
draw_arrow_length	<值>	设置导引线箭头的长度
draw_arrow_style	closed*	控制所有涉及箭头的详图项目的箭头样式，如图：
	open	控制所有涉及箭头的详图项目的箭头样式，如图：
	filled	控制所有涉及箭头的详图项目的箭头样式，如图：
draw_arrow_width	<值>	设置引线箭头的宽度
draw_attach_sym_height	<值>	设置导引线斜杠、积分号和框的高度。如果设置为"DEFAULT"则使用"draw_arrow_width"的值
draw_attach_sym_width	<值>	设置导引线斜杠、积分号和框的宽度。如果设置为"DEFAULT"则使用"draw_arrow_width"的值

（续）

配置选项	配置值	参数说明
draw_cosms_in_area_xsec	yes	对位于平面局部横截面视图中切割平面的修饰草绘与基准曲线特征，确定是否显示它们
	no*	
draw_dot_diameter	<值>	设置引导点的直径。如果设置为"DEFAULT"则使用"draw_arrow_width"的值
draw_layer_overrides_model	yes*	控制绘图层的显示设定值，以确定具有相同名称的绘图模型层的设定值
	no	
drawing_text_height	<值>	设置工程图中所有文本的默认高度
drawing_units	in*	设置所有绘图参数的单位
	foot	
	mm	
	cm	
	m	
dual_digits_diff	<整数值>	控制辅助尺寸与主尺寸相比，小数点右边的数字位数。例如，-1 表示比主尺寸少一位小数
dual_dimension_brackets	yes*	辅助尺寸单位带括号显示。此选项仅在使用"dual_dimensioning"时适用
	no	辅助尺寸单位不带括号显示。此选项仅在使用"dual_dimensioning"时适用
dual_dimensioning	no*	只显示尺寸值，无单位，如下图 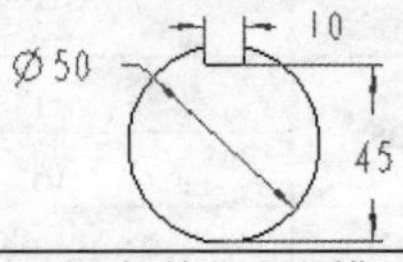
	primary[secondary]	以主单位（由模型建立）和辅助单位显示，如下图 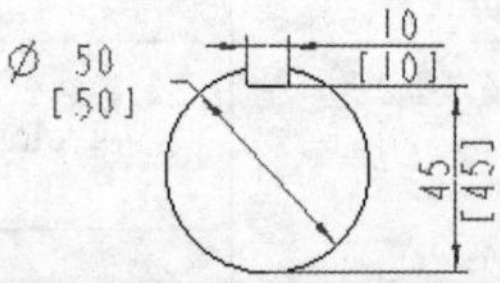
	secondary[primary]	以辅助单位和主单位（由模型建立）显示尺寸
	secondary	只显示工程图的辅助单位尺寸值
dual_metric_dim_show_fractions	yes	当主单位/模型单位是分数时，确定双重尺寸中的公制尺寸是否显示为分数
	no*	
dual_secondary_units	mm*	设置辅助尺寸的单位
	in	
	foot	
	cm	
	m	

（续）

配置选项	配置值	参数说明
gtol_datum_placement_default	on_bottom*	确定在几何公差控制框的上方还是下方连接设置基准
	on_top	
gtol_datums	std_ansi*	设置工程图中显示参照基准遵循的草绘标准为 ANSI 标准，如图：
	std_ansi_mm	设置工程图中显示参照基准遵循的草绘标准为 ANSI（毫米）标准
	std_iso_jis	设置工程图中显示参照基准遵循的草绘标准为 ISO/JIS 标准
	std_iso	设置工程图中显示参照基准遵循的草绘标准为 ISO 标准，如图：
	std_asme	设置工程图中显示参照基准遵循的草绘标准为 ASME 标准
	std_jis	设置工程图中显示参照基准遵循的草绘标准为 JIS 标准
	std_din	设置工程图中显示参照基准遵循的草绘标准为 DIN 标准
	std_ansi_dashed	设置工程图中显示参照基准遵循的草绘标准为 ANSI（虚线）标准
gtol_dim_placement	on_bottom*	将几何公差放在尺寸符号的底部，在所有附加文本行的下面
	under_value	将几何公差放在尺寸符号的下面，但在所有附加文本行的上面
gtol_display_style	std	根据 ASME Y14.41 标准，设置轮廓几何公差的显示样式
	asme_y1441	
half_view_line	solid *	对称线的显示在有材料的地方绘制直线
	none	在对称线外一小段距离处绘制零件
	symmetry	绘制出一条延伸出零件的中心线作为破断线
	symmetry_iso	对称线的显示遵循 ISO 标准 128:19825.5
	symmetry_asme	对称线的显示遵循 ASME Y14.2M-1992 标准
harn_tang_line_display	no*	当显示"粗缆"时，指定是否打开电缆所有内部段的显示
	yes	
	default	
hidden_tangent_edges	default*	使用相切边的环境显示设置
	dimmed	在视图中用 7 号笔绘制隐藏的相切边
	erased	自动从平面和工程图中移除所有隐藏的相切边
hlr_for_datum_curves	yes*	设置当计算隐藏线的显示时是否包括基准曲线
	no	
hlr_for_pipe_solid_cl	no*	控制管道中心线的显示
	yes	
hlr_for_threads	yes*	控制螺纹的显示。如果设置为"yes"，那么对于隐藏线的显示，螺纹边符合 ANSI 或 ISO 标准
	no	

（续）

配置选项	配置值	参数说明
ignore_model_layer_status	yes*	如果设置为"yes"则忽略其他模式下在绘图模型中对所有层状态的改动
	no	
lead_trail_zeros	std_default*	按单位显示尺寸或参数
	std_metric	使用米制
	std_english	使用英制
	both	无论使用公制还是英制单位，一律会显示尺寸或参数的前导零或尾随零
	如果"lead_trail_zeros_scope"工程图设置选项设置为 all，则 lead_trail_zeros 也控制工程图中尺寸和参数注释、视图比例注释、表格、符号和修饰螺纹注释等所有浮点参数的前导零和尾随零的显示。当使用双尺寸时，可分别控制两个标准中前零和后零的使用。如果"dual_dimensioning"工程图设置文件选项中的单位是"primary[secondary]"，那么"std_english[std_metric]"主单位显示带后零的值，而辅助单位显示带前零的值。如果"dual_dimensioning"工程图设置文件选项中的单位是"secondary [primary]"，那么"std_english[std_metric]"辅助单位显示带后零的值，而主单位显示带前零的值	
leader_elbow_length	<值>	确定导引弯肘的长度（连接文本的水平分支线）
leader_extension_font	<值>	设置引线延长线的线型
line_style_standard	std_ansi*	绘图中的文本颜色采用美国国家标准机构（ANSI）
	std_iso	绘图中的文本颜色采用国际标准组织（ISO）
	std_jis	绘图中的文本颜色采用日本工业规格
	std_din	绘图中的文本颜色采用德国标准协会 Deutsches Institutfur Normung(DIN)
location_radius	DEFAULT(2.) *	将指示位置的节点半径修改为两个工程图单位，使节点清晰可见，尤其在打印绘图时
	<值>	指定节点的半径值，当值为 0 时仅显示位置节点，不能打印
max_balloon_radius	<值>	用于设置球标最大的允许半径。如果此设置为"0"，则球标半径将依赖于文本尺寸
mesh_surface_lines	on*	显示蓝色曲面网格线
	off	隐藏蓝色曲面网格线
min_balloon_radius	<值>	用于设置球标最小的允许半径。如果此设置为"0"，则球标半径将依赖于文本尺寸
min_dist_between_bom_balloons	<值>	控制 BOM 球标之间默认的最小距离

（续）

配置选项	配置值	参数说明
model_digits_in_region	yes*	二维重复区域将反映零件或组建模型尺寸的数字位数
	no	二维重复区域中显示的数字位数与零件或组建模型尺寸的数字位数相互独立
model_display_for_new_views	default*	创建视图时，模型线显示样式使用来自环境的"显示形式"设置
	wireframe	以线框形式显示视图
	hidden_line	显示视图的隐藏线
	no_hidden	不显示视图的隐藏线
	save_environment	将工程图新建的视图环境设置保存和应用
model_grid_balloon_display	yes*	确定是否围绕模型网格文本绘制圆
	no	
model_grid_balloon_size	<值>	对绘图中带模型网格显示的球标指定其默认半径
model_grid_neg_prefix	<字符>	控制显示在模型网格球标中负值的前缀，如"－""＃"等
model_grid_num_dig_display	<整数值>	控制显示在网格坐标（网格球标中出现）中的数字位数
model_grid_offset	DEFAULT*	新模型网格球标与绘图视图的偏距为当前网格间距的两倍
	<值>	新模型网格球标与绘图视图的偏距为指定值，通常该指定的值的单位用 in（英寸）表示
model_grid_text_orientation	horizontal*	模型网格文本方向总保持水平
	parallel	模型网格文本方向平行与网格线
model_grid_text_position	centered*	模型网格文本放在网格线中间
	above	模型网格文本放在网格线上方
	below	模型网格文本放在网格线下方
	模型网格文本方向总保持水平时，忽略此选项	
new_iso_set_datums	yes*	是否按照 ISO 标准显示设置草绘基准
	no	
node_radius	DEFAULT	符号中节点大小为节点半径
	<值>	设置显示在符号中的节点大小
ord_dim_standard	std_ansi*	以 ANSI 标准来放置不带连接线的相关纵坐标尺寸
	std_iso	以 ISO 标准来放置带连接线的相关纵坐标尺寸
	std_jis	以 JIS 标准来放置带连接线的相关纵坐标尺寸,每段连接线以一个圆圈开头，末端有一个箭头
	std_din	以 DIN 标准来放置带连接线的相关纵坐标尺寸

（续）

配置选项	配置值	参数说明
orddim_text_orientation	parallel*	纵坐标尺寸文本的方向为平行于导引线
	horizontal	纵坐标尺寸文本的方向为水平
parallel_dim_placement	above*	当"text_orientation"选项设置为"parallel"时，尺寸值将显示在到引线的上面
	below	当"text_orientation"选项设置为"parallel"时，尺寸值将显示在到引线的下面
	该选项不能用于双尺寸	
pipe_insulation_solid_xsec	no*	确定剖面中的管道保温材料是否显示为实体区域
	yes	
pipe_pt_line_style	default	在管道绘图中，控制理论折弯交点的形状
	solid	
	phantom	
pipe_pt_shape	cross*	在管道绘图中，理论折弯交点的形状为交叉线
	circle	在管道绘图中，理论折弯交点的形状为圆
	triangle	在管道绘图中，理论折弯交点的形状为三角形
	square	在管道绘图中，理论折弯交点的形状为方形
	dot	在管道绘图中，理论折弯交点的形状为点
pipe_pt_size	<值>	在控制管道绘图中，理论折弯交点的大小
pos_loc_format	此字符串控制&pos_loc 文本在注释和报表中的显示形式，字符对%%、%s、%x、%y 和%r 分别指：单个的 '%'、页面号、水平和垂直位置以及可重复字符串的结尾	
projection_type	third_angle*	采用第三角投影法创建投影视图
	first_angle	采用第一角投影法创建投影视图
radial_dimension_display	std_asme*	允许以 ASME 标准格式来显示半径的尺寸
	std_iso	允许以 ISO 标准格式来显示半径的尺寸
	std_jis	允许以 JIS 标准格式来显示半径的尺寸
	当"text_orientation"设置为"horizontal"时，该选项强制以 ASME 格式显示	
ref_des_display	no*	参照指示器在电缆组件绘图中不显示
	yes	参照指示器在电缆组件绘图中显示
	default	参照指示器在电缆组件绘图中显示状态选择"环境"对话框中的"参数指示器"复选框中的选项

（续）

配置选项	配置值	参数说明
radial_pattern_axis_circle	yes	在径向特征中，垂直于屏幕的旋转轴出现一条圆形共享轴，且轴心穿过旋转阵列的中心，如下图 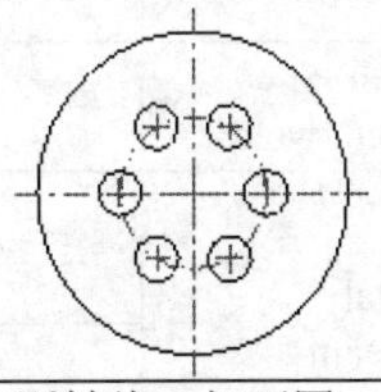
	no*	仅显示个别轴线，如下图 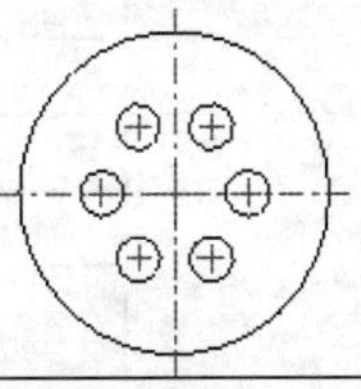
reference_bom_balloon_text	"DEFAULT"*	参照球标文本标识符，单词"REF"出现在简单球标的球标旁
	<值>	数量球标的数量值
remove_cosms_from_xsecs	total*	从截面视图中完全删除切割平面前的基准曲线、螺纹、修饰特征图元和修饰剖面线等特征
	none	显示所有基准面组和修饰特征
	all	从所有类型的截面视图中删除基准曲线、螺纹、修饰特征图元和修饰剖面线
set_datum_leader_length	<值>	控制设置基准的缺省引线长度
set_datum_triangl_display	filled*	设置是否要填充或打开设置的基准三角形
	open	
show_cbl_term_in_region	yes*	对于电缆组件，如果它包含有带有终结器参数的连接器，则允许在 Pro/REPORT 表中使用报告符号"&asm.mbr.name"和"&asm.mbr.type"来显示终结器。此时如果设置了重复区域的"电缆信息"，则显示终结器
	no	不显示终结器
show_dim_sign_in_tables	yes*	在族表中显示负公差符号
	no	在族表中不显示负公差符号
show_pipe_theor_cl_pts	bend_cl*	在管道绘图中，只显示带折弯的中心线
	theor_cl	在管道绘图中，只显示带折弯交点的中心线
	both	在管道绘图中，显示带折弯和带折弯交点的中心线

（续）

配置选项	配置值	参数说明
show_quilts_in_ total_xsecs	yes	在剖面视图中，包括如曲面和面组这样的剖面几何，表明它将被剖截面切割
	no*	在剖面视图中不包括如曲面和面组这样的剖面几何
show_sym_of_ suppressed_weld	yes	显示隐含焊缝的符号
	no*	不显示隐含焊缝的符号
show_total_ unfold_seam	yes*	显示全部展开横截面视图中的焊缝（切割平面的边）
	no	不显示全部展开横截面视图中的焊缝
shrinkage_value_ display	percent_shrink*	显示按照百分比缩小的尺寸收缩量
	final_value	显示按照最终尺寸缩小的收缩量
sort_method_ in_region	delimited*	在逻辑上计算分割符之间的部分
	string_only	仅按字母顺序排序
	trailing_numbers	在逻辑上计算尾随数字，如 1<02
	pre_2001	按 Pro/ENGINEER2001 排序方法
stacked_gtol_ align	yes*	控制堆叠的几何公差中的对齐。如果设置为"是"，则几何公差符合 JIS 标准并在控制框的两端对齐
	no	
sym_flip_rotated_ text	yes	对于允许文本旋转的新的符号定义而言，默认情况下任意颠倒旋转文本都将被反向以使其右侧朝上
	no*	不反向文本
symmetric_tol_ display_standard	std_asme*	控制 ASME 标准的对称公差的显示形式
	std_iso	控制 ISO 标准的对称公差的显示形式
	std_din	控制 DIN 标准的对称公差的显示形式
tan_edge_displa_ for_new_views	default*	创建视图时，按照"环境"对话框中的设置显示相切边
	tan_solid	显示选定的相切边
	no_disp_tan	隐藏相切边
	tan_ctrln	以中心线型显示相切边
	tan_phantom	以虚线形式显示相切边
	tan_dimmed	以灰色形式显示相切边
	save_environment	保存及使用工程图内的新建
text_orientation	horizontal*	控制以水平方式显示所有尺寸文本，如下图